居家健康花草

曲波　编著

中国华侨出版社
北　京

图书在版编目（CIP）数据

居家健康花草 / 曲波编著. — 北京 : 中国华侨出版社，2013.12（2021.4重印）
ISBN 978-7-5113-4320-8

Ⅰ. ①居… Ⅱ. ①曲… Ⅲ. ①观赏园艺 Ⅳ. ①S68

中国版本图书馆CIP数据核字（2013）第295920号

居家健康花草

编　　著：曲　波
责任编辑：姜薇薇
封面设计：冬　凡
文字编辑：张爱萍
美术编辑：李　蕊
经　　销：新华书店
开　　本：720mm × 1000mm　1/16　印张：16　字数：297千字
印　　刷：北京一鑫印务有限责任公司
版　　次：2014年2月第1版　2021年4月第2次印刷
书　　号：ISBN 978-7-5113-4320-8
定　　价：45.00元

中国华侨出版社　北京市朝阳区静安里26号通成达大厦三层　邮编：100028
法律顾问：陈鹰律师事务所
发 行 部：（010）58815875　　传　　真：（010）58815857
网　　址：www.oveaschin.com
E-mail：oveaschin@sina.com

前言

随着社会的进步、经济的发展，我们的居住环境的空气质量日渐恶化，如室内装饰材料、家具所释放的致癌物，烹调油烟所含有的大量有毒物，各种电器所释放的病毒、细菌及无所不在的辐射都在悄无声息地侵害着自己及家人的健康。而养花可以降低室内空气污染指数，让我们每天都能呼吸到新鲜空气，所以养花是改善居住环境、提高人体健康水平的有效途径。花卉能够吸收二氧化碳、放出氧气来净化空气，还可阻滞灰尘、消减各种电器带来的辐射，并能吸收其他有害气体，具有消除污染、净化空气、保护环境的作用。比如吊兰能释放杀菌素，可以杀死居室空间里的细菌。如果将一定数量的吊兰放在居室内，24小时之后，80%的有害物质会被杀死。另外，常春藤能消灭90%的苯。紫茉莉、金鱼草、半支莲、蜀葵对氟化氢的抗性最强，万寿菊、矮牵牛也能吸收大气中的氟化物。盆栽的栀子花、石榴花、米兰可吸收室内的二氧化硫。因此，专家们称这些花草是“便宜有效的室内空气净化器”和“家居卫士”。

现代社会，学会养花已经成为居家生活的必修课。懂得选择适合自己居住环境、有益于自己及家人身体健康的花卉品种与懂得花卉养护知识同样重要，如果人们对花草选择或摆放不当，它们就有可能变成严重危害身体健康的“家居杀手”。如在某些情况下，郁金香可使

人昏倒，月季可使人过敏，含羞草可使人须眉脱落，而虎刺梅更是含有致癌物质。由此可见，想要真正达到用花草来保护家居环境、清除室内污染的目的，不仅要在室内种植花草，更要种植安全、适宜的花草，只有这样，才能让室内环境真正地回归健康。

在我们生活中很多花草还是《本草纲目》中的常用中药材，利用花草的药用价值，许多的小妙方对我们的生活还有很大的帮助，如胃寒、牙痛、感冒、口腔异味等小毛病，就可以通过正确使用花草来解决。花草茶更是被现代人所推崇的饮品，花草茶因其自身所含药物成分而具有一定的药用价值。在家中养几盆能够“喝”的花草，在观赏之余摘其花叶，泡上一杯花草茶，可以养身、养颜、养神、养心，一举多得。

本书精选出适合居家种养的健康花草，包括敏感监测空气污染的健康花草、有效净化空气的健康花草、药用保健花草、美容养颜花草，详细介绍了花草的去污功用、所除污染物、适合种养的环境、适宜摆放的房间、适宜种养的人群，以及花草习性、栽培技术和一些毒花毒草的养护注意要点，以便您在选择室内花草时，能根据自己的实际情况，快速做出正确的判断，并能成功培育出自己喜欢又有益于家人健康的花草。让你全方位了解养花之道，成为一个爱花、懂花，更懂得健康养花的养花达人。

目录

第一篇 健康家居，从种一盆好花开始 001

针对污染特点选择花草 002
- 刚装修好的房子 002
- 街道两侧的住宅 003
- 门窗密闭的居室 004

针对不同房间选择花草 005
- 人来人往的客厅 005
- 养精蓄锐的卧室 006
- 安静幽雅的书房 007
- 烹制美味的厨房 008
- 储蓄能量的餐厅 009
- 阴暗潮湿的卫生间 010

针对特殊人群选择花草 011
- 处于特殊生理期的孕妇 011
- 处于生长发育期的幼儿 012
- 体质逐渐衰弱的老人 013
- 体质虚弱敏感的病人 014

第二篇 17种敏感监测空气污染的健康花草 015

虞美人 16
秋海棠 18
芍药 20
梅花 22
八仙花 24
牡丹 26
连翘 28
鸢尾 30
萱草 32
碧桃 34
木槿 36
唐菖蒲 38
矢车菊 40
万寿菊 42
三色堇 44
百日草 46
牵牛花 48

第三篇 65种有效净化空气的健康花草 049

吊兰 50
芦荟 52
仙人掌 54
仙人球 56
金琥 58
黄毛掌 60
常春藤 62
蔷薇 64
月季 66
玫瑰 68
菊花 70
紫藤 72
紫薇 74
杜鹃 76
茶花 78
茉莉花 80
桂花 82
石榴 84
晚香玉 86
栀子花 88
丁香 90
含笑 92
薄荷 94
太阳花 96
紫罗兰 98
米兰 100
一叶兰 102
君子兰 104
蟹爪兰 106
虎尾兰 108
昙花 110
吊竹梅 112
白鹤芋 114
绿巨人 116
万年青 118
鸾凤玉 120

大丽花 122
紫露草 124
金橘 126
无花果 128
孔雀竹芋 130
合果芋 132
花叶芋 134
棕竹 136
波士顿蕨 138
鸭脚木 140
橡皮树 142
八宝景天 144
花烛 146
石竹 148
绿萝 150
袖珍椰子 152
彩苞凤梨 154
胡颓子 156
海桐 158

发财树 160
香龙血树 162
黄杨 164
枸骨 166
贴梗海棠 168
仙客来 170
菠萝 172
红掌 174
雏菊 176
景天三七 178

第四篇 21种化毒为宝的“毒花毒草” 179

夜来香	180	郁金香	194	含羞草	208
水仙	182	珊瑚樱	196	一品红	210
马蹄莲	184	滴水观音	198	石蒜	212
百合	186	紫荆花	200	曼陀罗	214
夹竹桃	188	霸王鞭	202	醉鱼草	216
长春花	190	五色梅	204	龙牙花	218
凤仙花	192	虎刺梅	206	使君子	220

第五篇 8种药用花草及其花草茶 221

金盏菊	222	金丝桃	228	德国洋甘菊	235
柠檬香茅	224	接骨木	230	朝鲜蓟	238
百里香	226	紫锥花	232		

附录 养护花草必知的四大关键词

土壤	240	水分	242
花盆	241	肥料	244

第一篇

健康家居，从种一盆好花开始

在家庭生活中，一盆好的花卉不但能使房间里的环境更加优美，而且还能使房间里的空气变得更加洁净，除了让人们享受到美之外，还对人们的身心健康十分有益，可以说是“一箭双雕”。

在花卉的世界里，有些花卉能对空气污染进行监测，有些花卉能使空气得到净化，然而，也有一部分花卉是“有毒”的，可能会损伤到人们的身体。因此，在种养花卉的时候必须格外谨慎，切不可选错。

在日常生活中，为了能够有效保护我们的身心健康，我们应当怎样准确地选择花卉呢?.

通常来讲，我们应当依照房间的污染特点、房间的各自功用和面积大小、特殊的居住群体等几点来选用适宜的花卉。我们必须根据不同的情况，来选择相应的花卉，只有这样才能得到预期的效果，使我们的居室环境变得洁净、健康!

针对污染特点选择花草

如果房间内的污染特点不一样，那么相应地所选用的花卉也会不一样。在新装潢完的房间内，甲醛、苯、氨及放射性物质等是主要的污染物；对于建在马路旁边的房子来说，其主要污染有汽车尾气污染、粉尘污染及噪声污染等；而在门窗长期紧闭的房间内，甲醛、苯及氡等有害气体则是重要的污染物。

知道了房间不一样的污染特点，人们便能针对房间各自的特点去选择那些可以减轻或消除相应污染物的花卉来栽植或摆放，以达到净化室内空气的目的。

刚装修好的房子

只要对房子进行装修，那么就必定会有污染产生。我国有关监测数据显示，超过90%的装修过的房子的污染物超出标准，有关专家建议，在装修新房子时，第一，要控制污染来源，使用与国家标准相符的、污染较少的装修材料；第二，房子在装修结束后应每日通风换气，最好在空置两个月后再进去居住；第三，尽量在进去居住之前便在房间内摆放一些能净化空气，或能对污染进行监测的绿色植物。

根据装修房子的不同污染状况，最适合摆放下面几类植物：

❶ 能强效吸收甲醛的植物：吊兰、仙人掌、龙舌兰、常春藤、非洲菊、菊花、绿萝、秋海棠、鸭跖草、一叶兰、绿巨人、绿帝王、散尾葵、吊竹梅、接骨树、印度橡皮树、紫露草、发财树等。

❷ 能强效吸收苯的植物：虎尾兰、常春藤、苏铁、菊花、米兰、吊兰、芦荟、龙舌兰、天南星、花叶万年青、冷水花、香龙血树等。

❸ 能强效吸收氨的植物：女贞、无花果、绿萝、紫薇、腊梅等。

❹ 能强效吸收氡的植物：冰岛罂粟等。

❺ 能对空气污染状况进行监测的植物：梅花能对甲醛及苯污染进行监测；矮牵牛、杜鹃、向日葵能对氨污染进行监测；虞美人则可对硫化氢污染进行监测。

街道两侧的住宅

建在街道两侧的房子，污染更为严重。很多城市的大街小巷到处都可以见到行人随手丢弃的垃圾，但事实上更为严重的污染源还不只这些。建在街道两侧的住宅，其房间内的污染物主要来源于汽车尾气（主要污染物为一氧化碳、碳氢化合物、氮氧化物、含铅化合物、醛、苯丙芘及固体颗粒物等），大气里的二氧化碳、二氧化硫，路旁的粉尘，另外还有噪声污染等。所以，应当栽植或摆放可以吸收汽车尾气、二氧化碳、二氧化硫，吸滞粉尘及降低噪声的植物。

1 能较强吸收汽车尾气（一氧化碳、碳氢化合物、氮氧化物、含铅化合物、醛、苯丙芘及固体颗粒物等）的植物：吊兰、万年青、常春藤、菊花、石榴、半支莲、月季花、山茶花、米兰、雏菊、腊梅、万寿菊、黄金葛等。

2 能较强吸收二氧化碳的植物：仙人掌、吊兰、虎尾兰、龟背竹、芦荟、景天、花叶万年青、观音莲、冷水花、大岩桐、山苏花、鹿角蕨等。另外，植物接受的光照越强烈，其光合作用所需要的二氧化碳也越多，房间内的空气质量就越高。所以，在植物能够承受的光线条件下，应当使房间里的光线越明亮越好。

3 能较强吸收二氧化硫的植物：常春藤、吊兰、苏铁、鸭跖草、金橘、菊花、石榴、半支莲、万寿菊、米兰、腊梅、雏菊、美人蕉等。

4 能强效吸滞粉尘的植物：大岩桐、单药花、盆菊、金叶女贞、波士顿蕨、冷水花、观音莲、桂花等。

5 能较好降低噪声的植物：龟背竹、绿萝、常春藤、雪松、龙柏、水杉、悬铃木、梧桐、垂柳、云杉、香樟、海桐、桂花、女贞、文竹、紫藤、吊兰、菊花、秋海棠等。

噪声对人体的影响

噪声量（分贝）	对人体的影响	范例
0～50	感觉舒适	低声说话
50～90	造成失眠，令人烦躁焦虑	高声说话，大声喧哗
90～130	使耳朵发痒，感觉疼痛	摇滚乐
130以上	导致鼓膜破裂、失聪	枪声

门窗密闭的居室

科技创造了空前繁荣的当今社会，使得日常生活得到了一步步的改善，人们得以使用各种各样的建筑和装饰材料美化居室，并配置各种现代化的家具、家电以及办公用品，然而它们在为居室带来舒适、美观与便捷的同时，也给家居环境带来了严重的污染。另外，人们在室内进行的一些活动，如呼吸、排泄、说话、吸烟、做饭、使用计算机等，也会给家居环境带来严重的污染。在门窗长期紧闭的房间里，积聚着大量甲醛、苯及氡等有害气体。很多经常使用的家居用品，尤其是装修未满三年的居室家具、地板及别的装修材料，会释放出甲醛、苯等有害气体，非常不利于人们的身体健康。所以，应当在房间内栽植或摆放一些可以有效吸收这些有害气体的植物。与此同时，要尽量选用耐阴的观叶植物，如龟背竹、一叶兰、绿萝、花叶万年青、虎尾兰；或者主要选用半阴生植物，如文竹、棕竹、橡皮树等。

❶ 能强效吸收甲醛的植物：吊兰、仙人掌、龙舌兰、常春藤、绿萝、非洲菊、菊花、秋海棠、鸭跖草、一叶兰、绿巨人、绿帝王、散尾葵、吊竹梅、紫露草、接骨树、橡皮树、发财树等。

❷ 能强效吸收苯的植物：虎尾兰、常春藤、苏铁、米兰、芦荟、吊兰、龙舌兰、菊花、天南星、冷水花、香龙血树、花叶万年青等。

❸ 能强效吸收氡的植物：能强效吸收氡的植物非常少，目前只发现冰岛罂粟在这方面有一定的作用。

❹ 若房间是东西向的，可以选用的植物有文竹、旱伞、万年青等。

❺ 位于北面的房间，可以选用的植物有龟背竹、虎尾兰、棕竹及橡皮树等。

❻ 需要注意的是，并不是所有的植物都对人体有益，有一些植物自身带毒素，或散发的气味含有毒素。这些植物是不宜放在房间里的，应当避免栽植或摆放。例如，人们闻玉丁香闻得时间长了就会造成憋闷、气喘，使记忆力受到影响；夜来香在晚上排放出的废气会令高血压、心脏病患者心情不快；郁金香含有毒碱，人们持续接触超过两个小时后就会导致头晕；含羞草的植株内有含羞草碱，若时常碰触会导致毛发脱落；松柏的芳香气味则会使人的食欲受到影响；马蹄莲的花有毒，含有大量的草酸钙结晶和生物碱等，一旦被人误食，则会引起昏迷等中毒症状；兰花所散发出来的香味如果闻得时间过长，会令人因过度兴奋而难以入眠。

针对不同房间选择花草

在选用花卉的时候，应当注意顾及到房间的功用。客厅、卧室、书房和厨房的功用各不相同，在花卉选用上也相应地需要有所侧重，而餐厅与卫生间所摆设的花卉更应该有所不同。

另外，居室面积的大小也决定着选择花卉的品种与数量。通常来说，植物体的大小与数量应当和房间内空间的大小相对应。在空间比较大的居室里，若摆设小型植物或者植物数量太少，就会令人觉得稀松、乏味、不大气；而在空间比较狭小的房间中，则不适宜摆设高大的或者数量过多的植物，否则会令人感觉簇拥、憋闷、堆积。在植物摆设上，一般讲究重质不重量，摆设植物的数量最好不要超出房间面积的1/10。

人来人往的客厅

客厅是一家人休息放松及招待客人的重要地方，也是最经常摆设植物的场所。如果要在客厅内摆设植物，不能只简单考虑其装点功能，还应更多地顾及家庭成员及客人的身体健康。通常来说，在客厅摆设花卉的时候应依从下列几条原则：

❶ 通常客厅的面积比较大，选择植物时应当以大型盆栽花卉为主，然后再适当搭配中小型盆栽花卉，才可以起到装点房间、净化空气的双重效果。

❷ 客厅是家庭环境的重要场所，应当随着季节的变化相应地更换摆设的植物，为居室营造出一个清新、温馨、舒心的环境。

❸ 客厅是人们经常聚集的地方，会有很多的悬浮颗粒物及微生物，因此应当选择那些可以吸滞粉尘及分泌杀菌素的盆栽花草，比如兰花、铃兰、常春藤、紫罗兰及花叶芋等。

❹ 客厅是家电设备摆放最集中的场所，所以在电器旁边摆设一些有抗辐射功能的植物较为适宜，比如仙人掌、景天、宝石花等多肉植物。特别是金琥，在全部仙人掌科植物里，它具有最强的抗电磁辐射的能力。

❺ 如果客厅有阳台，可在阳台多放置一些喜阳的植物，通过植物的光合作用来减少二氧化碳、增加室内氧气的含量，从而使室内的空气更加新鲜。

推荐花草组合：

常春藤+吊兰

常春藤对烟草中的尼古丁及多种致癌物质有着很好的抵制作用，吊兰则被誉为“绿色净化器”，可以在新陈代谢过程中把甲醛转化成糖或氨基酸等物。二者搭配组合，可使室内环境变得更洁净。

养精蓄锐的卧室

人们每天处在卧室里的时间最久，它是家人夜间休息和放松的地方，是惬意的港湾，应当给人以恬淡、宁静、舒服的感觉。与此同时，卧室也应当是我们最注重空气质量的场所。所以在卧室里摆设的植物，不仅要考虑到植物的装点功能，还要兼顾到其对人体健康的影响。通常应依从下列几条原则：

❶ 卧室的空间通常略小，摆设的植物不应太多。同时，绿色植物夜间会进行呼吸作用并释放二氧化碳，所以如果卧室里摆放绿色植物太多，而人们在夜间又关上门窗睡觉，则会导致卧室空气流通不够、二氧化碳浓度过高，从而影响人的睡眠。因此，在卧室中应当主要摆设中、小型盆栽植物。在茶几、案头可以摆设小型的盆栽植物，比如茉莉、含笑等色香都较淡的花卉；在光线较好的窗台可以摆设海棠、天竺葵等植物；在较低的橱柜上可以摆设蝴蝶花、鸭跖草等；在较高的橱柜上则可以摆设文竹等小型的观叶植物。

❷ 为了营造宁静、舒服、温馨的卧室环境，可以选用某些观叶植物，比如多肉多浆类植物、水苔类植物或色泽较淡的小型盆景。当然，这些植物的花盆最好也要具有一定的观赏性，一般以陶瓷盆为好。

❸ 依照卧室主人的年龄及爱好的不同来摆设适宜的花卉。卧室里如果住的是年轻人，可以摆设一些色彩对比较强的鲜切花或盆栽花；卧室里如果住的是老年人，那么就不应该在窗台上摆设大型盆花，否则会影响室内采光。而花色过艳、香气过浓的花卉易令人兴奋，难以入眠，也不适宜摆设在卧室里。

❹ 卧室里摆设的花型通常应比较小，植株的培养基最好以水苔来替代土壤，以使居室保持洁净；摆设植物的器皿造型不要过于怪异，以免破坏卧室内宁静、祥和的氛围。此外，也不适宜悬垂花篮或花盆，以免往下滴水。

推荐花草组合：

芦荟+虎尾兰

芦荟和虎尾兰与大多数植物不同，它们在夜间也能吸收二氧化碳，并释放出氧气，特别适宜摆设在卧室里。然而卧室里最好不要摆设太多植物，否则会占去室内较大面积的空间。因而可以在芦荟与虎尾兰中任意选用一个；如果两者皆要摆放，则无须再放置其他植物。当然，如果卧室非常宽敞，则可多放几盆植物。

安静幽雅的书房

书房是人们看书、习字、制图、绘画的场所，因此在绿化安排上应当努力追求“静”的效果，以益于学习、钻研、制作及创造。可以选择如梅、兰、竹、菊一类古人较为推崇的名花贵草，也可以栽植或摆放一些清新淡雅的植物，有益于调节神经系统，减轻工作和学习带来的压力。在书房养花草，通常应当依从下列几条原则：

❶ 从整体来说，书房的绿化宗旨是宜少宜小，不宜过多过大。所以，书房中摆放的花草不宜超过三盆。

❷ 在面积较大的书房内可以安放博古架，书册、小摆件及盆栽君子兰、山水盆景等摆放在其上，能使房间内充满温馨的读书氛围。在面积较小的书房内可以摆放大小适宜的盆栽花卉或小山石盆景，注意花的颜色、树的形状应该充满朝气，米兰、茉莉、水仙等雅致的花卉皆是较好的选择。

❸ 适宜摆设观叶植物或色淡的盆栽花卉。例如，在书桌上面可以摆一盆文竹或万年青，也可摆设五针松、凤尾竹等，在书架上方靠近墙的地方可摆设悬垂花卉，如吊兰等。

❹ 可以摆设一些插花，注意插花的颜色不要太艳，最好采用简洁明快的东方式插花，也可以摆设一两盆盆景。

❺ 书房的窗台和书架是最为重要的地方，一定要摆放一两盆植物。可以在窗台上摆放稍大一点儿的虎尾兰、君子兰等花卉，显得质朴典雅；还可以在窗台上点缀几小盆外形奇特、比较耐旱的仙人掌类植物，来调节和活跃书房的气氛；在书架上，可放置两盆精致玲珑的松树盆景或枝条柔软下垂的观叶植物，如常春藤、吊兰、吊竹梅等，这样可以使环境看起来更有动感和活力。

❻ 从植物的功用上看，书房里所栽种或摆放的花草应具有“旺气”“吸纳”“观赏”三大功效。“旺气”类的植物常年都是绿色的，叶茂茎粗，生命力强，看上去总能给人以生机勃勃的感觉，它们可以起到调节气氛、增强气场的作用，如大叶万年青、棕竹等；“吸纳”类的植物与“旺气”类的植物有相似之处，它们也是绿色的，但最大功用是可以吸收空气中对人体有害的物质，如山茶花、紫薇花、石榴、小叶黄杨等；“观赏”类的植物则不仅能使室内富有生机，还可起到令人赏心悦目的功用，如蝴蝶兰、姜茶花等。

推荐花草组合：

文竹+吊兰

这一组合会令书房显得清新、雅静，充满文化气息，不仅益于房间主人聚精会神、减轻疲乏，还能彰显出主人恬静、淡泊、雅致的气质；同时吊兰又是极好的空气净化剂，可以使书房里的空气清新怡然。

烹制美味的厨房

植物出现在厨房的比率应仅次于客厅，这是因为人们每天都会做饭、吃饭，会有一大部分时间花在厨房里。同时，厨房里的环境湿度也非常适合大部分植物的生长。在厨房摆放花草时应当讲求功用，以便于进行炊事，比如可以在壁面上悬挂花盆等。厨房一般是在窗户比较少的北面房间，摆设几盆植物能除去寒冷感。通常来讲，在厨房摆放的植物应当依从下列几条原则：

❶ 厨房摆放花草的总体原则就是“无花不行，花太多也不行”。因为厨房一般面积较小，同时又设有炊具、橱柜、餐桌等，因此摆设布置宜简不宜繁，宜小不宜大。

❷ 主要摆设小型的盆栽植物，最简单的方法就是栽种一盆葱、蒜等食用植物作装点，也可以选择悬挂盆栽，比如吊兰。同时，吊兰还是很好的净化空气的植物，它可以在24小时内将厨房里的一氧化碳、二氧化碳、二氧化硫、氮氧化物等有害气体吸收干净，此外它还具有养阴清热、消肿解毒的作用。

❸ 在窗台上可以摆设蝴蝶花、龙舌兰之类的小型花草，也能将短时间内不食用的菜蔬放进造型新颖独特的花篮里作悬垂装饰。另外，在临近窗台的台面上也可以摆放一瓶插花，以减少油烟味。如果厨房的窗户较大，还可以在窗前养植吊盆花卉。

❹ 厨房里面的温度、湿度会有比较大的变化，宜选用一些有较强适应性的小型盆栽花卉，如三色堇等。

❺ 花色以白色、冷色、淡色为宜，以给人清凉、洁净、宽敞之感。

❻ 虽然天然气、油烟和电磁波还不至于伤到植物，但生性娇弱的植物最好还是不要摆放在厨房里。

❼ 值得注意的是，为了保证厨房的清洁，在这里摆放的植物最好用无菌的培养土来种植，一些有毒的花草或能散发出有毒气体的花草则不要摆放，以免危害身体健康。

推荐花草组合：

绿萝+白鹤芋

在房间内朝阳的地方，绿萝一年四季都能摆设，而在光线比较昏暗的房间内，每半个月就应当将其搬到光线较强的地方恢复一段时日。家庭使用的清洁剂、洗涤剂及油烟的气味对人们的身体健康危害很大，绿萝能将其中70%的有害气体有效地消除，在厨房里摆设或吊挂一盆绿萝，就能很好地将空气里的有害化学物质吸收掉。白鹤芋能强效抑制人体排出的废气，比如氨气、丙酮，还能对空气里的苯、三氯乙烯及甲醛进行过滤，令厨房内的空气保持新鲜、洁净。

储蓄能量的餐厅

餐厅是一家人每日聚在一起吃饭的重要地方，所以应当选用一些能够令人心情愉悦、有利于增强食欲、不危害身体健康的绿化植物来装点。餐厅植物一般应当依从下列几条原则来选择和摆放：

❶ 对花卉的颜色变化和对比应适当给予关注，以增强食欲、增加欢乐的气氛，春兰、秋菊、秋海棠及一品红等都是比较适宜的花卉。

❷ 由于餐厅受面积、光照、通风条件等各方面条件的限制，因此摆放植物时首先要考虑哪些植物能够在餐厅环境里找到适合它的空间。其次，人们还要考虑自己能为植物付出的劳动强度有多大，如果家中其他地方已经放置了很多植物，那么餐厅摆放一盆植物即可。

❸ 现在，很多房间的布局是客厅和餐厅连在一起，因此可以摆放一些植物将其分隔开，比如悬挂绿萝、吊兰及常春藤等。

❹ 根据季节变化，餐厅的中央部分可以相应摆设春兰、夏洋（洋紫苏）、秋菊、冬红（一品红）等植物。

❺ 餐厅植物最好以耐阴植物为主。因为餐厅一般是封闭的，通风性也不好，适宜摆放文竹、万年青、虎尾兰等植物。

❻ 色泽比较明亮的绿色盆栽植物，以摆设在餐厅周围为宜。

❼ 餐桌是餐厅摆放植物的重点地方，餐桌上的花草固然应以视觉美感为考虑，但也注意尽量不摆放易落叶和花粉多的花草，如羊齿类、百合等。

❽ 餐厅跟厨房一样，需要保持清洁，因此在这里摆放的植物最好也用无菌的培养土来种植，有毒的花草或能散发出有毒气体的花草则不要摆放，如郁金香、含羞草等，以免伤害身体。

推荐花草组合：

春兰+一品红

《植物名实图考》里记载：“春兰叶如瓯兰，直劲不欹，一枝数花，有淡红、淡绿者，皆有红缕，瓣薄而肥，异于他处，亦具香味。”春兰形姿优美、芳香淡雅，令人赏之闻之都神清气爽。而颜色鲜艳的一品红则会令人心情愉快，食欲增加。这两者是餐厅摆放花卉的首选，可共同摆放。

阴暗潮湿的卫生间

卫生间同样是我们不应该忽略的场所。在我国，大部分卫生间的面积都不大，而且光照情况不好，所以，应当选用那些对光照要求不甚严格的冷水花、猪笼草、小羊齿类等花草，或有较强抵抗力同时又耐阴的蕨类植物，或占用空间较小的细长形绿色植物。在摆放植物的时候应当注意下列几个方面：

❶ 摆放的植物不要太多，而且最好主要摆放小型的盆栽植物。同时要注意的是，植物摆放的位置要避免被肥皂泡沫飞溅，导致植株腐烂。因此，卫生间采用吊盆式较为理想，悬吊的高度以淋浴时不会被水冲到或溅到为好。

❷ 不可摆放香气过浓或有异味的花草，以生机盎然、淡雅清新的观叶植物为宜。

❸ 卫生间内有窗台的，在其上面摆设一盆藤蔓植物也十分美观。

推荐花草组合：

绿萝+白鹤芋

绿萝被誉为“异味吸收器”，可以消除70%的有害气体，然而在光线比较昏暗的卫生间里，应当每半个月把它搬到光线较明亮的环境中恢复一段时日。卫生间里面的温度和湿度经常比较大，还比较适合白鹤芋的生长。白鹤芋可以抑制人体呼出的废气，比如氨气、丙酮，与此同时，它还可以对空气里的甲醛、苯及三氯乙烯进行过滤，使卫生间内的空气总是自然、清新。

❹ 卫生间湿气较重，又比较阴暗，因此要选择一些喜阴的植物，如虎尾兰。虎尾兰的叶子可以吸收空气中的水蒸气为自身保湿所用，是厕所和浴室植物的最佳选择之一。另外，蕨类和椒草类植物也都很喜欢潮湿，同样可以摆放在这里，如肾蕨、铁线蕨等。

❺ 卫生间是细菌较多的地方，所以放置在卫生间的植物最好具有一定的杀菌功能。比如常春藤可以净化空气杀灭细菌，同时又是耐阴植物，放置在卫生间非常合适。

❻ 卫生间里的异味是最令人烦恼的，而一些绿色植物又恰恰是最好的除味剂，如薄荷。将它放在马桶水箱上，既环保美观，又香气怡人。

❼ 卫生间是氯气最容易产生的地方，因为自来水里都含有氯。人们如果长期吸入氯气则容易出现咳嗽、咳痰、气短、胸闷或胸痛等症状，易患上支气管炎，严重时可发生窒息或猝死。因此放置一盆能消除氯气的植物是非常有必要的，如米兰、木槿、石榴等。

针对特殊人群选择花草

在选用花卉的时候，我们还应顾及到住在房间里的人群的不同之处，依照各类人群的生理特点及身体状况来选用与之相适宜的花卉品种。

假如房间内住着孕妇，那么在选用花卉的时候就不仅要顾及孕妇的身体健康，还应顾及胎儿的健康；假如家里有幼儿，由于幼儿的免疫力较低，神经系统及内分泌系统容易遭受有毒气体的伤害，且他们的皮肤皆十分柔嫩，在选用花卉时也应当多加留心；老年人及生病的人的身体都较为虚弱，所以在选用花卉时更需要多加留意，避免给其身体带来损伤或危害。

处于特殊生理期的孕妇

妇女在怀孕之后，不仅应该保证自己的身体健康，还应当关注胎儿的健康，这就需要孕妇对许多事情皆应多加留心。家里栽植或摆放一些花卉，尽管可以美化环境、陶冶情操，但某些花卉也会威胁人体的健康，特别是孕妇在接触某些植物后所产生的生理反应会比一般人更突出、更强烈。所以，孕妇在选用房间内摆设的花卉时必须格外留意，避免因选错了花草而影响自己和胎儿的身心健康。

孕妇室内不宜摆放的花草

❶ 松柏类花木（含玉丁香、接骨木等）。这类花木所散发出来的香气会刺激人体的肠胃，影响人的食欲，同时也会令孕妇心情烦乱、恶心、呕吐、头昏、眼花。

❷ 洋绣球花、天竺葵等。这类花的微粒接触到孕妇的皮肤会造成皮肤过敏，进而诱发瘙痒症。

❸ 夜来香。它在夜间停止光合作用，排出大量废气，而孕妇新陈代谢旺盛，需要有充分的氧气供应。同时，夜来香还会在夜间散发出很多刺激嗅觉的微粒，孕妇过多吸入这种颗粒会产生心情烦闷、头昏眼花的症状。

❹ 玉丁香、月季花。这类花散发出来的气味会使人气喘烦闷。如果孕妇闻到这种气味导致情绪低落，会影响胎儿的性格发育。

❺ 紫荆花。它散发出来的花粉会引发哮喘症，也会诱发或者加重咳嗽的症状。孕妇应尽量避免接触这类花草。

❻ 兰花、百合花。这两种花的香味过于浓烈，会令人异常兴奋，从而使人难以入眠。如果孕妇的睡眠质量难以得到保障，其情绪会波动起伏，从而使身体内环境紊乱、各种激素分泌失衡，不利于胎儿的生长发育。

❼ 黄杜鹃。它的植株及花朵里都含有毒素，万一不慎误食，轻的会造成中毒，重的则会导致休克，严重危及孕妇的健康。

❽ 郁金香、含羞草。这一类植物内含有一种毒碱，如果长期接触，会导致人体毛发脱落、眉毛稀疏。在孕妇室内摆放这种花草，不但会危及孕妇自身的健康，还会对胎儿的发育造成不良影响。

❾ 夹竹桃。这种植物会分泌出一种乳白色的有毒汁液，若孕妇长期接触会导致中毒，表现为昏昏沉沉、嗜睡、智力降低等。

❿ 五色梅。其花和叶均有毒，不适宜摆放在体质较敏感的孕妇室内，若不慎误食则会出现腹泻、发烧等症状。

⓫ 水仙。接触到其叶片及花的汁液会令皮肤红肿，若孕妇不小心误食其鳞茎则会导致肠炎、呕吐。

⓬ 万年青。其花、叶皆含有草酸及有毒的酶

类，若孕妇不慎误食，则会使口腔、咽喉、食道、肠胃发生肿痛，严重时还会损伤声带，使人的声音变得嘶哑。

⑬ 仙人掌类植物。这类植物的刺里含有毒汁，如果孕妇被其刺到，则容易出现一些过敏症状，如皮肤红肿、疼痛、瘙痒等。

孕妇室内适宜摆放的花草

❶ 吊兰。它形姿似兰，终年常绿，使人观之心情愉悦。同时，吊兰还有很强的吸污能力，它可以通过叶片将房间里家用电器、塑料制品及涂料等所释放出来的一氧化碳、过氧化氮等有害气体吸收进去并输送至根部，然后再利用土壤中的微生物将其分解为无害物质，最后把它们作为养料吸收进植物体内。吊兰在新陈代谢过程中，还可以把空气中致癌的甲醛转化成糖及氨基酸等物质，同时还能将某些电器所排出的苯分解掉，并能吸收香烟中的尼古丁等。在孕妇室内摆放一盆吊兰，既可以美化环境，又可以净化空气，可谓一举两得。

❷ 绿萝。它能消除房间内70%的有害气体，还可以吸收装潢后残余下的气味，适合摆放在孕妇室内。

❸ 常春藤。凭借其叶片上微小的气孔，常春藤可以吸收空气中的有害物质，同时将其转化成没有危害的糖分和氨基酸。另外，它还可以强效抑制香烟的致癌物质，为孕妇提供清新的空气。

❹ 白鹤芋。它可以有效除去房间里的氨气、丙酮、甲醛、苯及三氯乙烯。其较高的蒸腾速度使室内空气保持一定的湿度，可避免孕妇鼻黏膜干燥，在很大程度上降低了孕妇生病的概率。

❺ 菊花、雏菊、万寿菊及金橘等。这类植物能有效地吸收居室内的家电、塑料制品等释放出来的有害气体，适合摆放在孕妇室内。

❻ 虎尾兰、龟背竹、一叶兰等。这些植物吸收室内甲醛的功能都非常强，能为孕妇提供较安全的呼吸环境。

处于生长发育期的幼儿

除了家里有孕妇之外，家里有幼儿的，在栽植或摆放花卉的时候也应当格外留心。

幼儿的免疫系统比较脆弱，呼吸系统的肺泡也比成年人要大很多。在生长发育期内，幼儿的呼吸量根据体重来计算几乎要比成年人高出一倍。此外，幼儿的神经系统及内分泌系统也非常易遭受有毒气体的侵害。倘若房间里的有害气体连续保持较高的浓度，那么很可能会对幼儿的神经系统和免疫系统等造成终生的伤害。与此同时，由于幼儿的皮肤十分柔嫩，有些花茎上长着刺，可能会将幼儿刺伤；一些幼儿生来便是过敏性体质，而花粉会引发过敏，严重的还会导致哮喘；还有一些花卉含有毒素，其发出的气味会危害幼儿的身体健康。因此，在栽植或摆放花卉的时候，人们应当多加留心。

幼儿室内不宜摆放的花草

❶ 郁金香、丁香及夹竹桃等。这类花木含有毒素，如果长时间将其置于幼儿的房间里，其所发出的气味会使幼儿产生头晕、气喘等中毒症状。

❷ 夜来香、百合花等。这类有着过浓香味的花草也不适宜长时间置于幼儿室内，否则会影响幼儿的神经系统，使之出现注意力分散等症状。

❸ 水仙花、杜鹃花、五色梅、一品红及马蹄莲等植物。其花或叶内的汁液含有毒素，倘若幼儿不慎触碰或误食皆会造成中毒。

❹ 松柏类花木。这类植物的香气会刺激人体的肠胃，使幼儿的食欲受到影响，对幼儿的健康发育不利。

❺ 仙人掌科植物。这类植物的刺里含有毒液，幼儿不小心被刺后易出现一些过敏性症状，如皮肤

红肿、疼痛、瘙痒等。

❻ 洋绣球花与天竺葵等。如果幼儿触及其微粒，皮肤就会过敏，产生瘙痒症。

幼儿室内适宜摆放的花草

❶ 绿色植物。绿色植物可以让幼儿产生很好的视觉体验，使其对大自然产生浓厚的兴趣。与此同时，许多绿色植物还具有减轻或消除污染、净化空气的作用，如吊兰被公认为室内空气净化器，如果在幼儿室内摆设一盆吊兰，可及时将房间里的一氧化碳、二氧化碳、甲醛等有害气体吸收掉。

❷ 盆栽的赏叶植物。无花的植物不会因传播花粉和香气而损伤幼儿的呼吸道，无刺的植物不会刺伤幼儿的皮肤，它们都比较合适摆放在幼儿室内，比如绿萝、彩叶草、常春藤等。

体质逐渐衰弱的老人

众所周知，种养花草不仅能使环境变得更加优美、空气变得更加新鲜，还能让人们的心情变得轻松舒服，性情得到培养。尤其是对于老年人来说，在房间里栽植或摆设一些适宜的花草，除了能够调养身体和心性之外，有些甚至还能预防疾病，在保持精神愉悦及身心健康方面皆有很好的功用。但同时，也有一部分花卉是不适合老年人栽植或培养的，应当多加留心。

老人室内不宜摆放的花草

❶ 夜来香。它夜间会散发出很多微粒，刺激嗅觉，长期生活在这样的环境中会使老人头昏眼花、身体不适，情况严重时还会加重患有高血压和心脏病者的病情。

❷ 玉丁香、月季花。这两种花卉所散发出来的气味易使老人感到胸闷气喘、心情不快。

❸ 滴水观音。这是一种有毒的植物，也叫作法国滴水莲、海芋。其汁液接触到人的皮肤会使人产生瘙痒或强烈的刺激感，若不慎进入眼睛则会造成严重的结膜炎甚至导致失明。若不小心误食其茎叶，会造成人的咽部、口腔不适，同时胃里会产生灼痛感，并出现恶心、疼痛等症状，严重时会窒息，甚至因心脏麻痹而死亡。所以，老人不宜栽植这种植物。

❹ 百合花、兰花。这类花具有浓烈香味，也不适宜老人栽植。

❺ 郁金香、水仙花、石蒜、一品红、夹竹桃、黄杜鹃、光棍树、万年青、虎刺梅、五色梅、含羞草及仙人掌类。对于这些有毒的植物，老人不宜栽植。

❻ 茉莉花、米兰。这类花香味浓烈，可用来熏制香茶，所以对芳香过敏的老人应当慎重选择。

老人室内适宜摆放的花草

❶ 文竹、棕竹、蒲葵等赏叶植物。这类花恬淡、雅致，比较适合老人栽种。

❷ 人参。气虚体弱、有慢性病的老人可以栽种人参。人参在春、夏、秋三个季节都可观赏。春天，人参会生出柔嫩的新芽；夏天，它会开满白绿色的美丽花朵；秋天，它绿色的叶子衬托着一颗颗

红果，让人见了更加神清气爽、心情愉快。此外，人参的根、叶、花和种子都能入药，具有强身健体、调养机能的奇特功效。

❸ 五色椒。它色彩亮丽，观赏性强。其根、果及茎皆有药性，适合有风湿病或脾胃虚寒的老人栽种。

❹ 金银花、小菊花。有高血压或小便不畅的老人可以栽种金银花和小菊花。用这两种花卉的花朵填塞香枕或冲泡饮用，能起到消热化毒、降压清脑、平肝明目的作用。

❺ 康乃馨。康乃馨所散发出来的香味能唤醒老年人对孩童时代淳朴的、快乐的记忆，具有“返老还童”的功效。

体质虚弱敏感的病人

病人是格外需要我们关注的一个群体，我们应当尽力给他们营造出一个温暖、舒心、宁静、优美的生活环境。除了要使房间里的空气保持流通并有充足的光照外，还可适当摆放一些花卉，以陶冶病人的性情、提高治病的疗效，对病人的身心健康都十分有益。然而，尽管许多花卉能净化空气、益于健康，可是一些花卉如果栽种在家里，却会成为导致疾病的源头，或造成病人旧病复发甚至加重。因此，病人在栽植或摆放花卉的时候就更需要特别留意了。

病人室内不宜摆放的花草

❶ 夜来香、兰花、百合花、丁香、五色梅、天竺葵、接骨木等。这些气味浓烈或特别的花卉最好不要长期摆放在病人房间里，否则其气味易危害到病人的健康。

❷ 水仙花、米兰、兰花、月季、金橘等。这类花卉气味芬芳，会向空气中传播细小的粉质，不适宜送给呼吸科、五官科、皮肤科、烧伤科、妇产科及进行器官移植的病人。

❸ 郁金香、一品红、黄杜鹃、夹竹桃、马蹄莲、万年青、含羞草、紫荆花、虞美人、仙人掌等。这类花草自身含有毒性汁液，不适合摆放在免疫力低下病人的房间。

❹ 盆栽花。病人室内不适宜摆放盆栽花，因为花盆里的泥土中易产生真菌孢子。真菌孢子扩散到空气里后，易造成人体表面或深部的感染，还有可能进入到人的皮肤、呼吸道、外耳道、脑膜和大脑等部位，这会给原来便有病、体质欠佳的患者带来非常大的伤害，尤其是对白血病患者及器官移植者来说，其伤害性更加严重。

病人室内适宜摆放的花草

❶ 不开花的常绿植物。过敏体质的病人和体质较差的病人以种养一些不开花的常绿植物为宜。这样可以避免因花粉传播导致的病人过敏反应。

❷ 文竹、龟背竹、菊花、秋海棠、蒲葵、鱼尾葵等。这类花草不含毒性，不会散发浓烈的香气，比较适宜在病人的房间里栽植或摆放。

❸ 有些花草不仅美观，而且还是很好的中草药，因此病人可以针对不同病症来选择栽植或摆放。比如，白菊花具有平肝明目的作用；黄菊花具有散风清热的作用，可以治疗感冒、风热、头痛、目赤等症；丁香花对牙痛具有镇静止痛的作用；薄荷、紫苏等花散发出来的香味能有效抑制病毒性感冒的复发，还能减轻头昏头痛、鼻塞流涕等症状。

值得注意的是，由于绿色植物除进行光合作用之外，还会进行呼吸作用，因此若室内植物太多也会造成二氧化碳超标。所以，病人或体质虚弱的人的房间里的植物最好不要多于三盆。

第二篇

17 种敏感监测空气污染的健康花草

为了创造优美、温暖、馨香的家居环境，人们经常在家居附近、院落或房间里栽植或摆设一些植物。实际上，许多植物不仅能使环境变得更美，还能对空气污染进行监测，并且这些植物中有一部分就是我们时常能够见到的普通植物。

由于一些植物对某一种污染物质较为敏感，因而当这些植物接触到这种污染物质时便会产生相应的反应，从而出现某些特殊的变化。我们利用植物的这一敏感性，便能对家居环境里的特定污染物进行监测，从而施行相对应的处理方法，尽早消除潜在的危险，保障我们的健康。当我们弄清楚了这类植物的独特作用后，在挑选栽植或摆设的植物品种时就能更有针对性，依照住所附近的环境和污染状况来挑选适宜的植物。

虞美人

【花草名片】

◎学名：*Papaver rhoeas*

◎别名：赛牡丹、丽春花、蝴蝶满园春、小种罂粟花。

◎科属：罂粟科罂粟属，为一二年生草本植物。

◎原产地：最初产自欧亚大陆温带地区，现美洲和大洋洲都有分布。比利时把它定为国花。

◎习性：虞美人喜阳光充足、温暖、通风的环境，可耐寒冷，畏酷暑。对土壤适应性强，最适宜在有肥力、土质松散且排水通畅的沙壤土中生长。

◎花期：5～6月。

◎花色：红、粉、紫、白等色，有的一朵花兼具两种颜色。

花言草语

据说，虞美人这种美丽的花卉是项羽的爱姬虞姬死后变的。另据《广群芳谱》记载，当人们击掌唱《虞美人曲》时，虞美人的叶片就会跟随掌声微微摆动，就像在跳舞一样，因此虞美人也叫“舞草”。

虞美人的植株葱绿俊秀，婀娜多姿，随风而舞时犹如振翅欲飞的彩蝶，令人遐想万千。虞美人集淡雅和浓丽于一体，很有几分中国古典艺术里的佳人神韵，可以称得上是花卉里的绝妙精品。

监检功能

虞美人对有毒气体硫化氢的反应异常敏感，能够对硫化氢进行监测。当虞美人遭受硫化氢的侵害后，叶片就会变焦或出现斑点。

选盆

家庭种植虞美人需准备两个盆，一个普通盆或营养钵用于育苗，一个排水效果较好的深盆用于移栽。

新手提示： 由于虞美人的根系较长而柔软，所以移栽时要选用深一点的花盆。

择土

最好选择有肥力、土质松散且排水通畅的沙壤土。

栽培

1. 将花土过细筛后放入普通盆或营养钵内。
2. 在花土表层均匀撒播虞美人的种子，然后将花盆或营养钵置于20℃的环境里。
3. 7～10天长出幼苗后，挑选1～2株较茁壮的苗留下，将其余弱小的花苗拔除。
4. 待幼苗长出3～4片真叶后，将幼苗连根带泥掘出。
5. 在深盆内铺一层花土，将根系带泥土的幼苗摆入深盆中扶正。
6. 向花盆内填土、压紧，期间轻提幼苗一次，以便其根系伸展开来。
7. 将移栽好的虞美人幼苗放在荫蔽处养护。

新手提示： 撒播种子无须覆土。移栽幼苗的时间最好选择在阴天，移栽前先浇透水，以便挖掘幼苗时避免伤到根系。移栽时应浅栽，以方便虞美人的长根向下生长。

浇水

❶ 盆栽虞美人平时浇水不宜过多，通常每隔3～5天浇一次水。
❷ 立春前后是虞美人的生长期，应适当增加浇水的次数，保持土壤湿润，但应避免水涝。
❸ 冬天是虞美人的休眠期，浇水不宜过多过勤，以土壤不过分干燥为宜。

温度

虞美人畏酷暑，可耐寒冷，喜欢温暖的环境，生长温度以15℃～28℃为宜。冬季是虞美人的休眠期，可稍耐低温。

繁殖

一般来说，虞美人适合采用播种法繁殖，春秋两季都可播种。

病虫防治

在栽植过密、通风不良、土壤过湿、氮肥过多的情况下，虞美人容易受到霜霉病的侵害，这种病可导致幼苗枯死，成株则表现为叶片上产生色斑和霜霉层、花茎扭曲、不开花。发病初期应及时剪除病叶，并喷50%代森锰锌可湿性粉剂600倍液，或20%瑞毒素可湿性粉剂4000倍液，或50%代森铵可湿性粉剂1000倍液杀毒。

光照

虞美人喜欢充足的光照，一般将其摆放在光线良好的室内。但刚刚移栽的虞美人需遮阴，待其成活之后才可稍见阳光，以后再逐渐延长光照时间。

修剪

虞美人幼苗长出6~7片叶时，开始摘心，以促进幼苗分枝。对于不打算留种的虞美人，在其开花期间应及时剪掉未落尽的残花，以利于聚集营养，使之后开放的花朵更大、更鲜艳，进而延长花期。

施肥

虞美人喜欢肥沃的土壤，在生长期内每2～3周施用一次5倍水的腐熟尿液，在开花之前宜再追施一次肥料，以保证花朵硕大、鲜艳。

摆放建议

虞美人姿态优美、花朵鲜艳，家庭种植的盆栽虞美人适合摆放在阳台、窗台、客厅等光线充足、通风的地方。也可以制成瓶插摆放在书房、客厅、餐厅。

秋海棠

【花草名片】

◎**学名：** *Begonia gramdis*

◎**别名：** 八月春、相思草、岩丸子。

◎**科属：** 秋海棠科秋海棠属，为多年生常绿草本花木。

◎**原产地：** 最初产自中国，在山东、河北、河南、江苏、四川、陕西秦岭及云南等地区皆有分布。

◎**习性：** 喜欢温暖、半荫蔽、潮湿润泽的环境，不能忍受寒冷，畏强光直射，怕酷热与水涝，在有肥力、土质松散、排水通畅的沙壤土中生长最好。

◎**花期：** 4～11月。

◎**花色：** 红、粉、白等色。

监检功能

秋海棠能够对二氧化硫、氟化氢和氮氧化合物进行监测。秋海棠对这些有毒气体反应较为灵敏，一旦遭受这些气体的侵袭，其叶脉间就会出现白色或黄褐色的斑点，叶片的顶端先变焦，之后周围部位逐渐干枯，导致叶片枯萎脱落。

选盆

选择普通花盆即可。

择土

最好选用高温消毒的腐叶土、培养土及细沙混合成的土壤。

栽培

❶ 将混合好的培养土过细筛后放入盆内。

❷ 把秋海棠的种子均匀撒播在盆内，无须盖土。

❸ 用一块木板轻压盆土，使种子嵌入土壤。

❹ 在盆口盖一块玻璃，以保持培养土的温度。

❺ 把盆放在温度为18℃～22℃的半阴的地方，20天左右后便可萌芽。

❻ 约2个月后，幼株可长出2～3片真叶，这时可将幼株移栽到稍大一点的花盆中。

新手提示： 家庭采用播种法培育秋海棠一般选择在4～5月或8～9月进行，因为这两个时期是秋海棠的生长开花期，种子比较容易萌芽成活。

光照

秋海棠喜欢半荫蔽的环境，光照时间不足容易导致叶片纤小变薄，光照时间过长或光线过强容易导致植株长不高、叶片变紫偏厚、花苞不开放。因此，夏天应注意避免阳光直射秋海棠，冬天要保证给秋海棠提供足够的光照时间。此外，还要需经常变动花盆的摆放方向，使整个植株均匀接受光照。

施肥

在秋海棠生长季节应每半个月施用一次腐熟液肥，在开花之前需追施一次肥料，可以让花朵更加艳丽。

浇水

❶ 秋海棠喜欢潮湿润泽的环境，但忌积水。

❷ 给秋海棠浇水应遵循“不干不浇，干则浇透”的原则。

❸ 春秋两季是秋海棠生长开花期，需要的水分相对较多，这时的盆土应稍微湿润一些，可每天浇一次水。

❹ 夏季是秋海棠的半休眠期，可适当减少浇水次数，浇水时间应选择在早晨或傍晚。

❺ 冬季是秋海棠的休眠期，应保持盆土稍微干燥，可3~5天浇一次水，浇水时间最好选在中午前后阳光充足时。

新手提示：给秋海棠浇水可记住“二多二少”要诀，即春秋多、夏冬少。秋海棠开花前可适当增大浇水量，开花后要相对减少浇水量。

温度

秋海棠喜欢温暖的环境，15℃~25℃的环境最利于它生长。秋海棠怕酷暑，当环境温度超过32℃时，秋海棠的生长会受到严重影响，所以夏季应将秋海棠置于半荫蔽处养护。此外，秋海棠不耐寒冷，冬季环境温度不能低于10℃。

花言草语

根据《采兰杂志》上记载：古时候有一位妇女非常思念她的心上人，但始终无法与其相见。于是，这位妇人经常在一面墙下悲伤啼哭。她的眼泪落进土里，日久天长竟从土里长出一棵形姿柔媚的花来。这种花的颜色颇似妇人的面庞，叶片的正面为绿色、背面为红色，而且常在秋天盛开，被人们叫作“断肠草”。断肠草就是我们所说的秋海棠。

病虫防治

如栽培管理不当，秋海棠在高温、高湿的季节容易感染叶斑病。这种病害可导致植株萎蔫、叶片大量掉落。一旦发现叶片上有病斑，应立即剪掉病叶，并加强室内通风、降低环境湿度。

新手提示：修剪病叶的剪子应事先用70%的酒精溶液消毒，避免细菌从创口侵入植株体内，造成二次感染。

修剪

为防止植株长得过高，在苗期需进行1~2次摘心，促使植株分枝。在生长期内应及时剪掉纤弱枝和杂乱枝。

繁殖

秋海棠可以采用播种法或扦插法进行繁殖。

摆放建议

家庭种植秋海棠适合盆栽，小型盆栽可摆放在餐厅、客厅、书房的桌案、茶几、花架上欣赏，大型盆栽可用于装饰阳台、客厅。

芍药

【花草名片】

◎**学名**：*Paeonia lactiflora*

◎**别名**：余容、将离、殿春花、婪尾春。

◎**科属**：毛茛科芍药属，为多年生宿根草本植物。

◎**原产地**：最初产自我国北部地区，以及朝鲜、日本、西伯利亚等地。

◎**习性**：芍药喜欢冷凉荫蔽的环境，耐旱、耐寒、耐阴。适宜在排水通畅的沙壤土中生长，特别喜欢肥沃的土壤。

◎**花期**：4～5月。

◎**花色**：白、红、粉、黄、紫、紫黑、浅绿等色。

花言草语

芍药为我国著名传统花卉，有着三千多年的栽植历史。《本草纲目》载道："芍药……处处有之，扬州为上。"宋代以后，栽植芍药的盛况已不局限在扬州。《析津日记》载："芍药之盛，旧数扬州……今扬州遗种绝少，而京师丰台，连畦接畛……"可以看出那时栽植的盛况。古代人在评花时把牡丹列为第一，芍药列为第二，将牡丹称作花王，芍药称作花相。由于花开得较晚，因此芍药也叫"殿春"。古时候男女往来，为表结情之意或不舍离别之情，经常互赠芍药，所以它也叫"将离草"。

监检功能

芍药能够对二氧化硫与烟雾进行监测。当芍药遭受到二氧化硫与烟雾的侵害时，其叶片尖端或叶片边缘就会呈现出深浅不一的斑点。

选盆

可选择排水、透气性良好的泥瓦盆或陶盆，栽种芍药的土壤层越深厚越好，所以最好选择高盆。

择土

可以选择肥沃、排水通畅、透气性好的沙质土壤、中性土壤或微碱性土壤。

栽培

❶ 挖出3年以上的芍药株丛，抖掉根上的泥土。

❷ 将母株移至阴凉干燥处放置片刻。

❸ 母株稍微蔫软后，用刀将根株剖成几丛，确保每丛根株上有3～5个芽。

❹ 将小根株放置在阴凉干燥处阴干。

❺ 在盆底铺一层花土，土层约为盆高的2/5。

❻ 将阴干略软的小根株栽入盆中扶正，向盆中填土、压实。

新手提示：芍药的分株栽培时间最好选在9月下旬到10月上旬，也就是白露到寒露期间，这一期间的气候温度适合芍药的生长，可使新株有充足的时间在冬天到来之前长出新根。

繁殖

芍药可以采用播种法、扦插法及分株法进行繁殖，主要采用分株繁殖的方法。

浇水

❶ 芍药比较耐干旱，怕水涝，浇水不可太多，不然容易导致肉质根烂掉。

❷ 在芍药开花之前的一个月和开花之后的半个月应分别浇一次水。

❸ 每次给芍药浇完水后，都要立即翻松土壤，以防止有水积存。

温度

芍药喜欢温和凉爽的环境，比较耐寒，温度应该控制在15℃～20℃间，冬季温度不宜低于-20℃。冬季上冻之前可以为芍药根部垒土，以保护新芽。

病虫防治

芍药常见的病患为褐斑病，其病原为牡丹枝孢霉。此病主要伤害其叶片，发病初期新叶背面出现绿色的小点，之后扩大成紫褐色近圆形斑，最后整个叶片枯焦。此病以预防为主，要在春季喷施一次石硫合剂；展叶期每隔10～15天喷施一次50%多菌灵可湿性粉剂800倍液，共用药3～4次。

光照

芍药对光照要求不严，但在阳光充足的地方生长得更加茂盛。春秋季节可多照阳光，夏天忌烈日暴晒，可放置于半阴处。

修剪

花朵凋谢后应马上把花梗剪掉，勿让其产生种子，以避免耗费太多营养成分，使花卉的生长发育及开花受到影响。

施肥

在花蕾形成后应施一次速效性磷肥，可以令芍药花硕大色艳。秋冬季可以施一次追肥，能够促使其翌年开花。

新手提示：在每一次施肥之后都要立即疏松土壤，使芍药生长得更顺利。

摆放建议

芍药在阳光充足的地方生长茂盛，因此最好摆放在阳台、窗台、庭院等向阳处。

梅花

【花草名片】

◎**学名**：*Armeniace mume*

◎**别名**：红梅、绿梅、春梅、干枝梅。

◎**科属**：蔷薇科李属，为落叶乔木。

◎**原产地**：最初产自中国，主要生长于长江流域和西南区域。

◎**习性**：喜欢温暖、略潮湿，以及光照充足、通风性好的环境。比较能忍受寒冷，可以短时间忍受－15℃低温，当温度为5℃～10℃时便能开花。

◎**花期**：12月～次年3月。

◎**花色**：红、紫、浅黄及彩色斑纹等色。

监检功能

梅花能够对甲醛、苯、二氧化硫、硫化氢、氟化氢及乙烯进行监测。梅花对这些有毒气体皆有监测能力，尤其对硫化物、氟化物的污染的反应更为灵敏，受到硫化物侵害的时候其叶片上面就会呈现斑纹，严重时还会变枯、发黄、凋落。

选盆

种梅花最好选用透水透气性好的泥瓦盆，也可用紫砂盆，一定不要用瓷盆和塑料盆。

择土

栽植梅花时以排水通畅、有机质丰富的沙质土壤为宜。

栽培

❶ 在盆底平铺一层碎盆片，以方便排水和避免养分流失。

❷ 修剪掉过长的主根和少量的侧根，多留一些须根。

❸ 先在盆中倒入少量的土，然后将母株放入盆内，添土。

❹ 添土后轻轻摇动花盆，使疏松的土壤下沉，与根部结紧。

❺ 最后浇足水，放置在阳光充足的地方。

新手提示：每年11月到次年3月是最适宜梅花栽培的时期。

浇水

❶ 梅花不耐水湿，浇水要根据盆土的干湿情况来确定，应以“不干不浇，浇就浇透”为浇水原则，防止盆中积聚过多水分。

❷ 大约在6月，花芽分化期内，要减少浇水量，同时使花卉接受充足的光照，使植株开花繁茂。

❸ 夏天应浇足水，不然会导致梅花叶片凋落，影响花芽形成。

❹ 在梅花生长鼎盛期内要每日浇一次水，秋季天凉后要渐渐减少浇水，以促使枝条生长健壮。

新手提示：如果发现梅花叶片严重枯萎，可将整株梅花放入水中，浸40分钟后取出，即可恢复正常。在梅雨季节，梅花一般不用浇水，如遇阴雨连天，需要将花盆倾斜放置，避免盆中积水。

光照

梅花喜欢有充足光照、通风性好的生长环境，不适宜长时间遮阴。

温度

梅花在环境温度为5℃～10℃时就可开花，虽然耐寒，在-15℃的条件下也可短暂生长，但不宜长时间放置阴冷处。

施肥

梅花要在冬天施用一次磷、钾肥，在春天开花之后和初秋分别追施一次稀薄的液肥即可。每一次施完肥后都要立即浇水和翻松盆土，以使盆内的土壤保持松散。

病虫防治

梅花易受蚜虫、红蜘蛛、卷叶蛾等害虫的侵扰，在防治时应喷洒50%辛硫磷乳油或50%杀螟松乳油，不能使用乐果、敌敌畏等农药，以免发生药害。

繁殖

梅花经常采用嫁接法进行繁殖，也可采用扦插法，通常于早春或深秋进行。另外，还能用压条法进行繁殖，这样比较容易成活。

花言草语

传说隋朝赵师雄游览罗浮山的时候，曾在晚上梦到和一名衣装淡雅的女子把酒同饮，那名女子香气撩人，身边还有一个绿装童子在欢快地歌舞。天将亮的时候，赵师雄由梦里醒过来，见自己睡在一棵梅树之下，树上有只翠鸟在欢快地鸣唱，并无那素装女子与绿装童子。其实，梦里的那名女子便是梅花树，绿装童子便是那只翠鸟。当时，赵师雄看到月亮已悄悄落下，星斗已经横斜，更感到孤独寂寞、惆怅迷惘。此后，这个传说便被用作梅花的典故。

修剪

1. 在栽植的第一年，当幼株有25～30厘米高的时候要将顶端截掉。
2. 花芽萌发后，只保留顶端的3～5个枝条作主枝。
3. 次年花朵凋谢后要尽快把稠密枝、重叠枝剪去，等到保留下来的枝条有25厘米长的时候再进行摘心。
4. 第三年之后，为使梅花株形美观，每年花朵凋谢后或叶片凋落后，皆要进行一次整枝修剪。

摆放建议

梅花适合摆放在宽敞的客厅、门厅、书房，也可以单枝插瓶摆放在案几、书架、窗台上，但不宜摆放在卧室内。

八仙花

【花草名片】

◎**学名：** *Hydrangea macrophylla*

◎**别名：** 斗球、绣球、紫阳花、粉团花。

◎**科属：** 虎耳草科绣球属，为落叶灌木或小乔木。

◎**原产地：** 最初产自中国华中及西南区域，现在全国各个区域都广为栽植。

◎**习性：** 喜欢温暖、潮湿、润泽的半荫蔽环境，光照充足也可以，忌干旱和水涝，不能忍受寒冷。

◎**花期：** 6~7月。

◎**花色：** 粉红、蓝、白色。

监检功能

八仙花对二氧化硫的反应非常灵敏，空气里的二氧化硫浓度达到0.05~0.5ppm（1ppm是百万分之一）后8小时，八仙花便会受到侵害，受侵害部位的叶脉会失绿，叶脉之间的叶片表面会变为白色，被损伤的叶组织会使叶片表面出现褐色斑点或斑块，同正常叶组织的绿色叶面有清晰的分界线。另外，八仙花长时间置于二氧化硫浓度比较低的环境中，叶片表面会褪绿，叶组织甚至会渐渐坏死。

选盆

最好选用透气性良好的泥盆，也可使用瓷盆，最好不要用塑料盆栽种。

择土

宜选用排水通畅的酸性土壤。在酸碱度不一样的土壤中，八仙花的颜色也会有显著的不同，在酸性土壤中为蓝色，在碱性土壤中则主要是粉红色。

栽培

❶ 把植株移栽到新花盆中后，先将土压好。

❷ 浇充足水分，再将盆放置在荫蔽的地方。

❸ 大约10天后，可将盆移至室外正常料理。

浇水

❶ 八仙花喜欢潮湿，怕旱怕涝。在春、夏、秋三个生长期内，每日应浇一次水，令盆土经常处于潮湿状态。

❷ 在炎热的夏天，花盆中的水分蒸发量较大，更要为其提供足够的水分，从5月到8月末，除浇水外，还要每日或每隔一日朝叶片表面洒一次水。

❸ 冬天则要以“不干不浇”为浇水原则。

光照

八仙花喜欢温暖、潮湿的半荫蔽环境，耐阴，阳光直射会造成日灼，因此需遮阴。

温度

冬季，要把盆花移入房间里，室内温度宜控制在5℃上下，以促使其进入休眠状态。自12月中旬开始，应把盆花搬至朝阳的地方，室温需保持在15℃~20℃，以促进枝叶的生长发育。

施肥

八仙花嗜肥，在生长季节通常需每隔15天左右施用腐熟的稀薄饼肥水一次。如果将1%～3%的硫酸亚铁加到肥液里施用，就能够很好地维持土壤的酸性；如果想让植株枝繁叶茂，那么就可以常浇施矾肥水；在孕蕾期内多施用1～2次磷酸二氢钾，则可以令植株花大色艳。

新手提示：勿在炎热的伏天施饼肥，否则会导致发生病虫害及使花卉的根系受到损伤。

病虫防治

八仙花不易受虫害，常见病害多为叶部病害，如白腐病、灰霉病、叶斑病等。所以要定期喷施药剂预防，发现病情后需及时喷施65%代森锌可湿性粉剂600倍液，病重叶片可摘除烧毁。

修剪

❶ 八仙花的生命力较强，经得住修剪。当幼株长到10～15厘米的时候便能进行摘心，这样可以促其下部萌生腋芽。

❷ 摘心后，可挑选4个萌生好的中上部的新枝条，把其下部的所有腋芽都摘掉。

❸ 等到新枝条有8～10厘米长的时候，再施行第二次摘心，促进新枝条上的芽健壮成长，对翌年开花十分有益。

❹ 花朵凋谢后应马上把老枝截短，仅留下2～3个芽，以促使其萌生新枝，防止植株长得太高。

❺ 为了不让枝条再生长，也为了能安全过冬，在立秋以后应及时将植株的新枝顶部剪掉。在搬进室内料理之前，要把植株的叶片摘去，以防止叶片腐烂。

新手提示：每年初春3月，都要从基部把瘦弱枝、病虫枝剪掉，留下健壮枝并对其短截，让每枝留下2～3个芽，以促使其萌生新的枝条，令其多结蕾、多开花。

繁殖

八仙花可采用扦插法、分株法或压条法进行繁殖。

摆放建议

八仙花适宜摆放在客厅、书房的窗台、桌案上。

牡丹

【花草名片】

◎**学名：** *Paeonia suffruticosa*

◎**别名：** 洛阳花、谷雨花、富贵花、木芍药。

◎**科属：** 毛茛科芍药属，为多年生落叶小灌木。

◎**原产地：** 最初产自中国。

◎**习性：** 喜欢冷凉、干燥，怕酷热、潮湿，喜欢阳光，略耐荫蔽。

◎**花期：** 4～5月。

◎**花色：** 红、黄、紫、粉、白和复色等。

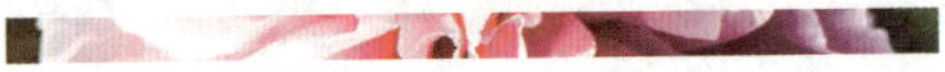

监检功能

牡丹能够对臭氧进行监测。如果大气里的臭氧含量高于1%，牡丹的叶片上面便会呈现出斑点。牡丹的叶色会由于遭受污染程度的不一样，而出现不一样的颜色，比如红褐色、浅黄色及灰白色等。

选盆

栽种牡丹多用立筒盆，一般以素烧泥盆、瓦缸为宜。

择土

适宜选用有肥力、土质松散、排水通畅的中性土壤或沙壤土。

新手提示： 盆栽时可以用园土和1/3～1/2的黄沙来配制。

栽培

❶ 将选择好的植株放置于阴凉处，晾1～2天，以免根太脆上盆时断根。

❷ 上盆栽植时，先用瓦片盖住盆孔，垫上3～5cm厚颗粒较大的碎砖块、木炭或其他透气透水物，再盖上一层3～5cm厚的土壤。

❸ 放进植株，使根系均匀伸展在盆中，填入土壤，并将土壤塞入根缝间。

新手提示： 将植株种入盆中后，应马上浇透水一次。浇水最好与施肥结合进行，肥料以豆饼或麻渣泡水发酵后的上清液为最佳。

花言草语

牡丹是中国独有的传统珍贵花卉，它华丽典雅、仪态万千，深受世人喜爱。

一提起牡丹，人们自然而然就想到了洛阳的牡丹。关于洛阳牡丹，民间有这样一个传说：天授二年（691）腊月初一，长安大雪纷飞，武则天饮酒赋诗，乘着酒兴传下诏书："明朝游上苑，火速报春知，花须连夜发，莫待晓风吹。"百花慑于武则天的威严，连夜竞相开放，唯独牡丹不违时令，闭蕊不开。武则天一怒之下，将牡丹施以火刑后贬出长安，发配洛阳。牡丹遭此劫难，虽体如焦炭，根枝却没有松散，依然挺立在凛冽的寒风中。第二年春天，被发配到洛阳的牡丹开得更娇艳了。于是，人们就把牡丹誉为"焦骨牡丹"。洛阳牡丹遂驰名天下，洛阳人培育牡丹、观赏牡丹也逐渐成了习俗。

牡丹不仅极具观赏价值，还具有很高的药用价值。丹皮（由牡丹的根加工制成）具有清热凉血、活血化瘀等功效。

浇水

❶ 牡丹无法忍受土壤过湿，怕水涝，具有一些抗旱性。因此要视盆土干湿情况浇水，要做到不干不浇，干透浇透，水勤、水多则烂根。

❷ 栽植后浇透水，之后等盆土干燥时再浇一次少量的水，直到开花，然后令盆土保持略湿就可以。

光照

牡丹喜欢光照充足的环境。

温度

牡丹喜欢冷凉的环境，怕较高的温度，畏酷热，具有一定的耐寒能力。适宜温度为16℃～20℃，低于16℃不开花。

新手提示：夏季高温时，牡丹会呈半休眠状态，最好将其移至阴凉处。

施肥

牡丹的生长需要较多肥料，且喜欢高效优良的肥料，新栽培的植株半年内不必施肥，半年后再施用即可。

病虫防治

牡丹的常见病有叶斑病和紫纹羽。

❶ 叶斑病主要浸染叶片，发病初期叶的背面有较小的褐色斑点，边缘色略深，最终叶片会枯焦凋落。防治时可喷洒50％甲基托布津可湿性粉剂、50％多菌灵可湿性粉剂500～800倍液，7～10天喷一次，连续3～4次。

❷ 紫纹羽病主要浸染根颈处，受害处有紫色或白色棉絮状菌丝，初呈黄褐色，后为黑褐色，重者整个根颈和根系腐烂，植株死亡。防治时可用500倍五氯硝基苯药液涂于患处。

修剪

❶ 在牡丹栽植2～3年后，要对其枝条进行修剪整形。为了让植株茁壮、花多色艳，要依照栽植年数掌控花朵的数量，在萌生花蕾的早期要留下一些发育良好的花芽，并及时把多余的芽及瘦弱的芽去掉。

❷ 通常对5～6年生的植株，要留下3～5个花芽；对新栽植的植株，次年春季要把花芽全部去掉，以积聚养分、促使植株生长。

❸ 花朵凋谢后应尽快把未落尽的花除去，暮秋落叶后要把徒长枝、病弱枝、干枯枝等剪去，以降低营养损耗，对第二年的植株生长十分有利。

繁殖

牡丹可以采用播种、分株、嫁接、扦插和压条等方法来繁殖，其中分株法较为简单方便，适宜家庭种养花卉时采用。

摆放建议

牡丹花朵雍容华贵，是装点家居的上选花卉。牡丹可摆放在阳台、客厅、书房等处，但要注意夏天时避免强光直射。

连翘

【花草名片】

◎**学名：***Forsythia suspensa*

◎**别名：**黄金条、黄花杆、女儿茶、千层楼。

◎**科属：**木樨科连翘属，为落叶灌木。

◎**原产地：**最初产自中国、朝鲜等地。

◎**习性：**喜欢温暖、潮湿且润泽的环境，喜欢阳光，较耐寒冷和干旱，稍耐荫蔽，忌积水。

◎**花期：**3～5月。

◎**花色：**金黄色。

监检功能

连翘能够对二氧化氮、臭氧及氨气进行监测。连翘对上述气体的反应皆较为灵敏，当连翘遭受二氧化氮侵袭的时候，其叶脉之间或叶片边缘会呈现为条状或斑状，新生的嫩叶在变黄以前可能先掉落；当臭氧从植株的气孔进入连翘的叶片时，在同叶肉细胞接触后会先损坏其细胞膜，进而导致细胞死亡，伤斑多数在叶片表面上，叶脉之间较少，还有可能呈现出黄色斑点和白色斑纹，或叶片表面被全部漂白；当空气里存在氨气的时候，连翘的叶片便会很快发黄。

选盆

最好选用紫砂陶盆或釉陶盆，不宜用塑料盆，因为它的透气性很差。

择土

连翘适宜在有肥力且排水通畅的钙质土壤里生长，以较有肥力的园土为最佳。

栽培

❶ 连翘的栽植一般在春季进行。首先选取1～2年生的连翘幼枝，剪为长约30厘米的小段。

❷ 在盆中放置2/3的土壤，松软度要适中。

❸ 把幼枝斜向插进土里，深度为18～20厘米即可，并让上面露出土壤表面一点儿。

❹ 最后再埋土并镇压结实，然后浇足水，要让土壤保持略潮湿状态，但勿积聚太多的水。

新手提示：每1～2年要将连翘翻盆一次，盆土要求疏松肥沃，排水透气性良好，并结合换盆进行一次修剪。

浇水

❶ 连翘比较能忍受干旱，在潮湿且润泽的环境中也能生长得较好，因此浇水无须太过频繁，每周浇水一次即可保证其生长。

❷ 春天应及时给连翘补充水分，特别是在开花之后，要让土壤保持略湿的状态，不可太干，否则不利于植株分化花芽。

新手提示：连翘成活后浇水应掌握“不干不浇，浇则浇透”的原则，盆土积水和过于干旱都不利于植株生长。

温度

连翘对气候无严格要求，喜欢温暖的环境，同时也较耐寒冷，可忍受半荫蔽的环境。

繁殖

连翘采用播种、扦插、分株或压条的方法进行繁殖都可以，其中扦插法经常被采用。

施肥

在春季和秋季每15～20天要对连翘施一次腐熟的稀薄液肥或复合肥，夏季则停止施肥，秋季还可向叶面喷施磷酸二氢钾等含磷量较高的肥料，以促使花芽的形成。

花言草语

连翘花与迎春花乍看起来非常相似，但连翘的植株比较高，叶片也比迎春花大，仔细观察下还可发现连翘的枝干是褐色的，而迎春的枝干为绿色。

连翘果实的药用价值很高，具有清热解毒、消肿散结的功效，连翘是中国临床常用传统中药之一，常用来治疗急性风热感冒、痈肿疮毒、淋巴结结核、尿路感染等症；其种子油还可以制成化妆品。

修剪

❶ 在每年花朵凋谢后应尽早把干枯枝、病弱枝剪掉，对稠密老枝要进行疏剪，对疯长枝要进行短剪，以促其萌发更多的新枝条。

❷ 立秋以后应再进行一次修剪，可让植株次年枝繁叶茂、花多色艳。

光照

连翘喜欢阳光充足的环境，平日要为其提供良好的光照，但也不要长期暴晒。

病虫防治

连翘几乎无病害发生。虫害主要有钻心虫及蜗牛，钻心虫为害茎秆，蜗牛为害花及幼果。

❶ 发现蜗牛时，可人工捕杀，或用石灰粉触杀。

❷ 发现钻心虫时可用紫光灯诱杀，并用棉球蘸50%辛硫磷乳油或40%乐果原液堵塞虫孔。

摆放建议

连翘的萌生能力强，同时喜欢阳光，可以摆放在客厅、阳台和书房等处。

鸢尾

【花草名片】

◎学名：*Iris tectorum*

◎别名：屋顶鸢尾、扁竹花、蓝蝴蝶。

◎科属：鸢尾科鸢尾属，为多年生宿根草本植物。

◎原产地：最初产自中国和日本。法国把它定为国花。

◎习性：喜欢温暖、潮湿、润泽和半荫蔽的环境，无法忍受较高的温度和过度潮湿，怕积水，不能忍受寒冷。喜欢湿润度适宜且排水通畅的土壤。

◎花期：4～6月。

◎花色：紫、蓝、黄、白等色。

花言草语

鸢尾的花瓣形似鸢鸟的尾巴，故而得名。它已被法国定为国花。传说，法兰西王国首个王朝的国王克洛维在接受洗礼的时候，上帝将鸢尾馈赠给他作为礼物。在法国，鸢尾象征着光明与自由。

鸢尾花的属名iris在希腊语中是“彩虹”的意思，所以人们据音译把它通俗地叫作“爱丽丝”。在希腊神话里爱丽丝是彩虹女神，为诸神与人世间的使者，其职责是把善良之人死后的灵魂，通过天地之间的彩虹桥带往天国。直到现在，希腊人依然经常在墓地栽植这种花，期望人死后的灵魂可以委托爱丽丝带往天国，这便是其花语“爱的使者”的产生缘由。

监检功能

鸢尾能够对二氧化硫、甲醛、氮氧化物和氯化氢等进行监测。鸢尾具有非常强的抗毒能力，可以吸收空气里的一定浓度的有毒气体，能够经由叶片将毒性较强的二氧化硫吸收掉，并通过氧化作用把其转化成没有毒或毒性较低的硫酸盐等物质。

选盆

最好选用素烧陶盆或塑料盆，以多孔盆为好。为了保持良好的透气性，宜用浅盆，盆高最好小于盆的直径。

择土

鸢尾对于土壤并不挑剔，但以种植在深厚肥沃疏松的中性沙质壤土中生长最佳。同时，在土壤中建议加入泥炭、蛭石或粗沙。

栽培

❶ 选择一个饱满、颜色鲜润的鸢尾球茎。

❷ 种植前先要松土，并使其稍微湿润，同时施入足够的底肥，主要是施入磷、钾肥。

❸ 接着，用拇指轻轻压球茎，直到球茎大部分都没入土中。

❹ 栽完后要浇足水。

新手提示：种植时间最好选在9～10月，应将植株种植在排水通畅、朝阳且风吹不到的地方。

浇水

❶ 栽种后浇一次透水，之后不宜频繁浇水，但在生长期内，土壤要保持湿润。

❷ 长成后的鸢尾不能忍受过度潮湿的环境，怕积水，在浇水时应视土壤的实际干湿情况供给水分。

❸ 一般以土壤稍干燥为原则，不可长时间太湿或积聚太多水，否则会导致植株根系腐烂或引发病害。

新手提示：鸢尾耐旱性较强，即使一个月也不浇一次水也不会枯萎，但前提条件是空气的湿度要比较高。

温度

鸢尾喜欢温暖、半荫蔽的环境，既不能忍受炎热，又不能忍受寒冷，在北方地区栽植时要采取保护措施才能安全过冬。

繁殖

鸢尾可以采用播种法或分株法进行繁殖。播种繁殖可以在春天直接点播，采用分株法进行繁殖时在春天或秋天进行都可以。

病虫防治

鸢尾的虫害主要是豆金龟子，成虫咬食叶片及花瓣，不利于植株的生长，影响其观赏性。豆金龟子的成虫可以人工捕捉、灭杀，幼虫可以使用敌百虫800～1000倍液浇灌植株根部进行毒杀；如果有很多成虫，则可以喷洒敌百虫、西维因、杀螟松等1000倍液，喷洒2～3次就可有效处理。

光照

鸢尾是光敏植物，无需长时间接受日照，适宜在半荫蔽的环境下生存。

施肥

从春天发芽生长期到开花之前，应对鸢尾施用腐熟的稀薄饼肥水或复合花肥1～2次；在花朵凋谢后，应再增施一次液肥。

摆放建议

鸢尾花形飘逸，极具观赏价值。盆栽鸢尾可摆放在客厅、门厅，但由于其花香会使喉头充血并使人感觉麻痹，所以不宜摆放在卧室内。

萱草

【花草名片】

◎学名：*Hemerocallis fulva*

◎别名：忘忧草、川草花、金针花、丹棘。

◎科属：百合科萱草属，为多年生宿根草本植物。

◎原产地：最初产自中国的南部，如今全国各个地区都广泛栽植。

◎习性：喜欢温暖、湿润的环境，能忍受寒冷。具有较强的适应性，喜欢潮湿也较耐干旱，喜欢光照充足也能忍受半荫蔽，对环境没有严格的要求。

◎花期：5～8月。

◎花色：橘黄到橘红色。

监检功能

萱草能够对氟进行监测。当萱草受到氟污染侵害的时候，其叶片尖端便会变为褐红色。另外，萱草对空气里的有毒气体氟化氢也具有比较强的抵抗性，可以被用来监测大气里的氟化氢和重金属蒸气。

选盆

宜选用透气性较好的泥盆，避免使用瓷盆或塑料盆，选盆时一定要选大盆。

择土

萱草适宜种在腐殖质丰富、潮湿且排水通畅的土壤里。

栽培

❶ 先在盆中施入足够的底肥，然后埋入种子。

❷ 将土壤轻轻压实，浇透水。

❸ 将花盆放置在阴凉处，大约经过20天就可长出幼苗了。

新手提示：如果在春季播种栽种，则要在前一年秋季把种子沙藏，这样播种后萌芽快且齐整；如果在秋季播种，等到种子成熟并采收后要马上播种。

浇水

❶ 春秋两季萱草长势较强，应每天浇一次水。

❷ 夏天气温高，蒸发量大，应每隔1～2天给萱草浇一次水，但浇水量不宜过多。

❸ 在萱草的花蕾期，必须经常保持土壤湿润，防止花蕾因干旱而脱落，要多浇水。浇水要浇足、浇匀，以早晨和傍晚为宜。

新手提示：植株长大后，可每日给它的叶子喷洒一些水，使它更加健康、漂亮地生长。

光照

萱草喜欢充足的日照，因此应放置在阳光充足的地方。

温度

萱草喜欢温暖，也可以忍受半荫蔽的环境，可以忍受寒冷。

施肥

从种植的第二年时要施一次肥料，以后每年追施3次液肥为好。此外，在进入冬天之前宜再施用一次腐熟的有机肥，以促进萱草第二年的生长发育。

修剪

由于萱草的根系生长得比较旺盛，有一年接一年朝地表上移的动向，因此每年秋、冬交替之际皆要在根际壅土，厚约10厘米即可，并注意及时除去杂草。

繁殖

萱草可以采用播种法或分株法进行繁殖。播种繁殖在春秋季都可进行，分株繁殖可以在秋季植株叶片干枯后或春季萌芽前进行。

花言草语

萱草在我国已经有几千年的栽植历史，也叫作谖草，“谖”即“忘”之意。有关文字记载最早出于《诗经·卫风·伯兮》：“焉得谖草，言树之背。”朱熹注释道：“谖草，令人忘忧；背，北堂也。”

萱草的别名为忘忧草。在古时候，游子远行之前都会先在北堂栽植萱草，期望母亲忘掉忧愁，减少对孩子的挂念。比如唐朝诗人孟郊的《游子诗》里写道：“萱草生堂阶，游子行天涯；慈母倚堂门，不见萱草花。”我国的萱草在康乃馨作为母爱的象征以前，就早已经是母亲之花了。

病虫防治

锈病、叶斑病和叶枯病是萱草极易发生的病害。

❶ 锈病可危害其叶片、花薹。叶片初产生少量黄色粉状斑点，后逐渐扩展到全叶，以致全株枯死。防治主要以喷施粉锈宁、敌锈钠等杀菌剂为主。

❷ 叶斑病常发生在叶片主脉两侧的中部，穿孔后造成水分与养分运输中断，叶片尖端先行枯黄，最后全叶萎黄枯死。发病时可喷洒波尔多液或石硫合剂。

❸ 叶枯病主要危害叶片，也危害花薹，严重时全叶枯死。防治时可用50%多菌灵可湿性粉剂600～800倍液喷洒。

摆放建议

萱草适应性强，但喜好阳光照射，因此可栽种在庭院里，也可以盆栽或插瓶摆放在客厅、书房等处。

碧桃

【花草名片】

◎**学名：** *Amygdalus persica*

◎**别名：** 粉红碧桃、花桃、千叶桃花、观赏桃花。

◎**科属：** 蔷薇科李亚科桃属，为落叶小乔木。

◎**原产地：** 最初产自中国，生长在西北、华北、华东及西南等地。如今世界各个国家都已经引种栽植。

◎**习性：** 喜欢光照充足、通风性好的环境，可以忍受干旱和较高的温度，忌水涝，畏碱。

◎**花期：** 3～5月。

◎**花色：** 粉红、白、深红、洒金（杂）等色。

花言草语

在我国，碧桃是传统的园林观赏树木。早春时，它的花朵先于叶绽放，灿烂娇媚，甚是可人。在园林中一般成片种植碧桃，以形成“桃花园”“桃花林”“桃花山”及“桃花坞”等景致。花朵盛开的时候，犹如漫天色彩绚丽的云霞，使人流连忘返。

古代人经常用桃、李来喻学生弟子，叫作“桃李满天下”，所以校园里常种植桃和李盆栽。在庭院的一处，分散栽植几棵碧桃，也比较合适。碧桃与翠竹混在一起栽种，构成“竹外桃花三两枝，春江水暖鸭先知”的风景，更是使人如入诗画中描摹的美好境界。

监检功能

碧桃能够对硫化物和氯气进行监测。当碧桃遭受到硫化物或氯气侵袭的时候，其叶片便会呈现出大片的斑点，并渐渐干枯死亡。

选盆

碧桃对花盆的要求较高，在植株生长期间多用泥瓦盆，长成后则最好选用釉陶盆。

择土

碧桃喜欢排水通畅、腐殖质丰富的沙质壤土，不能在碱土中生长，也不喜欢太黏重的土壤。

栽培

1. 在盆中栽种碧桃通常采用嫁接法。先用桃、李、杏的实生苗作砧木，于8月进行芽接。
2. 将嫁接成活的碧桃苗，于第二年3月前后，从接芽以上1.5厘米至2厘米处剪去，促使接芽生长。
3. 接着便可将芽植入盆中，置入土壤，并将土壤轻轻压实。
4. 入盆后浇足水分，此后精心照料即可。

新手提示： 上盆时可先在盆底放置腐熟的豆饼屑等作为基肥。

浇水

1. 碧桃忌积水，如果遭受水涝3～5天就会使叶片凋落，甚至导致植株死亡。
2. 浇水量要适中，应掌握“不干不浇”的浇水原则。
3. 碧桃的开花坐果期要适当多浇些水，7～8月花芽分化期要适当扣水，以促进花芽分化。
4. 冬季休眠期要减少浇水的次数。

温度

碧桃可忍受较高的温度，较能忍受寒冷，但室内温度需保持在5℃以上。

繁殖

碧桃可以采用播种法、嫁接法和压条法进行繁殖。

病虫防治

碧桃比较易生蚜虫，病害主要有白锈病和褐腐病。

❶ 白锈病用50%萎锈灵可湿性粉剂2000倍液喷洒。

❷ 褐腐病用50%甲基托布津可湿性粉剂 500倍液喷洒。

❸ 碧桃生蚜虫时，可以用40%氧化乐果乳油1000～1500倍液或80%敌敌畏乳油1500倍液喷杀。

光照

碧桃喜欢光照充足的环境，因此要多见阳光，但切忌摆放在风口处。

施肥

碧桃对肥料无严格要求，不需要太多肥料。种植时在穴里要施入少量底肥，在生长季节可以视植株的生长状况来决定是不是需施用肥料，通常在每年开花前后分别施用1～2次肥料就可以。

修剪

❶ 碧桃生长势强，修剪主要是进行疏枝，一般修剪为自然开心形。

❷ 在花朵凋谢后要马上修剪，开过花的枝条仅留下基部2～3个芽就可以，并把其他的芽都摘掉。

❸ 对长势太强的枝条，在夏天要对其进行摘心，以促进花芽的形成；对长势较弱的植株，需防止修剪太重，要压制强枝、扶助弱枝，令枝条生长匀称，保持通风流畅。

❹ 在冬天应适度剪短较长的枝条，以促进植株萌生更多的花枝。

摆放建议

碧桃喜光，宜盆栽摆放在阳台、露台、天台等光照充足的地方，也可制成切花和盆景装点书房和客厅。

木槿

【花草名片】

◎学名：*Hibiscus syriacus*

◎别名：白饭花、篱障花、无穷花、朝开暮落花。

◎科属：锦葵科木槿属，为落叶灌木或小乔木。

◎原产地：最初产自东亚，中国从东北南部到华南各个地区都有栽植。韩国把它定为国花。

◎习性：喜欢温暖、光照充足、潮湿且润泽的生长环境，略耐荫蔽，比较能忍受寒冷。喜欢潮湿，怕积水，又比较能忍受干旱，具有比较强的抵抗烟尘及有害气体的能力。

◎花期：6～10月。

◎花色：紫红、粉红、白等色，有时花瓣基部为红色或紫红色。

监检功能

木槿能够对二氧化硫进行监测。当木槿遭受二氧化硫侵袭的时候，其叶片便会变为灰白色，叶脉之间出现形状不一的斑点，且会失绿、发黄。

选盆

种木槿选用泥盆最佳，其次是瓷盆和紫砂盆，尽量不用塑料盆。

择土

喜欢有肥力的中性到微酸性土壤，也能在贫瘠的土壤中生长。

新手提示：盆栽时最好选用园土、腐叶土、炉渣混合而成的土壤。

栽培

❶ 选择即将栽植的木槿枝条最好在土壤偏干时进行。

❷ 将剪好的木槿枝条基部用1000微升/升萘乙酸浸泡3～5秒，插入土中。

❸ 用塑料薄膜覆盖保温保湿数月，方可移植入盆，置入土壤，轻轻压实后浇入充足的水分。

❹ 入盆中后要放置阴凉处一周，再放到阳光处进行正常养护。

新手提示：栽入盆中一个月后要薄肥勤施，当年就可开花。

光照

木槿喜欢温暖且光照充足的生长环境，略耐荫蔽，因此要让它多见阳光。

浇水

❶ 木槿喜欢潮湿，怕积水，所以要让土壤维持适宜的湿度，不可积聚太多水。

❷ 在花期之内如果土壤较干应马上对植株浇水。

❸ 立秋以后宜再浇一次水，以提高其抗寒性。

温度

木槿较能忍受寒冷，生长的适宜温度是15℃～28℃。

施肥

在移入盆中前要施入有机肥料，比如麸肥。在生长季节每月要施用2次肥料，以“少施薄施”为原则。

病虫防治

木槿生长期间病虫害较少，病害主要有叶斑病和锈病；虫害主要有红蜘蛛、蚜虫、蓑蛾、夜蛾、天牛等。

❶ 病虫害发生时，可剪除病虫枝，选用安全、高效低毒的农药喷杀。

❷ 患上叶斑病和锈病时，可用65%代森锌可湿性粉剂600倍液喷洒。

繁殖

木槿可采用播种法、扦插法及压条法进行繁殖，主要采用的是扦插法。多在早春或梅雨季节进行，秋末冬初也可，这时的植株易生根成活。

修剪

❶ 木槿具有较强的萌芽能力，经得住修剪，在暮秋要及时把稠密枝、瘦弱枝等剪掉，以降低营养的耗费量，对植株的正常生长很有利。

❷ 为了培育丛生状的苗木，可以在第二年春天对植株进行截干，以促使其基部蘖生新枝。

❸ 最好在冬季将枝修剪到1.5米左右高，3月再剪枝一次，但不要剪枝太多。

摆放建议

木槿大多栽种在庭院里，也可以盆栽摆放在客厅、阳台等向阳的地方，木槿枝条可以编制成花篮装点居室。

花言草语

木槿的花朵较多，花期可长达百天，花开的时候如缎似锦、绚烂多姿。因为韩国人非常喜欢木槿较长的开花时间，所以把它叫作“无穷花”，还将其定为国花。

唐菖蒲

【花草名片】

◎学名：*Gladiolus gandavensis*

◎别名：剑兰、菖兰、扁竹莲、十三太保。

◎科属：鸢尾科唐菖蒲属，为多年生球根草本植物。

◎原产地：最初产自非洲好望角、地中海沿岸及西亚一带，如今世界各个地区都广泛栽植。

◎习性：喜欢温暖、光照充足的生长环境，在长日照条件下可以促进其分化花芽。具有一定程度的耐寒能力，可是畏严寒。无法忍受较高的温度，怕酷热和积水。

◎花期：6～9月。

◎花色：红、紫、蓝、黄、白、洒金、条纹和复色等。

监检功能

唐菖蒲能够对氟进行监测。空气里的氟浓度达到0.1微升/升30小时后，唐菖蒲的叶缘及叶片尖端便会呈现出褐色斑点。

选盆

盆栽时宜选用泥盆，避免使用瓷盆或塑料盆，因为这两种盆的透气性较差。

择土

唐菖蒲对土壤没有严格的要求，喜欢有肥力、土质松散、排水通畅的沙质土壤，土壤的酸碱度宜保持在5.6～6.5之间。

栽培

❶ 挑选好球茎，以没有斑点或斑纹、萌芽部位及发根部位皆无破损的扁球状的小球茎为最佳。

❷ 在盆中置入土壤，将球茎栽植入盆，球茎较大、土质疏松时宜栽植8～10厘米深；球茎较小、土质黏重时宜栽植6～8厘米深。

❸ 入盆后应浇一次透水，同时让土壤保持潮湿，之后放在通风良好且朝阳的地方管理就可以。

新手提示：浅栽利于唐菖蒲新球的生长发育，然而雨后容易使植株歪倒，而且抵抗干旱的能力较弱；深栽尽管不容易使植株歪倒，然而其萌生的新球较小、子球较少。

光照

唐菖蒲属于喜光性的长日照植物，若每日接受16小时光照则最有利于其生长。在生长期内，植株每日最少要接受10～12小时光照；冬天栽植时，若遇到阴天则应对其补充光照。

浇水

❶ 幼苗长出后应每隔2～3天浇水一次。

❷ 夏季则每隔1～2天浇水一次。

❸ 长出花蕾后要为植株供应足够的水分，需每天或隔一天浇一次水，同时稍加遮蔽阳光。

❹ 从10月开始，应对植株停止浇水。

新手提示：唐菖蒲需要比较多的水分，在生长季节若土壤太干则植株的叶尖会发黄，因此要常浇水，令土壤保持适度湿润，同时还要避免积水，否则会导致球茎腐烂。

温度

唐菖蒲喜温暖，怕严寒冰冻，夏天喜欢清凉的环境，不能忍受高温和酷热。冬天栽植时若温度在0℃以下则植株会受冻死亡。球茎在萌芽后，其白天的适生温度为20℃～25℃，晚上则为10℃～15℃。

花言草语

唐菖蒲花形美丽，是世界四大切花之一，可以用作花篮、花束及瓶插等，也可以对花境和专类花坛进行点缀，矮生品种则可以盆栽欣赏。

唐菖蒲对氟化氢的反应十分灵敏，已经被大范围地应用在环境生物学的研究中，被当作氟污染的指示植物，堪称监测环境的“哨兵”。另外，它的茎叶中含有维生素C，球茎还能用作药物，具有清除内热、活血化瘀、消除肿胀的功用。

施肥

对唐菖蒲不要施用过多肥料，否则会导致叶片疯长。在幼苗长出2枚叶片后，应大约隔15天追施一次腐熟的有机肥；在孕蕾期内改为施用磷肥一次；在浇水的同时施用一次过磷酸钙和骨粉；开花之后再施用一次钾肥。

新手提示：若唐菖蒲的叶片变薄，叶梢干枯发黄并出现白点，那么就说明植株缺少肥料，要马上进行补充。

病虫防治

唐菖蒲常见的病害有球茎腐烂病、叶枯病等。

❶ 球茎腐烂病防治时可用酒精消毒后阴干储藏，且保持通风、干燥。

❷ 患上叶枯病后可用1%等量式波尔多液或50%代森锌可湿性粉剂1000倍液，8～10天喷洒一次。

繁殖

唐菖蒲可以采用分球法、切球法、组织培养法和播种法进行繁殖，主要采用分球法。

摆放建议

唐菖蒲多用于切花装点家居，也可盆栽摆放在窗台、阳台、天台等光线较好的地方，还可以直接种植在庭院里观赏。

矢车菊

【花草名片】

◎学名：*Centaurea cyanus*

◎别名：荔枝菊、翠兰、蓝芙蓉。

◎科属：菊科矢车菊属，为一二年生草本植物。

◎原产地：最初产自欧洲东南部地区。德国把它定为国花。

◎习性：喜欢阳光，不能忍受阴暗和潮湿。喜欢凉爽气候，比较能忍受寒冷，怕酷热。

◎花期：4～5月。

◎花色：蓝、紫、红、白等色。

监检功能

矢车菊能够对二氧化硫进行监测。如果空气中的二氧化硫太浓，矢车菊便会由于失去水分而变枯或倒下，无法正常开花或无法开花。

选盆

栽种矢车菊时最好选用泥盆，避免使用瓷盆或塑料盆，因为这两种盆的透气性较差，易导致植株烂根。

繁殖

矢车菊采用播种法进行繁殖，春、秋两季都能进行，以秋季播种为宜。

择土

矢车菊适宜在土质松散、有肥力且排水通畅的沙质土壤中生长。盆土应尽量保证其良好的排水及通气性，土壤若黏性较重时，可混合3～4成的蛇木屑或珍珠石。

栽培

❶ 选取好矢车菊的幼株，以生长出6～7枚叶片的为最佳，移入花盆中。

❷ 在花盆中置入土壤，土壤最好松散且有肥力。

❸ 轻轻压实幼株根基部的土壤，浇足水分。

❹ 将花盆放置在通风性良好且温暖的地方，细心照料。

❺ 入盆后需浇透水一次，以后的生长期需经常保持土壤微潮偏干的状态。如果土壤存水过多，矢车菊容易徒长，其根系也容易腐烂。

新手提示：矢车菊因不耐移植性，因此在移栽时一定要带土团，否则不易缓苗。

温度

矢车菊喜欢凉爽的生长环境，比较能忍受寒冷，怕炎热。

花言草语

德国的国花矢车菊是幸福的象征。关于它，还有一个优美的小故事。

在一次德国的内部战争中，王后路易斯受局势所迫携着两名王子逃出柏林。半路上车子坏了，他们只得走下车。在路旁他们看到了一片片蓝色的矢车菊，两名王子开心得在花丛里嬉戏，王后还用矢车菊花编成了一个漂亮的花环，给9岁的威廉王子戴到了头上。之后，威廉王子成了统一德国的首位皇帝，然而他一直不能忘记童年逃难的时候看到盛开的矢车菊时激动的心情，还有母亲用矢车菊为他编的花环。所以他非常喜爱矢车菊，之后便将它定为德国的国花。

光照

矢车菊一定要栽植于光照充足且排水通畅处，否则会由于阴暗、潮湿而死亡。

浇水

❶ 每日浇水一次即可，但夏日较干旱时，可早晚各浇一次，以保持盆土湿润并降低盆栽的温度，但水量要小，忌积水。

❷ 矢车菊无法忍受阴暗和潮湿，因此在生长季节每次浇水量要适量，避免因过于潮湿导致植株根系腐烂。

施肥

在种植前应在土壤中施入一次底肥，然后每月施用一次液肥，以促使植株生长，到现蕾时则不再施肥。

新手提示：矢车菊喜肥，但如果叶片长得过于繁茂，则要减少氮肥的比例。

病虫防治

矢车菊的主要病害为菌核病，病害一般会先从基部发生，患病时，可喷洒25%粉锈宁可湿性粉剂2500倍液，也可喷洒70%甲基托布津可湿性粉剂800倍液。染病严重的植株要及时剪除，以防继续感染。

修剪

矢车菊的茎干较细弱，在苗期要留心进行摘心处理，以让植株长得低矮，促其萌生较多的侧枝。

摆放建议

矢车菊喜光，可直接地栽成片，也可以盆栽摆放在阳台、窗台等向阳的地方，还可以作为切花装点客厅、餐厅和书房。

万寿菊

【花草名片】

◎**学名**：*Tagetes erecta*

◎**别名**：万盏菊、臭菊花、臭芙蓉、蜂窝菊。

◎**科属**：菊科万寿菊属，为一年生草本植物。

◎**原产地**：最初产自墨西哥，如今世界各个地区都广为栽植。

◎**习性**：喜欢温暖、潮湿、光照充足的生长环境，能忍受寒冷和干旱。

◎**花期**：6～10月。

◎**花色**：橙红、橙黄、金黄、柠檬黄到浅黄等色。

监检功能

万寿菊能够对二氧化硫与臭氧进行监测。它对上述两种气体的反应皆十分灵敏，当受到二氧化硫侵袭时，它的叶片便会变为灰白色，叶脉间出现形状不固定的斑点，逐渐失绿、发黄；当受到臭氧侵袭时，它的叶片表面便会变为蜡状，出现坏死斑点，变干后成为白色或褐色，叶片变成红、紫、黑、褐等色，并提前凋落。

选盆

栽种万寿菊最好选用素烧陶盆，塑料盆也可，以多孔盆为宜。

择土

万寿菊对土壤没有严格的要求，然而在土质松散、有肥力、排水通畅的沙壤土中生长得最好，同时土壤最好细碎如粉。

栽培

❶ 将幼枝剪成10厘米长作插条，顶端留2枚叶片，剪口要平滑。

❷ 将生根粉5克，兑水1～2千克，加50％多菌灵可湿性粉剂800倍液混合成浸苗液，将插条的1/2侵入药液中5～10秒后取出。

❸ 立即插入盆土中，深度约为1/2盆高。将盆土轻轻压实，然后浇透水分。

新手提示：万寿菊栽种后一般约15天就能长出新根，约30天便可以开花。

浇水

❶ 万寿菊的浇水时间和浇水量都要合适，勿积聚过多的水，令土壤处于略湿状态就可以。

❷ 刚刚栽种的万寿菊幼株，在天气炎热时，要每天喷雾2～3次，使盆土保持湿润。

❸ 给万寿菊浇水应以“见干见湿”为原则。

新手提示：万寿菊喜欢潮湿，也能忍受干旱，但在湿度较大的环境中生长不好。

花言草语

万寿菊属于一年生草本植物，从它的花朵中能够提取纯天然黄色素。天然黄色素是一种性能良好的抗氧化剂，现在已广泛应用于食品、饲料、医药等许多领域，是工、农业生产中非常重要的添加剂。天然黄色素属于纯绿色产品，没有任何有害物质，将来一定会成为人工合成色素的替代品。万寿菊的鲜花进行过发酵、压榨、烘干等工序的处理后，还可制成万寿菊颗粒，再进行溶剂浸提法，即可制成色素精油。

温度

万寿菊的生长适宜温度为15℃～25℃，冬天温度不可低于5℃。夏天温度高于30℃时，植株会疯长，令茎叶不紧凑、开花变少；当温度低于10℃时，植株也能生长，不过生长速度会减缓。

繁殖

万寿菊可采用播种法或扦插法进行繁殖。采用播种繁殖时，一年中都可进行。采用扦插繁殖时，以在5～6月进行为宜，此时植株易于存活。

病虫防治

万寿菊易患茎腐病和叶斑病。

❶ 万寿菊患上茎腐病后，茎会变成褐色，甚至枯萎。这时，应立即拔除病茎并烧毁；发病初期可喷洒50%多菌灵可湿性粉剂1000倍液。

❷ 万寿菊患上叶斑病后，叶片会出现椭圆形或不规则形的灰黑色斑点。这时，可喷洒50%苯来特可湿性粉剂1000倍液或50%多菌灵可湿性粉剂800倍液。

光照

万寿菊性喜阳光，充足的阳光可以显著提升花朵的品质。

施肥

万寿菊的开花时间较长，所需要的营养成分也比较多。它喜欢钾肥，氮肥、磷肥与钾肥的施用比例应为15∶8∶25，在生长期内需大约每隔15天施用一次追肥。在开花鼎盛期，可以用0.5%的磷酸二氢钾对叶面进行追肥。

修剪

万寿菊的开花时间较长，后期植株的枝叶干枯衰老，容易歪倒，不利于欣赏。所以，要尽快摘掉植株上未落尽的花，并尽快追施肥料，以促进植株再开花。

摆放建议

万寿菊的花期比较长，可盆栽摆放在窗台、书桌、案几上，也可单枝制作成切花插瓶。

三色堇

【花草名片】

◎**学名**：*Viola tricolor*

◎**别名**：蝴蝶花、猫儿脸、人面花、蝴蝶梅。

◎**科属**：堇菜科堇菜属，为一二年生草本植物。

◎**原产地**：最初产自欧洲。波兰把它定为国花。

◎**习性**：喜欢冷凉气候，能忍受半荫蔽环境，比较能忍受寒冷，畏酷热和积水，一般无法结出种子。

◎**花期**：4～6月。

◎**花色**：蓝、黄、紫、白、古铜等色。

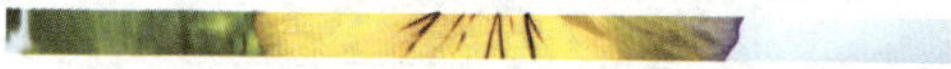

监检功能

三色堇能对二氧化硫进行监测，当受其侵袭时，它的叶片会变为灰白色，叶脉间出现形状不固定的斑点，渐渐失绿、发黄。

选盆

栽种三色堇用普通的泥盆为好，尽量不要使用塑料花盆。

光照

三色堇对日照的要求并不高，但如果阳光不好或不充足，也会使植株的开花受到影响。

择土

对土壤没有严格要求，可以忍受瘠薄，适宜在土质松散、有肥力、排水通畅的沙壤土中生长，在湿度较大、排水不畅的土壤里则很难正常生长发育。

浇水

❶ 三色堇怕积水，在湿度较大、排水不畅的土壤里很难正常地生长发育，所以浇水一定要适量。

❷ 刚刚栽种后应每天给它浇水一次，连浇7～10天。

❸ 植株开花后，浇水应以“见干见湿”为原则。

❹ 春秋季每三天下午5点左右浇水一次。

❺ 夏季植株生长旺盛，隔天上午9点浇一次水。

❻ 冬季光照弱，温度低，隔周浇水一次已足够，最好在上午10点前进行。

新手提示：当屋内干燥时，可用喷雾器直接向叶面洒水，但在花期喷水一定不要将水雾喷到花朵上。

栽培

❶ 先将花盆清洗干净，再在花盆的底部置入少量的土壤。

❷ 将三色堇幼苗（带着土坨）置入花盆中，加入土壤。

❸ 将盆中的土壤轻轻压实，然后浇透水分，放在荫蔽、凉爽的地方大约一周时间。

❹ 幼苗发芽并长出叶片后，应换一次盆，盆中施肥一次，再将花盆移到朝阳的地方。

温度

三色堇忌温度过高或湿度过大，在白天温度为15℃～25℃、夜间温度为3℃～5℃的环境条件下生长较好。如果温度超过28℃，则应及时改善通风效果，以起到降温的作用，避免植株干枯死亡。

施肥

栽种和养护三色堇以较稀的豆饼水作为肥料最安全，每月施用一次即可。要少施用氮肥，多施用磷肥和钾肥。

繁殖

三色堇可采用播种法、扦插法及压条法进行繁殖，其中播种繁殖最常用。

病虫防治

三色堇易受蚜虫的侵害，易患灰霉病。

❶ 在生长季节内，如果三色堇遭受到蚜虫的危害，可以喷施氧化乐果乳油2000倍液或敌敌畏水溶剂800倍液来灭除。

❷ 三色堇患上灰霉病后，苗的茎、叶会呈水浸状腐烂，最后茎基腐烂，生出灰褐或灰绿色霉层。发病初期应喷洒50%多菌灵可湿性粉剂600～700倍液，每7～10天喷洒一次，连续喷洒3～4次。

修剪

❶ 在三色堇生长期间采取摘心处理，一般在早春时便可开花。

❷ 在三色堇花朵凋谢后尽快把未落尽的花剪掉，能令植株再次开花。

摆放建议

三色堇适应性强，家庭盆栽一般适宜摆放在门厅、厨房、餐厅、客厅、书房、卧室等处。

百日草

【花草名片】

◎**学名**：*Zinnia elegans*

◎**别名**：百日菊、对叶菊、火球花、步步高。

◎**科属**：菊科百日草属，为一年生草本植物。

◎**原产地**：最初产自南美洲墨西哥高原，如今世界各地都有栽培。阿拉伯联合酋长国把它定为国花。

◎**习性**：喜欢温暖，不能忍受寒冷，在长日照条件下舌状花会变多，畏炎热，能忍受干旱，在夏天阴雨连绵、排水不畅的环境下生长不好。

◎**花期**：6～10月。

◎**花色**：红、粉、橙、黄、绿、白等色，有时具斑纹，或花瓣基部具色斑。

监检功能

百日草能够对二氧化硫及氯气进行监测。若空气中的二氧化硫太浓，百日草便会由于缺少水分而枯萎，无法正常开花或无法开花；若百日草遭受到氯气的侵袭，其叶脉间被损伤的组织便会使叶面出现不定型的斑点或斑块，但是同正常叶组织的绿色叶面并没有清晰的分界线。

选盆

栽种百日草最好选用泥盆，避免使用瓷盆或塑料盆，因为这两种盆的透气性较差。

择土

能忍受贫瘠，然而在土质松散、有肥力、排水通畅、土层深厚的土壤中长得最好。

栽培

❶ 选取优良的百日草花种，播入已置好了土壤的培植器皿中，上面覆盖一层蛭石。

❷ 5～7天后，百日草的幼苗就会长出，出苗后气温应高于15℃，否则生长不良。

❸ 当小苗长出4～5枚真叶时，要摘心之后才能移栽入盆中，随后浇透水分。

❹ 当苗高10厘米时，留两对叶摘心，促使其萌发侧枝，此后正常照料即可。

浇水

❶ 百日草能忍受干旱，怕积水，若阴雨连绵或排水不畅就会使其正常生长受到影响，所以浇水量应适量。

❷ 要以“不干不浇”为浇水原则。

❸ 夏天由于蒸发量大，可每日浇一次水，但水量一定要小。

新手提示：浇水宜在上午进行，以利于叶面在夜间得以干燥。

光照

百日草喜欢光照充足的环境，可全天接受太阳直射。如果日照不足，则植株容易徒长，抵抗力也较弱，同时开花也会受影响。

修剪

百日草的开花时间长，后期植株生长会减缓，茎叶多而乱，花朵变得较小。所以，秋天要进行1～2次摘心。

繁殖

采用播种法或扦插法都可进行繁殖，主要采用播种繁殖。

病虫防治

百日草极易患褐斑病和白星病。

❶ 患上褐斑病时，百日草叶片上一开始会出现黑褐色的小斑点，随后会扩大为形状不规则的大斑，最终导致整个叶片干枯。发病时可用50%代森锌可湿性粉剂或代森锰锌可湿性粉剂5000倍液喷洒。

❷ 白星病也是在叶上发病。一开始会长出暗褐色的小斑点，而后逐渐扩大，严重时叶片卷枯。发病初期，要及时摘除病叶，然后立即喷洒75%百菌清可湿性粉剂500～800倍液。

新手提示：如果百日草患上褐斑病，喷药时一定要将叶背表面喷洒均匀。

温度

百日草喜欢温暖的环境，不能忍受寒冷，畏酷热。它的生长期适宜温度是15℃~30℃，适宜在北方栽植。

施肥

百日草能忍受贫瘠，可在开花期内应追施肥料，主要是追施磷、钾肥，以促使花朵繁茂、花色艳丽。

摆放建议

百日草可直接栽种在庭院里，也可以盆栽摆放在客厅、书房、阳台等光线充足的地方，其花期较长，高秆品种也可以作为切花装点居室。

花言草语

百日草的花期很长，从6月到9月，期间花朵陆续开放，并且花的颜色始终保持鲜艳。因此，百日草象征着友谊天长地久。更有意思的是，百日草开的第一朵花一定是在顶端，然后才在侧枝顶端开花，并且比第一朵开得更高，因此得名“步步高”。

牵牛花

【花草名片】

◎**学名**：*Ipomoea hederacea*

◎**别名**：牵牛子、喇叭花、朝颜。

◎**科属**：旋花科牵牛属，为一年生攀缘草本植物。

◎**原产地**：最初产自热带、亚热带地区，中国中部和西南区域都有栽植。

◎**习性**：喜欢温暖、朝阳、通风适宜的环境，可耐较高的温度，但不畏炎热。

◎**花期**：6~10月。

◎**花色**：鲜红、桃红、紫、蓝或混合色。

净化功能

牵牛花能对二氧化硫与氧化酰硝酸酯进行监测。当它受二氧化硫侵害时，其叶片会呈现出斑点或干枯萎蔫；当空气里含有氧化酰硝酸酯的时候，其叶片便会皱缩、发黄。

选盆

种牵牛花宜选用透气性较好的泥盆，避免使用瓷盆或塑料盆。

择土

栽植时宜选用潮湿、润泽、有肥力的沙质土壤。

栽培

❶ 先将种子浸温水4~6小时，然后取出。

❷ 选择一个器皿，置入一层土，将种子置入其中，然后覆土约1厘米，保持土壤温湿。5~6天后，牵牛花的幼苗即可慢慢长出。

❸ 当幼苗长出两三片叶后，此时根系已发展好，即可定植在中盆中。

新手提示：将植株移入盆中后应搭设支柱或支架来支撑植株，这样有利于牵牛花日后的生长。

温度

牵牛花喜欢温暖地方，其萌芽的适宜温度为20℃~25℃，生长的适宜温度为22℃~34℃。

光照

牵牛花喜欢照射阳光，全日照才能保证其花量繁茂，但也不宜暴晒。

施肥

可用马掌、熟麻渣作底肥。生长期可每15天施一次稀薄液肥，氮肥不要施过多，否则不利于开花。

浇水

❶ 生长期内盆土表层稍干的时候应及时补充水分，要浇足水。

❷ 浇水也不可太勤，盆土始终潮湿会影响根系的生长。

❸ 梅雨季节少浇水。如果盆内长期积水，根部易腐烂。

病虫防治

易患褐斑病。治疗时应喷洒75%百菌清可湿性粉剂1000倍液加70%甲基硫菌可湿性粉剂1000倍液，每隔7~10天用药一次，连续防治2~3次即可。病害严重时，叶片应及时摘除。

繁殖

采用播种或扦插法进行繁殖。我国南方通常在4~5月栽种，北方则要提早在温室里进行播种。

修剪

可以常对牵牛花的植株摘心，留2~3个叶芽，可促其分枝，令花朵更加繁茂。

摆放建议

牵牛花是一种优良的垂直绿化植物，喜欢阳光照射，一般可放在阳台、庭院处。

第三篇

65种有效净化空气的健康花草

一部分绿色植物，由于其自身的特点而能够使房间里的空气变得洁净、清新，在房间里栽植或摆设几种这样的植物，能够很好地将房间里的有毒气体吸收掉，净化房间里的空气，还能提高房间里的负离子浓度，非常益于人们的身心健康。

吊兰

【花草名片】

◎学名：*Chlorophytum comosum*

◎别名：垂盆草、挂兰、钩兰、折鹤兰。

◎科属：百合科吊兰属，为多年生常绿宿根草本植物。

◎原产地：最初产自热带及亚热带区域，主要生长于南非，如今世界各个地区都广泛栽植。

◎习性：喜欢温暖、潮湿和半荫蔽的环境，怕强烈的阳光直接照射，通常适合在中等光线环境中生长，也能忍受较弱的光线。具有较强的适应能力，比较能忍受干旱，忍受寒冷的能力不太强。

◎花期：开花时间在春夏之际，冬天在房间里养护时也能开花。

◎花色：白色。

花言草语

吊兰是一种非常优良的悬垂观叶植物。它淡雅秀丽，叶片纤长柔韧，由叶腋抽出的匍匐茎上生有小植株，从花盆边沿朝下伸展弯垂，刚柔相济，其形犹如振翅欢跳的仙鹤，所以也叫作“折鹤兰”。吊兰经常被作为盆栽悬吊欣赏，或悬吊在房间外面的门廊下、窗户前，或摆放在门厅、高架上面，也能用来装饰山石、崖壁等，因而又被称为“空中花卉”。

净化功能

吊兰吸收有毒气体的能力非常强，在面积为8~10平方米的房间里，一盆吊兰能够在24小时之内将房间里80%的有害物质消除掉，其效用接近于一个空气净化器。它能吸收86%的甲醛，能很好地吸收二氧化碳，能彻底将火炉、电器、塑料制品及涂料等释放出来的一氧化碳与过氧化氮等气体吸收掉，能将香烟里的尼古丁吸收掉，还可以把复印机、打印机等放出的苯分解掉。所以，吊兰被叫作“绿色净化器”。

选盆

种吊兰时宜选用中等大小的泥瓦盆，最好不要用紫砂盆，因为它的透水、透气性较泥瓦盆差，容易烂根，影响开花。

新手提示：为求茎叶茂盛，在每年的3月应给吊兰换土、换盆一次。

栽培

❶ 在花盆底部放入一些瓦片或碎盆片，用于盆底垫孔以利排水通气。

❷ 将适量的土壤放入盆中，放到花盆的1/3处。

❸ 放入吊兰的幼苗，扶正，然后再放入适量土壤，到花盆的2/3处。

❹ 将土壤轻轻压实，浇透水即可。

新手提示：吊兰放置的高度以不碰头为宜，并要注意通风。

择土

吊兰对土壤没有严格的要求，但适宜在排水通畅、土质松散、有肥力的沙质土壤中生长。

新手提示：盆栽时的培养土常用腐叶土或泥炭土、园土及河沙等量混合，并加入较少量的底肥来配制。

浇水

❶ 吊兰喜欢潮湿的环境，其肉质根储藏水分的组织较发达，抗旱性较强，然而在3～9月植株生长旺盛时需要较多水分，要时常浇水、喷水，以提高空气湿度。

❷ 浇水应掌握“夏秋不可干，冬春不可湿”的原则。

❸ 一般夏秋季每天可早晚浇水或喷水1～2次。

❹ 冬春季4～5天浇水一次即可。

新手提示：需留心的是，不可让盆内积聚太多的水，否则会造成植株根系腐烂，或患根腐病等。

繁殖

吊兰采用分株法进行繁殖。除了冬天温度太低时不适合分株外，别的季节都能进行，一般结合春天更换花盆时进行。

施肥

在植株生长的旺盛期，要每月施用2次稀释的液肥，主要是施用氮肥，但在施肥时需防止肥液污损叶片。

病虫防治

吊兰的病虫害防治宜掌握“防重于治”的原则。在雨季高温时，吊兰易患白绢病，可用波尔多液或托布津预防。当吊兰生有介壳虫时，可用乐果等药剂进行杀灭。

光照

若将吊兰摆放在光线太强烈或不充足处，其叶片便易变为浅绿色或黄绿色，没有生机，丧失原有的观赏性，或干枯而死；若太阳直接照射，气候干旱，最容易造成吊兰干枯，因此应把其摆放在阴凉且通风良好的地方，并注意维持一定的环境湿度。

温度

吊兰喜欢温暖、半荫蔽的环境，其生长的适宜温度是15℃～25℃，冬天在温度不低于5℃时便可顺利过冬。

修剪

要尽早除去干枯萎蔫的叶片，对枝叶进行修剪，以使枝叶生长得均匀、美观。

摆放建议

吊兰枝叶低垂，占地面积小，是一种常见的家居花草，盆栽吊兰可悬吊在窗台、阳台一角，也可以摆放在门厅、卧室、客厅、书房、厨房、餐厅来净化空气。

芦荟

【花草名片】

◎**学名：***Aloe vera*

◎**别名：**狼牙掌、龙角、象鼻草、油葱。

◎**科属：**百合科芦荟属，为多年生肉质多浆草本植物。

◎**原产地：**最初产自印度干旱的热带区域和非洲南部、地中海一带，我国云南的元江地区也有野生芦荟分布。如今世界各地区都有栽植。

◎**习性：**喜欢光照充足、温暖、半干旱的环境，也能忍受半荫蔽、干旱，但不能忍受寒冷。喜欢土质松散、排水通畅的沙质土壤，耐盐碱。

◎**花期：**2～4月。

◎**花色：**橙黄色、橙红色，有的呈紫色或带有斑点。

花言草语

在很久以前的古埃及时期，芦荟的药用效果就已经被人们接受和承认，它还被称为“神秘的植物”。现在，有关芦荟的年代最久远的记录，是公元前1550年的古代埃及的医学书《艾帕努斯·巴皮努斯》，里面记录了芦荟对腹泻及眼病的医治效果。可见，早在3500多年前，芦荟便已经被视为药用植物了。

净化功能

芦荟能够吸收甲醛、二氧化碳、乙醚及计算机辐射，可以有效吸滞灰尘、除去异味、杀灭细菌。在24小时照明的条件下，一盆芦荟能够吸收一立方米空气里90%的甲醛，堪称吸收甲醛的“能手”。此外，芦荟对一氧化碳、二氧化硫、硫化氢、三氯乙烯及苯等有害气体皆有较强的吸收作用。晚上，芦荟在吸收二氧化碳的同时可释放出大量氧气，使空气里的负离子浓度提高，对人们的健康非常有益。

选盆

盆栽时宜选用泥盆，避免使用瓷盆或塑料盆，这两种盆的透气性较差，易导致植株烂根。

栽培

❶ 把芦荟母株连同其周围新长出来的植株带根掘出。

❷ 轻轻敲掉芦荟根部的泥块，将新植株从母株地下茎上切离，剪除腐烂多余的根须。

❸ 把新植株竖直摆入花盆中扶正，向植株四周填充花土并轻轻压实。

❹ 待花土填到盆高2/3时，轻提新植株，使其根部伸展。继续填土、压实，直至花土达到盆沿下2厘米处。

❺ 浇透水，以花盆底部略滴水为准。

新手提示：芦荟的栽培最好选在每年4月换盆时进行，这时的新植株比较容易成活。

择土

家庭进行盆栽前应先选择好土壤，通常使用等量的腐叶土和粗沙混合而成。在花盆的底部铺上瓦片，在瓦片上面铺放2～3厘米厚的炉灰渣、石块、碎砖等作为排水层，并在上面铺一层花土。

浇水

❶ 新栽的芦荟第一周不用浇水，要等新植株根部伤口结膜后再一次性浇足水。

❷ 芦荟忌水涝，给芦荟浇水应谨记“宁干勿湿”。

❸ 春秋两季芦荟长势较强，应该每隔5～7天浇一次水，采用向叶面喷水的浇水方法。

❹ 夏天气温高，蒸发量大，应每隔2～3天浇一次水，浇水量不宜过多。

❺ 芦荟在冬天基本上不用浇水，每隔15～20天往叶面上喷洒少量水即可。

❻ 最适合芦荟生长的土壤湿度是45%～80%，判别方法为：用手轻轻捏一下盆中的泥块，以泥块一捏即碎为最佳。

新手提示：每年7～8月气温较高时，芦荟会进入短暂的休眠期，这时要掌控好水分，保持土壤相对干燥，否则容易导致芦荟根叶腐烂；10月后应把芦荟移到房间内朝阳的地方，并等到盆土完全干燥后再浇水。

温度

芦荟喜欢温暖环境，不耐寒，生长的适宜温度是20℃～30℃。冬天温度在10℃上下可以顺利过冬，若低于5℃就会被冻伤或冻死。

繁殖

芦荟的繁殖一般采用分株法或扦插法，其中分株法相对简单且成活率高。

病虫防治

在芦荟的生长季节，植株或叶片上可能会发生黑霉病，这时要注意减少浇水的数量和次数，并尽早在发病部位抹上硫黄，以避免病害向四周扩展延伸。

光照

芦荟喜欢阳光，也能忍受半荫蔽环境，在生长期内宜摆放在室外通风良好且阳光充足处。夏天酷热时应适度遮阴，以免植株被强光灼伤。

施肥

一般家养芦荟不需要施肥，只在生长季节每半月浇一次淘米水即可。如想让芦荟长得更茂盛，也可以每半月施用一次腐熟的稀释液肥，但切记肥料不宜太浓。

新手提示：不宜在气温较高、天气炎热的伏天给芦荟施肥，否则会导致芦荟烂根。

修剪

芦荟的萌发力很强，耐修剪，只要保持株形好看即可。

摆放建议

一般家养芦荟均采用盆栽的方式。盆栽芦荟适合摆放在阳台、卧室、客厅等光照条件较好的地方，也适合摆放在书房的计算机旁。

仙人掌

【花草名片】

◎学名：*Opuntia stricta*

◎别名：仙巴掌、仙人扇、玉芙蓉、霸王树。

◎科属：仙人掌科仙人掌属，为多年生肉质植物。

◎原产地：最初产自美洲、非洲的沙漠及半沙漠区域。墨西哥把它定为国花。

◎习性：喜欢光照充足的环境，能忍受炎热的太阳、较高的温度和干旱，不能忍受荫蔽和寒冷，怕积水。

◎花期：6~7月。

◎花色：黄色。

花言草语

墨西哥是誉满全球的“仙人掌之国”，仙人掌被定为墨西哥的国花。传说，仙人掌是神赐给墨西哥人的。形态万千的仙人掌长在高原之上，哪怕环境很恶劣，它也始终充满生机。它坚强的生命力、坚毅的性格，恰是刚毅勇猛、百折不挠、无所畏惧的墨西哥人的象征。

仙人掌是墨西哥的一个标志，从墨西哥的国旗、国徽到货币上，皆有仙人掌图样。在离墨西哥首都不远的米尔帕·阿尔塔一带，每年的8月中旬还会举行仙人掌节，以展现仙人掌的风姿、宣扬仙人掌的精神。

净化功能

仙人掌能够将甲醛、二氧化碳、乙醚及电磁辐射吸收掉。它对二氧化硫和氯化氢具有比较强的抵抗能力，可很好地将一氧化碳、二氧化碳及氮氧化物吸收掉，可减少电磁辐射对人体的伤害，还可分泌出植物杀菌素，能抑制有害的细菌和杀灭危害人体健康的微生物，具有抑菌、杀菌的作用。

大部分植物皆是白天将二氧化碳吸收进去并释放出氧气，晚上释放出二氧化碳，但仙人掌则是在晚上将二氧化碳吸收进去，同时释放出氧气来，能使空气里的负离子浓度增加。所以，仙人掌被叫作夜间“氧吧”，最适合摆设于卧室里，可使血压降低、情绪安定，对人们的身体和精神健康都十分有益。

选盆

仙人掌对于花盆的材质没有特别的要求，但要注意透气性要好。

新手提示：花盆的大小深浅是栽种仙人掌必须考虑的问题，因为仙人掌的根系并不发达，如果土壤过多，则水分一时蒸发不了，易导致腐烂，因此要以“宁小勿大，宁浅勿深”这一原则来选盆。

择土

仙人掌对土壤没有严格的要求，但适宜在土质松散、有肥力且排水通畅的沙质土壤中生存，在贫瘠、黏重、水分积聚的土壤中则会生长发育不好。也可用20%的腐殖土与80%的沙粒来调配，或用腐叶土、园土、石灰石砾、粗沙及适量骨粉等来调配。

浇水

❶ 平时浇水要以“不干不浇，干则浇透”为原则。

❷ 在生长期内应适当加大浇水量，如果排水良好，可以每日浇一次水。

❸ 在夏天温度较高时，以在上午9点之前或下午7点之后浇水为宜，正午温度较高时不可浇水，否则会导致植株的根系腐烂。

❹ 在冬天植株处于休眠期时，每1～2周浇水一次就可以。

❺ 对长有长毛的品种，留心不可把水直接浇到长毛上，否则会影响观赏性。

新手提示： 尽管仙人掌能忍受干旱，可是如果长期严重缺水或水分供应不充足，也会令植株停止生长或生长不好。

温度

仙人掌能忍受较高的温度，不能忍受寒冷，室内温度在2℃以上（含2℃）时就能顺利过冬。

光照

仙人掌喜欢阳光，在生长季节需要充足的光照，然而夏天光照太强时要适度遮阴，防止强光直接照射灼伤植株；冬天要将植株摆放在房间里朝阳的地方。

病虫防治

仙人掌易患腐烂病，此病应以防为主。仙人掌要求环境干净、通风良好、光线充足、温度适中，这样才能正常生长。如果发现盆土渍水，则要立即扣盆，洗净根系并吹干；如果根系没有变色，须根的根毛完好无损，则可放置在半阴处观察两天；根系坏的地方可以剪去，晾干伤口后再栽；根系全部坏的要全部剪去。

栽培

❶ 从母株上选取一个优质的子株，进行切割。

❷ 将切割下来的子株放置通风处晾2～3天，然后插入盆土中，不用浇水，少量喷水即可。

❸ 子株移至盆中后大约7天，即可生根、成活。

新手提示： 室内盆栽仙人掌，以选择小型、花多的球形种类为宜。

繁殖

仙人掌采用播种法及扦插法进行繁殖，播种繁殖通常于3～4月进行，扦插繁殖全年都能进行。

施肥

仙人掌需要的肥料比较少，主要是施用磷肥和钾肥，可每2～3个月施用一次。在生长季节每月以施用1～2次以氮为主的液肥为宜，并适量补施磷肥，可促进仙人掌的生长。但在仙人掌的根部受到损伤且没有恢复好时，以及当植株处于休眠期时，都不可施用肥料。

修剪

仙人掌长势较慢，根系不旺盛，利用修剪的方式能调整营养成分的妥善分派，使地下和地上部分的平衡关系得当。为了得到肥大厚实的茎节作砧木，要注意疏剪长势较差和被挤压弯曲的幼茎，每一个茎节上至多留存两枚幼茎，以保证仙人掌挺直竖立。

摆放建议

仙人掌可盆栽摆放在卧室、阳台、客厅等处，也可摆放在计算机旁用于减少电磁辐射对人体的伤害。有小孩的家庭最好将仙人掌摆放在高处，避免刺伤儿童。

仙人球

【花草名片】

◎**学名**：*Echinopsis tubiflora*

◎**别名**：花球、草球、长盛球。

◎**科属**：仙人掌科仙人球属，为多年生肉质多浆草本植物。

◎**原产地**：最初产自阿根廷和巴西南部地区。

◎**习性**：喜欢充足的光照，比较能忍受干旱，然而夏天怕长时间的阳光直射，也怕荫蔽，喜欢温暖，不耐寒冷。

◎**花期**：夏季。

◎**花色**：银白、金黄、粉红等色。

净化功能

仙人球对二氧化硫和氯化氢具有比较强的抵抗能力，能强力吸收一氧化碳、二氧化碳及氮氧化物，同时可在吸收分解上述气体后制造并释放出大量清新的氧气，增加室内空气中的负离子浓度，有利于人体健康。另外，它还可减少电磁辐射对人体的伤害，其产生的气味还具有抑制细菌、杀死细菌的功能。

选盆

仙人球对花盆没有特别的要求，但适宜在透气性良好的泥盆中栽植，球的大小以能容纳球体而略有空隙为好，不宜太大。

栽培

❶ 在花盆底部铺放一些碎小的砖石或瓦片，然后置入土壤。

❷ 在母株上选好一个子球，进行切割。

❸ 将子球晾2~3天，然后插入盆土中，并对其略微喷水即可，不用浇水。

❹ 大约一周后，子球就可成活。

择土

仙人球适宜在排水通畅、肥力适中的沙壤土中生长，但在较差的土壤里也能生长。

新手提示：家庭盆栽可以用等量草炭土与细沙混合调配，也可以用粉碎后的松针与细沙混合调配而成。

光照

仙人球需要充足的光照，然而在夏天不可被强烈的阳光久晒，应适度遮蔽阳光；在房间里栽植时，可以使用灯光进行照射，以令其健康、茁壮生长，但也不宜长期摆放在房间里。

浇水

❶ 浇水应适量，以浇透为度，在浇完水后宜尽快翻松土壤，防止土壤表层变硬，影响植株生长。

❷ 新种植的仙人球不可浇水，每日进行2～3次喷雾就可以，15天后可以浇少量的水，一个月后生出新根方可渐渐加大浇水量。

❸ 在开花期内浇水应相应多一些，但需留心不可让水滴溅到仙人球的凹陷处和刺毛上，否则会导致腐坏。

❹ 夏天是仙人球的生长季节，因气温较高，植株需要大量的水，所以浇水一定要充足，以在早、晚温度较低时进行为宜，不适合在正午酷热时进行，以防止烧伤球体。

❺ 在湿度较高的梅雨季节，应控制浇水量。

❻ 在冬天植株处于休眠期时，也要控制浇水，令盆土处于不太干燥的状态即可，而且浇水要在晴天的上午进行。

新手提示：仙人球能忍受干旱，怕水涝，浇水要把握“见干见湿”的原则，每次浇完水后，待盆土表面干燥后再浇水。

温度

仙人球喜欢温暖，不能忍受寒冷，冬天应把盆栽仙人球移入房间里朝阳的地方养护，令室内温度始终高于5℃就能顺利过冬，若温度太低容易导致烂根，若温度太高则容易遭受介壳虫的侵害。

繁殖

仙人球采用播种法、扦插法或嫁接法进行繁殖，主要采用扦插繁殖与嫁接繁殖。

病虫防治

在气温较高、通风不畅的环境中，仙人球容易遭受病虫的危害。

❶ 若植株得了病害，可以喷施多菌灵或托布津溶液。

❷ 若植株遭受了害虫的侵害，可以喷施氧化乐果来灭除。

新手提示：应当留意的是，不管喷施什么种类的药液，皆要在室外进行。

施肥

在生长期内，可以每10～15天施用完全腐熟的稀释的液肥或复合肥一次；进入秋天后应控制施肥，通常每月施用一次，到10月上旬则不再施用肥料；冬天及炎夏也要停止施用肥料。

新手提示：在更换盆土的时候，要在花盆底部加入一点底肥，比如麻酱渣、豆饼或马蹄片。

摆放建议

仙人球株型奇特，开花时优美素雅，适合摆放在窗台、案几、书架、阳台上欣赏，由于它可减少电磁辐射对人体的伤害，也可以摆放在电视和计算机旁。有小孩的家庭注意不要让孩子靠近仙人球，以免被刺伤。

金琥

【花草名片】

◎**学名：** *Echinocactus grusonii*

◎**别名：** 金桶球、象牙球。

◎**科属：** 仙人掌科金琥属，为多年生肉质多浆草本植物。

◎**原产地：** 最初产自墨西哥中部的沙漠地带。如今我国各个地区都有引种栽植。

◎**习性：** 喜欢温暖、干燥、光照充足的环境，能忍受干旱，不能忍受寒冷，怕水涝。

◎**花期：** 6～10月。

◎**花色：** 黄色。

净化功能

金琥可以在夜间吸收很多二氧化碳，增加房间里的负离子浓度，能令房间里的空气维持新鲜，有益于人们的身体和精神健康。此外，它也是仙人掌类植物中吸收和削弱电磁辐射能力最强的一个种类，特别适合摆设在家电周围。

择土

金琥喜欢含有石灰质的沙质土壤。

新手提示： 栽植时的培养土可以用同量的壤土、腐叶土、粗沙和较少的石灰质混合调配。

栽培

❶ 在母株上选好长1～2厘米的子球，将其切下来。

❷ 在培植器皿中放好沙土，将子球插入其中。

❸ 当子球在沙床中长出根后，即能入盆。

❹ 入盆后可浇或喷洒少量的水一次，几日后就能成活。

选盆

金琥适宜在泥盆中栽种，但在瓷盆和塑料盆中也能生存。

光照

金琥喜欢充足的光照，然而在夏天正午气温较高、天气酷热时要适度遮蔽阳光，防止强烈的阳光烧伤球体。在上午10点之前或下午5点之后，可以把它放在太阳光下，以促使其萌生较多的花蕾。

浇水

❶ 金琥能忍受干旱，怕水涝，可是在生长季节需适量浇水。

❷ 夏天是金琥生长比较旺盛的季节，应加大水分的供给量。

❸ 干旱的时候应常浇水，适宜在早晨或傍晚时分进行，不可在酷热的正午浇太凉的水，不然容易引发病害；若正午盆土太干燥，可以喷少量水令盆土表面略湿。

新手提示： 需留意的是，每次浇水一定要待盆土彻底干燥后再浇，且不可朝球体、球的顶部和嫁接部分浇水或喷水，防止其由于积聚水分而腐坏。

温度

金琥喜欢温暖，不能忍受寒冷，若温度过低，球体便会出现黄斑，最合适的过冬温度是8℃～10℃。

花言草语

金琥的球体巨大，呈深绿色，周身生有金黄色的硬刺，顶部具金黄色的茸毛，如果栽培为大型标本球则具帝王豪气，用来装饰宾馆、商场等公共场所，更是华丽夺目。

繁殖

金琥采用播种法、扦插法及嫁接法进行繁殖。

摆放建议

金琥浑圆带刺，透露豪爽、阳刚之气。大型球体盆栽可摆放在客厅、阳台，小型盆栽可摆放在书房、卧室的桌面、窗台或电器旁，但要注意远离儿童，以免刺伤他们。

施肥

在生长季节，应结合浇水大约每15天施用1～2次含氮、磷、钾等成分的稀薄液肥；如果使用有机肥，那么就要完全腐熟，浓度应适宜。炎夏时金琥进入休眠状态，不要再对其施用肥料；秋天气温下降后，肥水的供给则需恢复到正常状态。

病虫防治

金琥易患焦灼病和虫害。

❶ 金琥患上焦灼病，喷施50％托布津可湿性粉剂500倍液即可。

❷ 金琥容易遭受介壳虫、红蜘蛛及粉虱等的危害，喷施40％氧化乐果乳油或50％杀螟松乳油1000倍液可以杀灭红蜘蛛，对介壳虫和粉虱则可以人工捕捉、灭杀。

黄毛掌

【花草名片】

◎学名：*Opuntia microdasys*

◎别名：黄毛仙人掌、金乌帽子、兔耳掌。

◎科属：仙人掌科仙人掌属，为多年生肉质草本植物。

◎原产地：最初产自墨西哥北部地区。

◎习性：喜欢温暖、干燥及光照充足的环境，比较能忍受寒冷，能忍受干旱，不能忍受潮湿。在阳光强烈、白天和夜间温差大、年降水量约为500毫米的地方长得最好。

◎花期：夏季。

◎花色：浅黄色。

净化功能

黄毛掌对二氧化硫和氯化氢的抵抗能力比较强，可以将一氧化碳、二氧化碳及氮氧化物吸收掉，同时在将以上有害物质吸收分解后还可以制造并释放出大量清新的氧气。另外，黄毛掌在晚上可以吸收很多二氧化碳，能够使房间里的负离子浓度增加，令房间里的空气始终清爽新鲜。

选盆

栽种黄毛掌适宜选用泥盆，因为它的透气性较好。

择土

黄毛掌的生长力很旺盛，对土壤没有严格的要求，但适宜在有肥力、排水通畅的沙质土壤中生长。

新手提示：盆栽的时候，可以用腐叶土、粗沙和石灰质材料混合调配成培养土。

栽培

❶ 将黄毛掌的种子置入培植器皿中，然后覆盖约1厘米厚的石英细沙。

❷ 给沙土中喷洒些水分，令播种基质处于潮湿状态。

❸ 大约10天后，黄毛掌的幼苗便会长出来，但这时它的根系比较少，长得比较慢，需要细心照料。

新手提示：幼苗长出后不宜多浇水，隔两至三天见沙土已干，喷洒些水分即可；生长期需充足阳光；每月还要施肥一次。

施肥

在生长季节需每月施用一次肥料，以促使植株加快生长。冬天则不要施肥。

新手提示：需注意勿将肥液浇在其掌上，如果浇在了掌上，需立即用清水淋洗，以免腐烂。

光照

黄毛掌在生长季节需充足的阳光，不适宜摆放在过分昏暗的地方，不然容易令茎节长得纤弱且无光亮。夏天如果在室外养护，能令植株的茎节长得更加健康、充实。

新手提示：冬天可把黄毛掌摆设于房间里光照充足的地方，同时需加强房间里的通风。

繁殖

黄毛掌的繁殖能力很强，可以采用播种法及扦插法进行繁殖，播种繁殖通常于春天进行，扦插繁殖一般于4～5月进行。

病虫防治

黄毛掌的病害主要是炭疽病和虫害。

❶ 当黄毛掌患上炭疽病时，可以喷施10%抗菌剂、401醋酸溶液1000倍液。

❷ 黄毛掌发生的虫害主要是介壳虫及粉虱造成的危害，这时喷施40%氧化乐果乳油1000倍液就可以将其杀灭。

浇水

❶ 黄毛掌能忍受干旱，畏潮湿，平日浇水需把握“不干不浇，浇则浇透”的原则，不能积聚太多的水，否则会造成根系腐烂。

❷ 夏天可每隔一周喷洒一次水，土壤非常干燥的时候可每个月少量浇一次水，切忌水量过多。同时，浇完水后一定要保证它通风性良好。

❸ 冬天要少浇水，令盆土处于略干状态为宜。

温度

黄毛掌喜欢温暖，也比较能忍受寒冷，生长的适宜温度是20℃～25℃，在3～9月是15℃～25℃，9月～次年3月是8℃～10℃。冬天要将它搬进房间里过冬，室温不可低于5℃，然而其也可忍受短期0℃的低温。

修剪

在为植株更换花盆的时候要把干枯或老弱的根系剪掉，以降低营养的耗费量，促使其长出新根。

摆放建议

黄毛掌生存能力极强，栽培简单，繁殖容易，是目前栽培比较普遍的仙人掌种类。一般家庭栽种采取盆栽方式，摆放在卧室、客厅、书房均可，但应注意远离儿童活动区，避免刺伤儿童。

常春藤

【花草名片】

◎学名：*Hedera nepalensis* var.*sinensis*

◎别名：中华常春藤、钻天风、枫荷梨藤、土鼓藤。

◎科属：五加科常春藤属，为多年生常绿藤本花木。

◎原产地：最初产自中国秦岭以南区域。

◎习性：喜欢温暖、潮湿的环境，能忍受荫蔽，略能忍受寒冷，不能忍受水涝。

◎花期：5~8月。

◎花色：黄白、白绿色。

净化功能

常春藤能将甲醛、苯吸收掉，能很好地遏制香烟里的致癌物质，还能杀灭细菌、吸滞粉尘。

在24小时的照明条件下，每平方米的常春藤可以吸收1.48毫克的甲醛和0.91毫克的苯，可以将一立方米空间里90%的甲醛吸收掉。常春藤是吸收苯能力最强的植物之一，一盆常春藤可以将面积为8~10平方米的空间中90%的苯消除。它可以很好地将由吸烟而产生的烟雾吸收掉，并遏制烟雾中的一氧化碳等致癌物质。它的气味能起到抑制细菌、杀灭细菌的作用。它还可以将有害物质吸收掉，并把它们转化成没有危害的糖分和氨基酸。另外，常春藤还可以吸收粉尘，就连吸尘器皆很难吸起来的粉尘都能被它吸收掉。

选盆

常春藤适宜生存在泥盆或陶土盆中，因为它们的透气性较好。

栽培

❶ 将常春藤的种子播入装有土壤的培植器皿中，然后再覆盖1厘米厚的土壤，浇一次水。

❷ 然后在上面盖上草，以保持土壤湿润，放置阴凉背光处。

❸ 小苗长出后，仍然不要让它照射阳光，多浇水，细心照料即可。

❹ 当幼苗长到一定的高度，开始弯曲时，在土壤中插入竹竿或类似物品，使常春藤得以攀附着继续生长。

新手提示：栽种常春藤也可用扦插法，因为常春藤的节部在潮湿的空气中能自然生根，接触到地面以后即会自然进入土内，20天左右即可生根。

花言草语

英国在16世纪使用啤酒花之前，皆是使用常春藤来酿造啤酒的，因为将它混杂在麦子中，便会令麦子化成啤酒。所以，常春藤的花语为“感化”。另外，常春藤也具有爱情连续生长及萦绕心间的含义，代表着坚定与忠诚不变。

繁殖

常春藤采用播种法、扦插法及压条法繁殖。

病虫防治

常春藤一般不会遭受病虫害，只是如果长时间接受阳光照射，易患日灼症。故不要把常春藤长久放置在日光下。

施肥

在生长鼎盛期，要每月施用氮、磷肥混合的液肥一次，并在施肥后马上浇水，以防止肥料烧伤植株的茎叶及根系。

温度

常春藤喜欢温暖，略能忍受寒冷，生长的适宜温度是15℃～30℃。冬天应把它移入温室内过冬，室内温度需控制在10℃上下。

摆放建议

常春藤可直接栽种在庭院里用于垂直绿化，也可以用吊盆栽种后悬吊或摆放在书房、客厅、餐厅、卧室的书柜、桌案上，还可以与其他植物组合栽培，需要注意的是，放置常春藤的地方一定要背光。

择土

常春藤适宜在土质松散、有肥力且排水通畅的沙质土壤中生存。

光照

常春藤喜欢半荫蔽的环境，能一年四季摆放在光线较亮的地方。在夏天需注意防止植株被强烈的阳光直接照射，可以在荫棚下管理，然而也不适宜将其长时间摆放在背阴、昏暗的地方，否则会令叶片缺少光彩。

浇水

❶ 常春藤喜欢潮湿，但不能忍受水涝，平日浇水不要太多，令盆土处于潮湿状态就可以。

❷ 夏天可以相应加大浇水量，并勤向植株喷水，以增加空气相对湿度。

❸ 冬天要少浇水，通常每隔3～5天朝枝叶喷水一次就可以。

新手提示：浇水后一定要保证房间的通风性良好，否则易发生水涝。

修剪

❶ 当植株的枝条生长到一定长度的时候应采取摘心处理，以促其萌生侧枝，令株形饱满。

❷ 每隔1～2年需为常春藤更换一次花盆，并将干枯枝、瘦弱枝、病虫枝及杂乱枝等剪掉。

蔷薇

【花草名片】

◎学名：*Rosa multiflora*

◎别名：多花蔷薇、雨薇、刺红、刺蘼。

◎科属：蔷薇科蔷薇属，为落叶灌木。

◎原产地：最初产自中国华北、华中、华东、华南和西南区域，在朝鲜半岛和日本亦有分布。

◎习性：喜欢光照充足的环境，也能忍受半荫蔽的环境。能忍受干旱，怕水涝，比较能忍受寒冷，具有很强的萌发新芽的能力，经得住修剪。

◎花期：5~6月。

◎花色：红、粉、黄、紫、黑、白等色。

净化功能

蔷薇不仅可以吸收空气中的二氧化硫、氯气、氟化氢、硫化氢、乙醚及苯酚等有害气体，还可以吸滞大气中的烟尘。另外，蔷薇所散发出来的香味和释放出来的挥发性油类，能显著遏制肺炎球菌、结核杆菌和葡萄球菌的生长与繁殖，还能令人放松神经、缓解精神紧张和消除身心的疲乏劳累感。

选盆

需要两个盆。最好选用透水、透气性良好的泥瓦盆或紫砂盆。花盆尽量选择尺寸大一些的，便于根系伸展。

栽培

❶ 在一个花盆里铺8~10厘米厚的砻糠灰土泥，浇水拍实。

❷ 在蔷薇母株上剪一条20厘米长的嫩枝，去叶。

❸ 将嫩枝插入砻糠灰土泥，扦插的深度为3厘米左右。

❹ 立即浇透水。第一个星期应保持花盆内有充足的水分，以后可逐渐减少浇水的数量和次数。

❺ 半个月后，将嫩枝连同新生的根系一并掘出，敲掉根部泥土，剪掉受伤和过长的根须。

❻ 将嫩枝移入装有沙质土壤的花盆里定植，定植深度不宜太深，以花土刚盖住根茎部为宜。

新手提示：在春天、夏初及早秋时节进行的扦插繁殖比较容易成活。为提高扦插的成活率，可在扦插前先用小木棒插一下花盆里的砻糠灰土泥，以防止硬物损伤嫩枝基部组织。

浇水

❶ 移栽的新株需一次性浇足水。

❷ 蔷薇怕涝，耐干旱，养护期间浇水不宜过勤过量。

❸ 蔷薇开花之后浇水不宜过量，使土壤“见干见湿”即可。

❹ 炎夏干旱期间应浇2～3次水。

❺ 立秋至霜降期间应浇1～2次水。

温度

蔷薇喜欢温暖，也比较能忍受寒冷，在我国华北和华北以南区域，皆可在室外顺利过冬。

繁殖

蔷薇可采用播种法、扦插法、分株法和压条法进行繁殖，其中播种法及扦插法比较常用。

病虫防治

在湿度大、通风不畅且光照条件差的情况下，蔷薇易得白粉病及黑斑病。一旦发现病情应马上剪除病枝，并喷施浓度较低的波尔多液或70%甲基托布津可湿性粉剂1000倍液，以避免病情进一步蔓延。

施肥

❶ 蔷薇嗜肥，新植株定植时应施用适量腐熟的有机肥。

❷ 3月可以施用以氮肥为主的液肥1～2次，以促使枝叶生长。

❸ 4～5月可以施用以磷肥和钾肥为主的肥料2～3次，以促使植株萌生出更多的花蕾。

❹ 花朵凋谢后可再施一次肥，以后便停止施肥。

摆放建议

蔷薇可盆栽摆放在客厅、阳台、天台等向阳的地方。

花言草语

蔷薇的花语是完美的爱情与爱的想念，绽放的蔷薇会引发人们对爱情的向往。尽管蔷薇花会凋落，然而人们内心的爱却永远不会凋零。蔷薇象征着恋的开始、爱的信约。

不同品种的蔷薇具有不同的花语：火红色蔷薇的花语是热恋，深红色的是只想与你在一起，粉色的是爱的约誓，黄色的是永久的微笑，白色的是纯真的爱情，而野蔷薇的花语则是浪漫的爱情，等等。

择土

需要两种土。一种是砻糠灰，一种是含有丰富腐殖质的沙质土壤。

光照

蔷薇喜欢光照充足的环境，每天最少要有6个小时的光照时间。

修剪

❶ 蔷薇萌生新芽的能力很强，需及时修剪整形，以免植株遭受病虫害的侵袭。

❷ 在开花后应及时把已开完花的枝条剪掉，以减少养分损耗。

新手提示： 要及时修剪掉纤弱枝、干枯枝和病虫枝，以促进植株萌生新的枝条。

月季

【花草名片】

◎学名：*Rosa chinensis*

◎别名：月月红、月生花、四季花、斗雪红。

◎科属：蔷薇科蔷薇属，为蔓状与攀缘状常绿或半常绿有刺灌木。

◎原产地：最初产自北半球，近乎遍布亚、欧两个大洲，中国为月季的一个原产地。

◎习性：喜欢光照充足、空气循环流动且不受风吹的环境，然而光照太强对孕蕾不利，在炎夏需适度遮光，喜欢温暖，具一定的忍受寒冷的能力。可以不断开花。

◎花期：5~10月。

◎花色：红、粉、橙、黄、紫、白等单色或复色。

净化功能

月季可以很好地将二氧化氮、二氧化硫、硫化氢、氟化氢、氯气、苯、苯酚和乙醚等有害气体吸收掉，能强效净化汽车排放出来的尾气。另外，月季可以散发出挥发性香精油，能够将细菌杀灭，令负离子浓度增加，让房间里的空气保持清爽新鲜。

选盆

种月季以土烧盆为好，且盆径的大小应与植株大小相称。如果是用旧盆，则要洗净；如果用新盆，则要先浸潮再使用。

择土

月季对土壤没有严格的要求，但适宜生长在有机质丰富、土质松散、排水通畅的微酸性土壤中。排水不良和土壤板结会不利其生长，甚至会导致其死亡。含石灰质多的土壤会影响月季对一些微量元素的吸收利用，导致它患上缺绿病。

栽培

❶ 选取一根优质的月季枝条（以花后枝条为好），剪去枝条的上部，将余下的枝条约每10厘米剪截一段，作为一根插穗，保留上面3~4个腋芽，不留叶片或仅保留顶部1~2片叶片。

❷ 将插穗上端剪成平口，下端剪成斜口，剪口需平滑。

❸ 将插穗下端浸入500毫克/升的吲哚丁酸溶液3~5秒，待药液稍干后，立即插入盆土中。

❹ 入盆后要浇透水分，放置遮阴处照料，大约一个月后即可生根。

新手提示：入盆后的前10天要勤喷水，保持较湿的环境；10天后见干再喷，保持稍干的湿润状态。

施肥

月季不适宜太早对其施用肥料，否则会损伤新生根系，一般在栽种一个半月后开始施用肥料。早期应多施用氮肥，以促使植株加快生长；在生长季节内，月季会数次萌芽、开花，耗费比较多的养分，应施用2～3次肥料。

新手提示：在气温较高的7～8月不能施用肥料；进入秋天后则应减少氮肥的施用量，增加磷肥和钾肥的施用量；进入冬天后应施用一次底肥，日常也可以结合浇水施用较少的液肥。

温度

月季喜欢温暖，比较能忍受寒冷，大部分品种的生长适宜温度白天是15℃～26℃，晚上是10℃～15℃。若冬天温度在5℃以下时，月季便会步入休眠状态；若夏天温度连续在30℃以上时，大部分品种的开花量会变少，花朵品质会下降，植株会进入半休眠状态。

繁殖

月季可以采用播种法、扦插法、嫁接法、分株法和压条法进行繁殖，其中以扦插法及嫁接法最为常用。

病虫防治

月季的常见病为黑斑病，可每隔7～10天交叉喷洒50%多菌灵可湿性粉剂300倍液、70%托布津可湿性粉剂800倍液各一次。喷药时间一般为上午8～10点和下午4～7点。

光照

月季喜欢阳光充足，每日要求接受超过6小时的光照方可正常生长开花。在炎夏若光照时间太长或阳光太强烈，则不利于月季的花蕾发育，花瓣也容易干燥枯萎，要为其适度遮光。

浇水

新种植好的月季第一次应浇足水，次日浇一次水，七日后再浇一次水，之后可根据天气情况来确定浇水的量和次数。

修剪

❶ 刚种植好的裸根苗应进行修剪，不管是在立秋以后还是春天之初，这样可使枝条的蒸腾量减少，更利于成活。

❷ 冬天修剪不适宜太早，不然则会引致萌发，易使植株受到冻害。通常留存分布匀称的3～5个健康、壮实的主干，把剩下的都剪掉。

摆放建议

月季花颜色艳丽、花期长，可盆栽或插瓶摆放在窗台、天台、阳台、餐厅、客厅、卧室、书房等处，也可以直接在庭院里栽培。

玫瑰

【花草名片】

◎学名：*Rosa rugosa*

◎别名：刺玫花、湖花、笔头花、徘徊花。

◎科属：蔷薇科蔷薇属，为落叶木本植物。

◎原产地：最初产自中国东北、华北区域，在朝鲜和日本亦有分布。

◎习性：喜欢光照充足、通风顺畅的环境，在阴暗、遮蔽和通风不畅的地方会生长不好。能忍受寒冷和干旱，不能忍受水涝。为浅根性植物，萌生新芽的能力很强，生长得较为迅速。

◎花期：5～8月。

◎花色：红、紫红、紫、白等色。

净化功能

玫瑰的叶片吸收二氧化硫、氯气及氟化氢等有害气体的能力比较强。它所散发出来的挥发性油类及其芳香的气味既可以令人放松、愉悦，有助于睡眠，又有明显的杀灭细菌的作用，可以显著地压制肝炎球菌、结核杆菌、葡萄球菌等的生长与繁殖。

选盆

玫瑰多行露地栽培，如果是盆栽，则对花盆的要求较高，最好选用透气性良好的泥盆。

栽培

❶ 选取一根成熟的带有3～4个芽的玫瑰枝条，剪下。

❷ 将枝条插入盆土中，浇透水分。

❸ 将花盆放置在蔽光的地方，并要保证盆土处于潮湿状态。

❹ 大约一个月后，枝条即可长出根来。

新手提示：玫瑰每年至少于早春换盆或倒盆一次，换盆时需添加肥料。

光照

玫瑰喜欢光照充足，每日最少需要6小时的阳光照射方可以开出品质特别好的花朵。它略能忍受半荫蔽环境，不适宜长时间荫蔽，不然会导致生长不好，令枝叶纤弱，花蕾既少又小，花朵香气淡化。

温度

玫瑰的生长适宜温度是15℃～25℃，其抵御寒冷的能力非常强，冬天大气温度降至-20℃时也不会遭受冻害。

繁殖

玫瑰可以采用播种法、扦插法、分株法、压条法和嫁接法进行繁殖。

择土

玫瑰具有比较强的适应能力，对土壤没有严格的要求，在微碱性土壤里也可以正常生长，然而在排水通畅、有肥力、土质松散的沙质壤土中长得最好。

施肥

玫瑰较嗜肥，一般每年要施用4次肥料。春天需施用以氮为主、氮磷相结合的速效肥，比如磷酸二铵、尿素等；4月中旬到5月下旬应适时追施合适量的速效复合肥；在开花期间施用一次肥料，能促使枝条加快生长；在叶片凋落后到进入冬天之前需施用一次有机底肥，不能施用速效氮肥。

新手提示：每次施用肥料时如果土壤较干旱，皆要在施完肥后浇一次透水。

摆放建议

玫瑰可以盆栽摆放在客厅、书房，也可以制成瓶插装点居室。

病虫防治

玫瑰易患锈病和各种虫害。

❶ 玫瑰患上锈病后，尽早把染病的枝条剪掉即可。

❷ 玫瑰的虫害主要是金龟子、天牛及红蜘蛛等危害，可喷洒0.5%辛硫磷颗粒剂就能有效防治金龟子危害；在5～6月喷洒0.5%螨死净与0.125%三氯杀螨醇进行防治。

浇水

❶ 在生长季节可以每1～2日浇水一次。

❷ 在酷热的夏天或干旱季节，需每日浇一次水；在雨季则需留意及时排除积水，防止发生涝害。

修剪

❶ 冬春修剪一般于玫瑰叶片凋落后到萌芽前进行，主要是进行疏剪，每丛留存4～5个粗大健壮的枝条，每枝保留1～2个侧枝，每个侧枝上保留2个芽进行短截，以促使其萌生新枝。

❷ 花后修剪一般是在鲜花采集完后进行，主要被用来疏除长势较强、枝条稠密的株丛的过密枝、交叉枝和重叠枝。

菊花

【花草名片】

◎学名：*Dendranthema morifolium*

◎别名：金蕊、帝女花、九华、黄华。

◎科属：菊科菊属，为多年生宿根草本植物。

◎原产地：最初产自中国。

◎习性：喜欢阳光充足、清凉、潮湿且通风流畅的环境，比较能忍受极度的寒冷和霜冻。

◎花期：10～12月，也有夏天、冬天和全年开花等不一样的品种类型。

◎花色：红、黄、紫、绿、白、粉红、复色及间色等。

净化功能

菊花可以将地毯、绝缘材料、胶合板等释放出的甲醛、氟化氢分解掉，也可以将壁纸、印刷油墨溶剂里的二甲苯和染色剂、洗涤剂里的甲苯分解掉。菊花吸收氯气、氯化氢、一氧化碳、过氧化氮、乙醚、乙烯、汞蒸气及铅蒸气等有害气体的能力也比较强，可以把氮氧化物转化成植物细胞蛋白质。另外，菊花所含有的挥发性芬芳物质，有清除内热、疏散风邪、平肝明目的功用，经常闻菊花香可以治疗头晕、头痛、感冒及视物模糊等病症。

选盆

栽种菊花多选用淡色的浅口石盆，其石质为大理石、汉白玉等，这样看起来较为美观。

择土

菊花喜欢土层较厚、腐殖质丰富、土质松散、有肥力且排水通畅的沙质土壤，在微酸性至微碱性土壤上也可以生长。

栽培

❶ 在花盆底部铺上瓦片等物品，做成一个排水层，花盆底部应有比较大的排水孔，并需施进适量的底肥，然后置入土壤。

❷ 将菊花幼苗植到盆中，轻轻压实土壤，并浇足水。

❸ 把盆花摆放在背阴、凉爽的地方，待幼苗稍长高一点儿后即可移至朝阳处。

温度

菊花喜欢清凉，怕较高的温度和炎热，比较能忍受寒冷，生长适宜温度是18℃～25℃。

病虫防治

菊花的病害主要是叶斑病、锈病和虫害，虫害主要为蚜虫与红蜘蛛危害。

❶ 菊花患上叶斑病后，一定要及时摘下并毁掉病叶，同时喷施65%代森锌可湿性粉剂500倍液或75%百菌清可湿性粉剂500倍液来处理。

❷ 植株发生锈病时，喷施65%代森锌可湿性粉剂500倍液即可。

❸ 发生蚜虫危害时，可以喷施25%亚铵硫磷乳油1000倍液或40%氧化乐果乳油1500～3000倍液进行杀灭。

❹ 发生红蜘蛛危害时，可以喷施40%氧化乐果乳油1000倍液或80%敌敌畏1000倍液进行杀灭。

施肥

栽植菊花时不能施用太多底肥，在其生长后期主要是施用豆饼的腐熟液和化学肥料等追肥。在形成花蕾期间，要增加磷肥的施用量，注意勿使肥液沾污叶面，此后可以每周施肥一次，并适量浇水，能使花朵硕大、经常开放。

新手提示： 为了抵御寒冷，进入冬天之前需施用少量肥料，过冬期间还需施用1～2次肥料。

繁殖

菊花可以采用播种法、扦插法、分株法、压条法及嫁接法进行繁殖，其中以扦插繁殖与分株繁殖最为常用。

光照

菊花喜欢充足的光照，略能忍受荫蔽。它在每日接受14.5个小时的长日照情况下可进行营养生长，在每日接受不多于10个小时的日照条件下才可以萌生花蕾并开花。

浇水

❶ 菊花比较能忍受干旱，怕水涝，因此要以“见干则浇，不干不浇，浇则浇透”为浇水原则，浇水不宜太多。

❷ 夏天每日要浇2次水，以在早晚进行为宜；冬天则需严格控制浇水。

❸ 花朵将要开放时，需加大浇水量。

❹ 花朵凋谢后，需适度减少浇水量。

新手提示： 当植株处于幼苗阶段时，皆需控制浇水量，然后随植株长大渐渐加大浇水量。

修剪

栽植菊花需留意及时进行摘心、除芽和除蕾处理。

❶ 摘心能够促使植株萌生侧枝，掌控植株的高度。通常于菊苗定植后保留4～5枚叶片进行摘心，待侧枝生出4～5枚叶片时，每个侧枝保留2～3枚叶片再次进行摘心。

❷ 除芽与除蕾能够掌控开花的多少，盆栽独本菊通常仅保留顶芽，叶腋生出的小芽需尽早抹去，以促进顶端形成粗大壮实的花蕾；顶端除了挑选并留存花蕾之外，剩下的都需去掉。

摆放建议

盆栽菊花一般摆放在阳台、客厅、书房的向阳处，也可摆放在案几、计算机台和窗台上供人欣赏。

紫藤

【花草名片】

◎**学名：***Wisteria sinensis*

◎**别名：**招藤、朱藤、藤萝。

◎**科属：**豆科紫藤属，为多年生落叶木质藤本植物。

◎**原产地：**最初产自中国，如今世界各个地区都有栽植。

◎**习性：**喜欢阳光充足，稍能忍受荫蔽，能忍受寒冷和干旱，怕积水。为深根性植物，具有较强的适应性，萌生新芽的能力很强，生长得很快，寿命较长。

◎**花期：**4~5月。

◎**花色：**紫、淡紫、蓝紫等色。

花言草语

紫藤为良好的观花藤本植物，适宜栽植在湖边、水池旁、假山周围、石坊下及庭院中等地方，花开之时绚烂多姿，具有一种别样的情调。

李白曾经在诗中写道："紫藤挂云木，花蔓宜阳春。密叶隐歌鸟，香风留美人。"可以说把紫藤美好的姿态与卓绝的风采形象地描摹了出来。晚春时候，紫藤纵情绽放，一串串花穗垂吊在枝头，紫中有蓝、蓝中有紫，像彩霞、锦缎般柔媚，盘曲扭绕的枝蔓又好似蛟龙，难怪从古到今的画家皆爱把它当作花鸟画的好题材呢！

选盆

栽种紫藤宜用大而深的瓦盆，深度以80厘米为宜，以利于根系较好地生长和吸收更多的营养成分。

净化功能

紫藤有比较强的抵抗二氧化硫、氯气和氟化氢的能力，对铬也具有一定程度的抵抗能力，是工厂、矿区、医疗区、城镇及庭院的良好的绿化植物。

栽培

1. 将紫藤的种子用热水浸泡一下，待水温降至30℃左右时，捞出种子并在冷水中淘洗片刻，然后放置一昼夜。
2. 将种子埋入盆土中，浇透水分。
3. 当紫藤长到一定高度的时候，盆栽便不合适了，应种植在庭院里，为其搭设一个棚架或放置在围墙边，让其慢慢生长。

光照

紫藤喜欢阳光充足，也能忍受半荫蔽环境。在生长期内，它需接受充足的光照。

新手提示：盆栽紫藤在开花期间可摆放在室内光照比较充足的地方。

温度

紫藤具有一定的抵御寒冷的能力，在室外温度约为0℃的环境下过冬通常不会遭受冻害。在我国南方区域栽植时，它能在室外避风朝阳的地方过冬；在北方极其寒冷的区域栽植时，则要将其移入房间内过冬，然而温度不可超过15℃，不然会导致其不能进入休眠状态，耗费过多营养成分，不利于下一年开花。

繁殖

紫藤可以采用播种法、扦插法、嫁接法和压条法进行繁殖。

择土

紫藤对土壤没有严格的要求，能忍受贫瘠，在普通土壤中也可生长，然而以排水通畅、土层较厚、有肥力且土质松散的土壤最为适宜。

施肥

紫藤嗜肥，在生长季节需勤施肥料，通常每15～20天施用一次浓度较低的腐熟的饼肥水或有机肥液就可以。在植株开花前，宜在肥水里掺入合适的量的磷肥及钾肥后再施用，或在开花前喷洒0.2%磷酸二氢钾溶液1～2次，以使花多色艳。

新手提示：每年立秋以后到立春以前，还需再施用腐熟的有机肥一次，以利于植株下一年的生长发育。

摆放建议

紫藤可栽种在庭院里用于垂直绿化，也可以盆栽摆放在阳台、天台、客厅等光线充足的地方，还可以制作成盆景或插花装饰居室。

病虫防治

紫藤易生蚜虫。发生初期，仅有少数嫩梢有蚜虫密集危害时，用手摘除即可；如果病患比较严重，则需喷施40%氧化乐果乳油1500倍液或20%灭扫利乳油3000倍液。

浇水

❶ 紫藤能忍受干旱，怕水涝，在生长期内应让盆土处于潮湿状态。

❷ 在雨季要勤加察看，防止盆里积聚太多的水。

❸ 秋天以让盆土“见干见湿”为宜，避免植株萌生秋梢，影响其安全过冬。

❹ 在植株的休眠期内，则需让盆土处于潮湿或稍偏干的状态。

修剪

盆栽紫藤在生长季节一定要经常除芽、摘心，以防止植株长得太大，每年新生枝条长至14～17厘米时应进行一次摘心，开花后还可以进行一次重剪，并尽早将未落尽的花剪掉，以免耗费养分。

紫薇

【花草名片】

◎学名：*Lagerstroemia indica*

◎别名：红薇花、百日红、满堂红、五里香。

◎科属：千屈菜科紫薇属，为落叶灌木或小乔木。

◎原产地：最初产自中国华南、华中、华东及西南各个省。

◎习性：为阳性树种，喜欢阳光充足，能忍受强烈的阳光久晒，略能忍受荫蔽。能忍受干旱，畏水涝和根部积聚太多的水。喜欢温暖的气候，抵御寒冷的能力不太强。具有很强的萌生新芽的能力，长得比较缓慢，寿命较长。

◎花期：6~10月。

◎花色：鲜红、粉红、紫或白等色。

净化功能

紫薇可以抵抗二氧化硫、氯气、氯化氢及氟化氢等有毒气体的侵袭，可以吸滞粉尘，还可以很好地遏制致病菌的繁殖。紫薇抵抗污染的能力比较强，可以净化上述各种有害气体。它还能吸滞粉尘，在水泥厂里距离污染源200~250米的地方，每平方米叶片就能吸滞4克左右粉尘。另外，紫薇所散发出来的挥发性油类还能明显遏制致病菌的繁殖，在5分钟内便能将致病菌杀死，比如白喉杆菌及痢疾杆菌等。

选盆

栽种紫薇宜选用体型偏大一些的紫砂陶盆或釉陶盆。

择土

紫薇适宜在含有石灰质的土壤及有肥力、潮湿、排水通畅的沙质土壤中生存。

栽培

❶ 将紫薇花种埋入盆土中，然后覆一层细泥土，覆土厚度以看不到种子为准。

❷ 浇透水分，再盖上一层薄膜。

❸ 大约经过10天，紫薇就能萌芽，这时要马上把薄膜揭开，让其正常生长。

温度

紫薇喜欢温暖的环境，然而同时也具有一些抵御寒冷的能力。我国北方栽培时，仅需过冬前对植株进行裹草保护便可在室外过冬。若要把盆栽紫薇移入室内料理，室内温度控制在5℃~10℃就可以。

新手提示：冬天室温也不可太高，不然植株会提早萌芽，不利于春天的生长。

施肥

紫薇嗜肥，早春需结合浇水施用一次春肥，最好是施用腐熟的有机肥，并配施磷肥；3月上旬需施用抽梢肥，将氮、磷、钾肥结合起来施用；5月下旬到6月上旬需施用磷、钾肥一次，能令枝条粗壮、叶片嫩绿，促使植株开花；7月下旬及9月上旬分别施用花期肥一次，适宜施用饼肥水，能令花朵颜色娇艳；进入秋天后需减少施肥量和施肥次数；冬天植株步入休眠状态后，不要再对其施用肥料。

病虫防治

紫薇易患白粉病。此病发生在叶嫩梢和花蕾上，病后叶嫩梢和花蕾扭曲变形，且患病处覆一层白粉。可以喷洒80%代森锌可湿性粉剂500倍液，或70%甲基托布津可湿性粉剂1000倍液进行处理，每隔10天喷一次，共喷3~4次。

新手提示：家庭盆栽紫薇应及时摘除病叶，并将盆花放置在通风透光处。

繁殖

紫薇可以采用播种法、扦插法和分株法进行繁殖。

光照

紫薇喜欢阳光充足，不畏强烈的阳光久晒，阳光强烈会使其开花繁茂。所以，它在生长期内一定要接受充足的阳光照射，盆栽紫薇可以摆放在阳台或室外朝阳的地方。

修剪

❶ 冬末修剪时要将全部萌蘖枝、稠密枝、病弱枝、干枯枝及交叉重叠枝剪掉，并把徒长枝削掉1/3，老枝只保留基部约10厘米。

❷ 在生长季节修剪的时候，不可修剪或短截春天萌生的新枝，不然容易导致枝条只生长不开花。

❸ 在开花前将纤弱枝、徒长枝剪掉，能促使植株孕蕾。

❹ 在开花后则要尽早把未落尽的花剪掉，勿让其产生种子，以降低营养的消耗量，促使植株萌生新的枝条及开花。

新手提示：紫薇具有很强的萌生新芽的能力，且其花朵生长于当年萌生的春梢顶端，树冠常不齐整，故要时常对其修剪整形，主要于冬天之后进行。

浇水

❶ 紫薇能忍受干旱，不能忍受水涝，畏根部积聚太多的水。

❷ 在春天发芽前对植株浇1~2次充足的水，在生长季节令土壤处于潮湿状态，如此就能大体上保障紫薇对水分的需求。

摆放建议

紫薇姿态优美，多用于庭院美化，也可盆栽放置阳台等朝阳处。

杜鹃

【花草名片】

◎**学名**：*Rhododendron simsii*

◎**别名**：映山红、满山红、红踯躅、山石榴。

◎**科属**：杜鹃花科杜鹃花属，为常绿、半常绿或落叶灌木或小乔木。

◎**原产地**：最初产自中国长江流域，广泛分布在长江流域和以南各个区域。尼泊尔把它定为国花。

◎**习性**：属浅根性植物，喜欢温暖、潮湿、通风良好的半荫蔽环境，畏干燥，也畏积聚太多的水，具一定的忍受寒冷的能力。

◎**花期**：4~5月。

◎**花色**：深红、浅红、玫瑰紫、粉、黄、白等色或复色。

净化功能

杜鹃可以抵抗二氧化硫、一氧化氮、二氧化氮和臭氧的侵害，还可以将放射性物质吸收掉，尤其适合置于刚刚装修完毕的居室里。另外，杜鹃对氨气的反应非常灵敏，能作为监测氨气的指示植物。此外，杜鹃还能对环境中的氟化氢进行监测，若存在氟化氢，其花朵便会枯萎、皱缩，叶片会发黄。

选盆

花盆以透气性良好的泥盆最佳，紫砂盆次之，釉盆及瓷盆最差。

栽培

❶ 在花盆底部铺上一些碎瓦片，再放入1/3的粗土粒，并少加一点细土。

❷ 将杜鹃幼苗置入盆中，一手扶正幼苗，一手向盆中填土。

❸ 土壤填至盆口下2厘米处，然后将土壤轻轻压实，浇透水分。

新手提示：种好后一定要浇透水分，否则会使盆花干死。

光照

杜鹃对光照无严格要求，喜欢半荫蔽环境，畏强烈的阳光久晒。夏天应注意遮蔽阳光，防止植株被灼伤，冬天移入室内后可将其摆放在室内朝阳的地方。

温度

北方盆栽杜鹃时，其生长适宜温度是15℃~25℃，当气温在30℃以上或5℃以下时则生长接近停滞状态。

新手提示：在冬天杜鹃有短期的休眠，要留意保持温暖、防御寒冷，要将其搬到房间里料理，房间里的温度控制在10℃上下就能顺利过冬。

繁殖

杜鹃可以采用播种法、扦插法、分株法或压条法进行繁殖。

择土

杜鹃喜欢排水通畅、土质松散且有肥力的酸性土壤，在钙质土壤中生长不好或不能生长，也不能在地势比四周低且积聚太多水的黏重土壤中生长，是酸性土壤的指示植物。

施肥

植株开花之前需每10天施用磷肥一次，接连施用2～3次，可令花朵硕大、花色鲜艳、花期变长；在开花期内不可施用肥料；开花之后为了促进植株抽生新枝、萌生新叶，可以补施氮肥。夏天温度较高时，杜鹃的生长处于停滞阶段，不适宜施用肥料；秋天移入室内前为它的长蕾期，需每7～10天施用磷肥一次；冬天植株进入休眠状态后，则不要再施用肥料。

浇水

❶ 春天和秋天可以每2～3天浇水一次，且要浇够。

❷ 夏天酷热时，为了提高空气相对湿度，除了每天早晨及黄昏要分别浇一次水之外，还需朝叶面和花盆四周地面喷水，可是盆内不可积聚太多的水。

❸ 立秋之后应渐渐减少浇水量；冬天移入室内后更要控制浇水，令盆土保持稍潮湿状态就可以。

摆放建议

杜鹃生命力旺盛，可地栽于庭院中观赏，也可盆栽摆放在阳台、窗台等处。但要注意黄杜鹃有剧毒，不要在卧室、饭厅、厨房里摆放黄杜鹃，以免引起误食中毒。

病虫防治

杜鹃易患黑斑病及红蜘蛛虫害。

❶ 杜鹃患上黑斑病后，叶片会形成黑斑，渐渐干枯脱落直至植株死亡。此时需喷洒70%托布津可湿性粉剂800倍液或50%多菌灵可湿性粉剂300倍液。

❷ 杜鹃感染上红蜘蛛后，被害叶会焦枯脱落，此时可喷洒40%三氯杀螨醇800～1000倍液。

修剪

❶ 在花朵凋谢后需尽早把未落尽的花剪掉，以降低营养的损耗量，促使植株生长和形成新的花芽。

❷ 老龄植株要在早春新芽萌动前对其采取修剪复壮处理，把枝条保留约30厘米，将上部剪掉就可以。

新手提示：修剪后需对植株增施肥料，并需精心料理。

茶花

【花草名片】

◎学名：*Camellia japonica*

◎别名：山茶花、洋茶、曼陀罗树、山椿。

◎科属：山茶科山茶属，为常绿灌木或小乔木。

◎原产地：最初产自中国，主要生长于浙江、江西、四川和山东等区域，日本和朝鲜半岛亦有分布。

◎习性：喜欢温暖、潮湿的气候，喜欢半荫蔽的环境，也能忍受荫蔽，怕强烈的阳光照射，稍能忍受寒冷。能忍受酷热，可是当温度高于36℃时生长会受到压制。

◎花期：10月～次年4月。

◎花色：深红、红、粉红、玫瑰红、深紫、浅紫、粉白、黄色或红白相杂的复色。

净化功能

茶花具有比较强的抵抗一氧化碳、二氧化硫、氯气、过氧化氮、硫化氢、氟化氢、乙醚、乙烯、汞蒸气和铅蒸气的能力，对铬酸及硝酸烟雾也有一定的抵抗能力，能够有效地净化大气。尤其是茶花能够强力吸收氟和氯，在正常情形下，茶花叶里便含有较多的氟，而在氟污染情况下，它可以吸收很多氟化物，能够令叶中的含氟量高达一毫克以上或几毫克；在氯气污染的情况下，1千克茶花干叶的吸氯量便能达到3.53克。

选盆

种植茶花宜选择透气性与排水性都好的口径为15～20厘米的泥盆或瓦盆。

栽培

❶ 在花盆底部设排水层，用砖瓦碎粒、筛选过的蜂窝煤粒或塘基石、炭化树皮、珍珠岩铺在底下。

❷ 首先将茶花幼苗的根系浸在放有多菌灵等类的杀菌剂的水中，再将根在水里轻轻摆动几下。

❸ 将幼苗置入盆中，移入土壤，轻轻压实。

❹ 浇透水分，待其相当干之后才能浇第二次，以后转入正常养护。

新手提示： 茶花喜欢荫蔽，因此刚刚栽种时应放在避风、无阳光直射、环境较湿润的场所，2个月后才可移至别处。

光照

茶花喜欢半荫蔽的环境，也能忍受荫蔽，怕强烈的阳光直接照射，春、秋、冬三个季节可以不遮光，夏天可以遮50%的阳光。

温度

茶花喜欢温暖，怕炎热和非常寒冷的气候，具一定的抵御寒冷的能力，生长适宜温度是18℃～25℃，普通品种可以忍受-10℃的低温。

择土

茶花喜欢有肥力、土质松散、排水通畅的微酸性土壤，不适宜生长在偏碱性土壤中。

新手提示：一般可以用腐殖土、腐锯木、泥炭、红土来栽植，不可使用黏重的、碱性的或石灰质的土壤。

繁殖

茶花可以采用播种法、扦插法、压条法及嫁接法进行繁殖。

施肥

茶花嗜肥，但忌施生肥和浓度较高的肥料，仅可常施浓度较低的肥料，底肥主要施磷肥和钾肥。

摆放建议

茶花可以盆栽或制成插花摆放在客厅、阳台、卧室、书房等光线较好的室内，也可以直接栽种在庭院里观赏。

浇水

❶ 茶花喜欢潮湿，畏干旱和积水，浇水时间和浇水量一定要合适，应该浇的时候就浇，浇就浇透，然而不可令土壤太干燥或太湿。

❷ 在生长季节可以令土壤略潮湿点，以手轻轻捏土觉得土壤湿润且不黏手为准。

❸ 春天和秋天可以每隔1～2天在上午或黄昏浇一次水。

❹ 夏天每天清晨浇一次水，温度较高的时间段宜朝叶面喷2～3次水，留心不可用急水直接浇或满灌，也不适宜浇热水。

❺ 冬天植株渐渐步入休眠状态，需适度减少浇水频次，可以每隔3～5天在正午前后浇一次水，令土壤稍湿润就可以。

病虫防治

茶花的病害主要是炭疽病和虫害。

❶ 若患上炭疽病，则应马上把干枯的枝条和凋落的叶片全部除掉，消除侵染源，并喷施1%等量式波尔多液即可有效处理。

❷ 茶花的虫害主要是介壳虫、红蜘蛛等，此时可喷施40%氧化乐果乳油1000倍液。

修剪

❶ 茶花长得比较慢，不适合过分修剪，通常把影响植株形态的纤弱枝、徒长枝、干枯枝和病虫枝剪掉就可以了。

❷ 若每个枝条上的花蕾太多，可以采取疏花措施，只留下1～2个，并使留下的花蕾间有一定的距离，剩下的尽早摘掉，以防止损耗营养。

❸ 将要凋落的花也应尽早摘掉，以降低营养的损耗，利于植株的生长发育，促其形成新花芽。

茉莉花

【花草名片】

◎学名：*Jasminum sambac*

◎别名：茉莉、奈花、玉麝。

◎科属：木樨科茉莉属，为常绿小灌木或藤本状灌木。

◎原产地：最初产自印度、巴基斯坦、伊朗等国家，如今我国长江流域以南和西南、华中区域广泛栽植。

◎习性：喜欢温暖、潮湿、光照充足且通风流畅的环境，略能忍受荫蔽。怕寒冷和干旱，不能忍受霜冻与水涝。

◎花期：6～10月。

◎花色：花初开为白色，即将凋谢时具浅紫色晕。

净化功能

茉莉花所释放出来的挥发性油类，能够明显杀死和遏制葡萄球菌、肺炎球菌、结核杆菌、痢疾杆菌及白喉杆菌等的生长繁殖。茉莉可以将空气里的氧化物吸收掉，其芳香可以减少房间里的异味，还可以令人精神愉快，非常有利于睡眠。然而由于它的花香比较浓厚，不适宜在近处闻太久，不然会产生相反的效果。

选盆

栽种茉莉花宜选用素烧盆或釉面盆，塑料盆也可。

栽培

❶ 在花盆底部铺上碎瓦片，可装到盆容量的1/3。

❷ 在瓦片上加少许土壤，将植株放入盆中，一手持植株茎秆，让根系均匀分布于盆中；一手填土。

❸ 当填土至一半时，将植株略为向上提一下，让根系充分舒展。

❹ 填完土后，将土轻轻压实，浇透水。

❺ 将盆花摆放在略荫蔽的地方7～10天，防止太阳光直接照射，此后可以渐渐见光。

新手提示： 栽植时深度应适度，过浅，根露其外，不利于植株的稳定和生长；过深，根系因通气不良，亦生长不良。覆土至根颈为度。

光照

茉莉喜欢阳光，对光照有较严格的要求，不管是在室内抑或在室外栽植，皆要有足够的光线照射。

温度

茉莉花喜欢温暖、潮湿的气候，可适应较高的温度，不能忍受寒冷，其生长适宜温度是25℃～35℃。当温度低于10℃时，茉莉花生长得非常慢，甚至处于停滞状态。

新手提示： 冬天温度在5℃以下时，茉莉花的枝叶容易受到冻害，若持续过久便会导致植株死亡。

施肥

茉莉嗜肥，而且开花时间长，需肥量较大，在生长季节可以每周施用一次肥料。另外，它还喜欢酸性土壤，可以每周浇施1∶10的矾肥水一次。

择土

茉莉花适宜在腐殖质丰富、土质松散、有肥力、排水通畅的酸性沙质土壤中生长，在碱性土壤中生长不良。

繁殖

茉莉花可采用扦插法、压条法及分株法进行繁殖。

浇水

❶ 茉莉喜欢潮湿，不能忍受干旱，怕水涝，若盆土太湿容易导致根系腐烂及叶片凋落，严重时还会造成全株死亡，因此浇水一定要适时适量。

❷ 春天的4～5月，茉莉抽生新枝、长出叶片，不需太多的水，可以每2～3天浇水一次，正午前后浇，且要以“见干见湿，不干不浇，浇则浇透”为原则。

❸ 5～6月是茉莉的春花期，浇水可以稍多一些。

❹ 炎夏的6～8月气温较高、阳光强烈，茉莉的生长势强，需要大量的水，可以在清晨和傍晚分别浇水一次，并朝叶片表面和花盆四周地面上喷洒水，以提高空气相对湿度。

❺ 秋天温度下降，植株需要的水量也有所减少，每1～2天浇水一次即可。

❻ 冬天植株进入休眠期，应严格掌控浇水的多少，令盆土维持略潮湿状态就可以，如果盆土太湿则会影响植株安全过冬。

摆放建议

茉莉花香清雅，可以直接栽种在庭院观赏，也可以盆栽或制成盆景用来装饰客厅、书房、卧室、阳台。

病虫防治

茉莉花的病害主要是白绢病和虫害。

❶ 茉莉花患上白绢病后，要及时将患病的植株拔掉，并使用40%菌核净或25%施保克500～800倍液浇灌植株根际或喷施进行处理。

❷ 茉莉花的主要虫害是介壳虫、红蜘蛛等，防治时可喷施40%氧化乐果乳油1500～2000倍液灭杀，7～10天后再喷施一次即可。

修剪

❶ 每年在搬出室内之前及开花之后皆需对茉莉进行一次修剪整形，将纤弱枝、枯老枝、稠密枝和病虫枝剪掉。

❷ 在春天更换花盆时需注意摘心整形，这对日后花枝变多、株形饱满很有利；在生长季节应常疏剪长得太稠密的老叶片，能促使腋芽萌生。

❸ 在10月开花的鼎盛期过后，应进行重剪，以促使新枝梢长得齐整健壮。

桂花

【花草名片】

◎**学名**：*Osmanthus fragrans*

◎**别名**：月桂、金桂、岩桂、木樨。

◎**科属**：木犀科木犀属，为常绿阔叶灌木或小乔木。

◎**原产地**：最初产自中国西南地区，广西、广东、云南、四川及湖北等省区都有野生，印度、尼泊尔、柬埔寨亦有分布。

◎**习性**：为阳性树，喜欢阳光，在幼苗阶段具一定的忍受荫蔽的能力。喜欢温暖、通风流畅的环境，具一定的抵御寒冷的能力。

◎**花期**：9～10月。

◎**花色**：深黄、柠檬黄、浅黄、黄白、橙、橘红等色。

净化功能

桂花抵抗二氧化硫污染的能力非常强，对硫化氢、氯化氢、氟化氢及苯酚等污染物质也有很强的抵抗能力。

桂花所散发出来的挥发性油类有明显的杀灭细菌的功能，可以很好地遏制葡萄球菌、肺炎球菌及结核杆菌的生长与繁殖，可以减少房间内不正常的气味，净化空气，令人精神愉快。

桂花的叶片纤毛可以截下并吸滞空气里的悬浮微粒与烟雾灰尘，可谓“天然的除尘器”。

选盆

栽种桂花宜选用较深的紫砂陶盆或釉陶盆，尽量不用塑料盆。

择土

桂花对土壤没有严格的要求，但适宜生长在土层较厚、有肥力、排水通畅、腐殖质丰富的中性或微酸性沙质土壤中，在碱性土壤中会生长不良。

新手提示：如果土壤的酸性太强，则植株会长得很慢，叶片会变得干枯、发黄；如果使用碱性土壤，2～3个月后便会造成叶片干枯、萎蔫或死亡。

栽培

❶ 先在花盆底部铺上一层河沙或蛭石，以利通气排水，然后再铺上一层厚约2厘米的泥炭土或细泥，高达盆深的1/3。

❷ 将桂花的幼苗放进盆中（根部要带土坨），填入土壤，轻轻压实。

❸ 栽好后要浇透水分，然后放置荫蔽处约10天，即可逐渐恢复生长。

修剪

❶ 在冬天应及时剪掉纤弱枝、重叠枝、徒长枝及病虫枝等，以改善通风透光效果。

❷ 树冠太宽、生长势旺盛的植株，可以把上部的强枝剪掉，留下弱枝。

❸ 枝条太稠密、生长势中等的植株，则需仔细疏剪、适当保留枝梢。

施肥

桂花嗜肥，有发2次芽、开2次花的特性，需要大量肥料。定植后的幼苗阶段应以“薄肥勤施”为施肥原则，主要施用速效氮肥。

繁殖

桂花可采用播种法、扦插法、压条法及嫁接法来繁殖。

浇水

❶ 桂花不能忍受干旱，可是也怕积聚太多水，因此在栽植期间应格外留意浇水的量及次数，通常以“不干不浇”为浇水原则。

❷ 在新枝梢萌生前浇水宜少，在雨季及冬天浇水也宜少。

❸ 在夏天和秋天气候干燥时，则浇水宜多一些。

❹ 刚种植的桂花应浇足水，并以常向植株的树冠喷洒水为宜，以维持特定的空气相对湿度。

❺ 在植株开花期间应适度控制浇水量，但是不宜让土壤过于干燥，不然易使花朵凋落。

新手提示：平日浇水时，令土壤的含水量约维持在50%就可以。

光照

桂花喜欢阳光，可是在幼苗阶段也具一定的忍受荫蔽的能力。盆栽植株在幼苗阶段时，可以把其置于室内有散射光且光线充足的地方；成龄植株则需置于光照充足的地方。

温度

桂花喜欢温暖，具一定的抵御寒冷的能力，然而不能忍受极度的寒冷。它的生长适宜温度是15℃～28℃，冬天要搬进房间里过冬，室内温度最好控制在0℃～5℃。

摆放建议

桂花可直接栽种在庭院里观赏，也可以盆栽摆放在阳台、客厅、天台等光线较好的地方，还可以制成盆景、瓶插装点居室。

病虫防治

桂花的病害主要为炭疽病和红蜘蛛虫害。

❶ 当桂花患上炭疽病时，叶片会渐渐干枯、发黄，然后变为褐色。此时应马上把病叶摘下并烧掉，同时加施钾肥和腐殖肥，以增强植株抵抗病害的能力。

❷ 红蜘蛛虫害在温度较高、气候干燥的环境中经常发生，被害植株的叶片会卷皱，严重时则会干枯、凋落，每周喷施40%氧化乐果乳油2000～2500倍液一次，连续喷施3～4次即可灭除。

石榴

【花草名片】

◎学名：*Punica granatum*

◎别名：若榴、天浆、沃丹、丹若。

◎科属：石榴科石榴属，为落叶小乔木或灌木。

◎原产地：最初产自波斯，也就是现在的伊朗、阿富汗等中亚区域，在公元前2世纪左右传进中国。

◎习性：喜欢温暖、干燥、光照充足的环境，不能忍受荫蔽，在荫蔽的地方会长得不好。能忍受干旱，不能忍受积水，具一定的抵御寒冷的能力。

◎花期：5～7月。

◎花色：红、白、粉红、黄、玛瑙等色。

栽培

❶ 在花盆底部的排水孔上方铺放几块碎小的瓦块，以便于排除过剩的水分，然后放入少量土壤。

❷ 将石榴幼株置入盆土中，继续填土，轻轻压实，浇透水分。

❸ 等到盆土向下沉落后再填入一部分土壤，轻轻压实，此后细心照料即可。

新手提示：通常石榴每隔1～2年需在早春更换一次花盆和土壤，更换花盆的同时还应注意修剪植株的根系、修整枝条及施入底肥，以促使植株萌生新的枝条。

净化功能

石榴抵抗污染的范围较为广泛，对二氧化碳、二氧化硫、氯气、硫化氢、氯化氢、氟化氢、臭氧、过氧化氮、水杨酸、乙烯、乙醚、铅蒸气及汞蒸气等有害气体有着非常强的抵抗与吸收能力。尤其值得说的是，石榴对减少房间内空气里的铅含量很有成效，可以对房间内的空气起到很好的净化作用。另外，石榴阻碍、滞留灰尘的能力也比较强，可以用来做严重污染区域的绿化树木或密植成围墙。

选盆

盆栽石榴可以使用瓦盆、陶盆及塑料盆等，盆的口径通常超过30厘米。

择土

石榴对土壤没有严格的要求，能忍受贫瘠，耐盐力较强，喜欢土质松散、有肥力且排水通畅的沙质土壤，然而在太黏重的土壤中其正常的生长发育会受到影响。

繁殖

石榴可采用播种法、扦插法、分株法、压条法及嫁接法进行繁殖。

浇水

❶ 石榴能忍受干旱，不能忍受积水，浇水应以“见干见湿，宁干勿湿”为原则。

❷ 春天晴朗的天气可每1～2天浇水一次。

❸ 植株结果实期间和夏天需每天浇水1～2次。

❹ 进入秋天后可每5～7天浇水一次，令土壤维持略潮湿状态就可以。

❺ 冬天以土壤潮湿且偏干为佳，土壤不干燥不要浇水。

新手提示： 如果土壤过分干燥，石榴的叶片将变黄，易使花蕾凋落；如果土壤过分潮湿，则会使植株徒长、叶片宽大，不利于开花。

光照

石榴喜欢光照充足，畏阴暗潮湿，在生长季节要将它摆放在光照充足的地方，夏天可直接摆放在炎热的太阳下晒，光照时间越长，植株长得越好。

温度

石榴喜欢温暖，具一定的抵御寒冷的能力。在严寒区域冬天需保持温暖，室内温度宜控制在3℃～5℃，不可太高，不然会导致植株太早发芽，对下一年长花蕾和结果实不利。

摆放建议

石榴是既可观花又可观果的植物，可用大一些的花盆栽种，摆放在阳台、天台或客厅一角，也可以直接栽种在庭院里，还可以制作成盆景摆放在客厅、卧室、书房。

施肥

石榴比较嗜肥，需定期在土壤里施入一些饼肥或厩肥，底肥可以用堆肥或饼肥等。

修剪

❶ 石榴的花长在当年生的枝梢上，在3月初植株刚刚萌芽时，要尽早把细弱枝、徒长枝、重叠枝、交叉枝、干枯枝及病虫枝等由基部剪掉，还要将太稠密的主枝剪掉一些，以促其萌生新的枝条。

❷ 夏天需剪掉生长过旺的直竖徒长枝，每株仅挑选并保留3～4个均匀分布的主枝。

❸ 在花朵凋落后需尽早对稠密枝、细弱枝进行疏剪，并对长枝采取摘心处理。

病虫防治

❶ 石榴患上黑斑病后，需适当进行修剪，并在发病之初喷施140倍等量式波尔多液或80%超微多菌灵0.125%～0.17%溶液3次。

❷ 石榴发生桃蛀螟危害时，除了尽早把虫果摘掉外，还要喷施50%杀螟松乳油或90%敌百虫药剂1000倍液1～2次。

晚香玉

【花草名片】

◎学名：*Polianthes tuberosa*

◎别名：月下香、月情香、夜来香。

◎科属：石蒜科晚香玉属，为多年生球根类草本植物。

◎原产地：最初产自墨西哥和南美洲，在暖温带区域分布较广，中国南方区域大多有栽植。

◎习性：喜欢温暖、光照充足的环境，略能抵御寒冷，不能忍受霜冻。喜欢潮湿，但也怕积水，在湿度较低且不积聚太多水的地方可以长得很好。

◎花期：7～11月。

◎花色：白色。

花言草语

一般的植物都是白天开花，并且开花后就放出香气。晚香玉却不是这样，只有到了夜间才会散发出浓郁的香气来。这是因为晚香玉是靠夜间出现的飞蛾传粉的。晚香玉的花瓣跟一般花瓣构造不同，它的花瓣上的气孔一旦空气的湿度大，就张得大，气孔张大了，散发的香气就多。夜里虽没有太阳照晒，但空气比白天湿得多，所以气孔就会张大，放出的香气也就特别浓。在黑夜里，晚香玉就凭借着自身散发出来的强烈香气，引诱长翅膀的飞虫前来拜访，为它传送花粉。但如果长期把晚香玉放在室内，其浓烈的香气会引起人们头昏、咳嗽，甚至气喘、失眠。所以，白天可以把晚香玉放在室内，傍晚时则应搬到室外。

净化功能

晚香玉有强力抵抗二氧化硫、氯气及氯化氢的能力，不管是白天还是晚上皆可以吸收很多二氧化碳，同时释放出大量清新的氧气，可以很好地提高房间里的负离子浓度，令空气保持清爽新鲜。

选盆

栽种晚香玉时宜选用泥盆，避免使用瓷盆或塑料盆，因为这两种盆的透气性较差。

择土

晚香玉对土壤没有严格的要求，有较强的适应能力，具一定的忍受盐碱的能力，然而以有肥力、土质松散、排水通畅的沙壤土为宜。

新手提示：其盆土一般用泥炭土或腐叶土3份加粗河泥2份和少量的底肥配成。

栽培

❶ 在花盆底部铺上约1/5深的细碎砖块，以利于排水，然后置入少量土壤。

❷ 一手扶正晚香玉幼苗，置入盆中，然后继续填土，用手轻轻压实。

❸ 向盆中浇透水分，放置于阴凉处，细心照料。

浇水

❶ 晚香玉喜欢潮湿，畏积水，平日令土壤维持较低的湿度就可以，不可积聚太多水。

❷ 刚刚栽种后也不用浇太多水，以免造成植株徒长，不利于开花。

❸ 花朵开放前期，需浇灌充足的水并令土壤维持潮湿状态。

新手提示：晚香玉一定要放置在通风良好的环境里，以免浇水后盆中积水过多。

温度

晚香玉喜欢温暖的环境，略能抵御寒冷，不能忍受霜冻，生长适温白天是25℃～30℃，晚上是20℃～22℃。

繁殖

晚香玉经常采用分球法进行繁殖，也可以采用播种法繁殖，然而播种繁殖大多用在新品种的培育上。

病虫防治

晚香玉经常会受到根腐病及蓟马的危害，此时需喷施2.5%溴氰菊酯乳油4000倍液进行灭杀。

修剪

❶ 当晚香玉的花梗长至40厘米高时宜搭设架子，以稳固花枝。

❷ 立秋以后它的地上部分会干枯萎缩，应尽早把干枯发黄的茎叶剪掉，以避免耗费太多的养分。

施肥

一般在种植一个月后要施用稀薄的腐熟饼肥1～2次；在夏天温度较高时，应严格控制追肥的施用量及浓度，以避免造成茎叶徒长；花茎抽生出来时和现蕾期间应分别施用一次磷肥和钾肥，能令植株茁壮、花朵繁多娇艳。

新手提示：晚香玉嗜肥，栽植时需施入充足的底肥，在生长季节需每月施用一次肥料。

光照

晚香玉喜欢光照充足的环境，因此应多放置于阳光充足处，但在夏季的中午应避免烈日暴晒。

摆放建议

晚香玉可盆栽摆放在门厅、门廊，也可以制作成插花装点客厅。但因其具有比较浓郁的香气，不宜摆放在卧室。

栀子花

【花草名片】

◎学名：*Gardenia jasminoides*

◎别名：山栀子、黄栀、白蟾花、玉荷花。

◎科属：茜草科栀子属，为常绿灌木植物。

◎原产地：最初产自中国长江流域，生长在中国中部和南部区域。

◎习性：喜欢温暖、潮湿的气候，抵御寒冷的能力不太强。喜欢光照充足，也能忍受半荫蔽的环境，畏强烈的阳光直接照射和久晒，应遮蔽大约50%的阳光。

◎花期：6～8月。

◎花色：白色。

净化功能

栀子花有强力抵抗与吸收二氧化硫的能力，也有比较强的抵抗氯气、氟化氢及臭氧的能力。另外，它还有吸纳、滞留粉尘的作用，可以很好地净化空气。

择土

栀子花喜欢有肥力、土质松散、排水通畅、质地微黏的酸性土壤，在碱性土壤中生长容易变黄，是典型的酸性植物。

新手提示：盆栽时的培养土最好用40%园土、15%粗沙、30%厩肥土与15%腐叶土来调配。

选盆

栽种栀子花宜选用较浅或中深的紫砂盆，不宜用塑料盆。

栽培

❶ 将栀子花幼苗的根部浸泡在水中，每天换水一次，一周后才可上盆栽植。

❷ 在花盆底部铺上一层砖瓦片，以利于排水，然后加入一层土壤。

❸ 将栀子花幼苗置入盆中，继续填土，然后将土壤轻轻压实，浇透水分即可。

新手提示：盆栽栀子花时，通常要每2～3年更换一次花盆。

浇水

❶ 栀子花喜欢潮湿，平日需令土壤维持潮湿状态，并留意提高空气相对湿度，浇水适宜用雨水或经发酵后的淘米水。

❷ 夏天除了浇水之外，还需每天清晨和傍晚分别朝叶面喷水一次，以提高空气相对湿度，令叶片表面有光亮。

❸ 8月开花后仅可浇灌清水，并控制浇水的量。

❹ 冬天浇水宜少，使土壤处于潮湿而偏干状态，可经常用清水喷洒植株的叶片表面，以令其光滑、洁净。

繁殖

栀子花可采用播种法、扦插法、分株法及压条法来繁殖，其中以扦插法与压条法最常用。

修剪

❶ 栀子花具有很强的萌生新芽的能力，为防止枝叶交叉重叠、纤弱杂乱，需在合适的时间对其修剪整形。

❷ 栀子花于4月孕育并形成花蕾，所以4～5月期间除了要把少数繁杂的枝叶剪掉之外，通常需着重保护花蕾。

❸ 6月植株开花，应尽早将未落尽的花剪掉，以促进其抽生出新枝梢，当新枝梢长出2～3节时，则应采取首次摘心处理，并适度抹掉一些腋芽。

❹ 8月花朵凋谢后应采取第二次摘心处理，并尽早修剪植株，摘去顶梢，以促使其萌生新枝梢，培育树冠，令株形美观、花朵繁多。

❺ 次年早春应尽早将徒长枝、稠密枝、瘦弱枝及干枯枝剪掉，避免过度损耗养分，对促使植株萌生新枝梢很有利。

光照

栀子花喜欢光照充足，也能忍受半荫蔽环境，怕强烈的阳光久晒，夏天正午前后应留意为其适度遮蔽阳光。

温度

栀子花喜欢温暖，具一定的抵御寒冷的能力，在我国长江以南区域栽植时能露地过冬，在北方区域仅适合用盆栽植，冬天要移入房间里并摆放在朝阳的地方。

病虫防治

栀子花经常发生的病害为黄化病、叶斑病及各种虫害。

❶ 黄化病可按期在浇的水里加入0.1%硫酸亚铁溶液来防治。

❷ 叶斑病喷施65%代森锌可湿性粉剂600倍液即可防治。

❸ 发生介壳虫及粉虱危害时，喷施40%氧化乐果乳油1500倍液可灭杀。

❹ 发生刺蛾危害时，喷施2.5%敌杀死乳油3000倍液即可有效灭除。

施肥

栀子花嗜肥，在生长季节需经常施用追肥，每月施用一次浓度较低的肥料，或每隔10～15天浇施0.2%硫酸亚铁水或矾肥水一次，可以避免土壤转为碱性，给土壤补给铁元素，避免植株的叶片发黄。在开花前要加施1～2次磷、钾肥，能促进花朵长得硕大。

新手提示：冬天不要对栀子花施肥。

摆放建议

栀子花具有较强的环保功能，可以直接栽种在庭院露地，也可以盆栽摆放在客厅、卧室、书房，还可以制成插花或花篮装点居室。

丁香

【花草名片】

◎**学名**：*Syringa oblata*

◎**别名**：紫丁香、情客、鸡舌香、百结。

◎**科属**：木犀科丁香属，为落叶小乔木或灌木。

◎**原产地**：主要生长于亚洲温带和欧洲东南部区域，中国原产有23种。

◎**习性**：为弱阳性植物，喜欢温暖、光照充足的环境，略能忍受荫蔽。比较能忍受干旱，许多品种也有一定的抵御寒冷的能力。喜欢潮湿，怕水涝，若积聚太多的水会引发病害或导致整株死亡。

◎**花期**：4～5月。

◎**花色**：紫红、紫、浅紫、蓝紫、蓝、白等色。

花言草语

在我国，丁香已经具有一千余年的栽植历史，是我国最常见的欣赏花木中的一种。它在百花争艳的农历二月开放，花朵繁多、花色娇艳、花香浓厚，很受人们的喜欢。

在文学界，丁香是忧伤郁结的代称。晚唐诗人李商隐在《代赠》中以“芭蕉不展丁香结，同向春风各自愁”一句，抒发了青年女子想念恋人的真实感情。现代诗人戴望舒所写的《雨巷》一诗，里面的“我希望逢着一个丁香一样地结着愁怨的姑娘”一句，早就成了备受人们称赞和传颂的美妙诗句，戴望舒也因此诗得到了“雨巷诗人”这个高雅的名号。

净化功能

丁香具有比较强的抵抗二氧化硫、氯气、氨气、氯化氢及氟化氢等诸多有毒气体的能力，并能够很好地吸纳、滞留粉尘，为工矿区绿化、美化的极佳植物。另外，丁香花所释放出来的香气里包含丁香酚等化学物质，对杀死白喉杆菌、肺结核杆菌、伤寒沙门氏菌及副伤寒沙门氏菌等病菌很有成效，可以净化空气、防止传染病的发生，治疗牙痛效果也很明显。

应留意的是，丁香花晚上会散布很多对嗅觉具有强烈刺激作用的极细小的颗粒，对高血压及心脏病的病患者造成比较大的影响，因此不适宜将其置于卧室里。

选盆

栽种丁香宜选用透气性能好的瓦盆，也可用大型花盆或木桶栽种。

择土

丁香对土壤没有严格的要求，有很强的适应能力，最适宜在土质松散、有肥力且排水通畅的中性土壤中生长，不可栽植在强酸性土壤中。

新手提示： 盆栽丁香一般用黑山土，俗称兰花泥。

繁殖

丁香可采用播种法、扦插法、分株法、压条法及嫁接法进行繁殖。

修剪

❶ 春天通常于芽萌动之前对丁香花修剪整形，包括剪掉稠密枝、干枯枝、纤弱枝和病虫枝等，同时适当留存更新枝。

❷ 如果不用留种子，在花朵凋谢后应尽早把未落尽的花及花穗剪掉，这样能降低营养成分的损耗量，以促使植株萌生新枝及形成花蕾。

❸ 夏天修剪枝条应采取短截措施，以促使植株加快生长。

浇水

❶ 丁香喜欢潮湿，怕水涝，通常不用浇太多水。

❷ 4～6月气温较高、气候较干，也是丁香花生长势强及开花繁密茂盛的一个时间段，需每月浇透水2～3次，以供给植株对水分的需求。

❸ 11月中旬到进入冬天之前应再浇3次水，以保证植株安全过冬。

施肥

丁香需肥量不大，不需对其施用太多肥料，不然会令枝条徒长，不利于开花。通常每年或隔年开花后施用一次磷钾肥和氮肥就可以了。

新手提示： 冬天根据需要可以再加施磷钾肥一次。

光照

丁香喜欢光照充足的环境，但不宜长期暴晒。

温度

丁香虽喜欢温暖的环境，但许多品种具有一定的抵御寒冷的能力。

病虫防治

丁香的病虫害非常少，常见的是蚜虫、刺娥和袋蛾危害，发病时皆可喷施25%亚胺硫磷乳油1000倍液或40%氧化乐果乳油800～1000倍液。

栽培

❶ 在花盆底部铺一层粗粒土，作为排水层，然后置入部分土壤。

❷ 将丁香的幼苗置入花盆中，继续填土，轻轻压实，浇透水分。

❸ 上盆后放置于阴凉处数日，然后再搬到适当位置正常养护。

新手提示： 种植好后需马上浇透水一次，此后每隔10天浇透水一次，连续浇3～5次植株才能存活。需留意的是，每次浇完水后皆应及时翻松土壤，以促使植株尽快长出新根。

摆放建议

丁香可直接栽种在庭院里观赏，也可以用大型花盆或木桶栽种，用来装饰客厅、阳台。

含笑

【花草名片】

◎学名：*Michelia figo*

◎别名：香蕉花、酥瓜花、笑梅、烧酒花。

◎科属：木兰科含笑属，为常绿灌木或小乔木。

◎原产地：最初产自中国广东及福建一带，如今由华南到长江流域各个省都广泛栽植。

◎习性：喜欢温暖、潮湿的气候及通风顺畅的环境。喜欢半荫蔽，畏强烈的阳光久晒。忌水涝，不能忍受干旱，不耐寒。

◎花期：3～6月。

◎花色：花朵呈淡黄色，花瓣边缘具紫纹，花瓣基部内侧有紫色晕。

净化功能

含笑能够强力抵抗氯气的污染，为净化、绿化、美化工矿区的优良植物。此外，它所释放出来的挥发性芳香油，对杀灭肺炎球菌及肺结核杆菌都很有成效。

光照

含笑喜欢半荫蔽的环境，不能忍受强烈的阳光久晒，在夏天阳光强烈时应适度进行遮蔽，秋天气候凉爽后可多接受一些光照，在冬天则要摆放在房间内朝阳且通风良好的地方。

选盆

栽种含笑花宜用中深的紫砂陶盆或釉陶盆。

择土

含笑不能在贫瘠的土壤中生长，喜欢有肥力、土层较厚、透气性好且排水通畅的微酸性土壤，在中性土壤里也可以正常生长，然而在碱性土壤中会生长不好，容易患黄化病。

新手提示：盆栽的时候，培养土可以用腐叶土4份、厩肥3份和河沙3份来混合配制。

栽培

❶ 在花盆底部铺上一层薄瓦片，扣住排气孔，再放入一层约1厘米厚的粗沙或碎石子。

❷ 将含笑的幼苗放在盆中央，把土壤逐次放入盆中，并加以摇动，使根系与土壤密切接合，轻轻压实，注意盆土距盆沿应留有约2厘米的距离。

❸ 入盆后需浇透水分，置于阴处3～5天后，才能让其逐渐见弱光。

浇水

❶ 含笑不能忍受干旱，喜欢潮湿，然而也畏水涝，如果浇水太多或下雨后遭受涝害，易使其根系腐烂或发生病虫害，故浇水要把握“见干见湿”的原则。

❷ 在上盆后应浇透水一次，日后伴随着气温增高及生长变快，浇水的量与次数也要渐渐增多。

❸ 春天每隔1～2天浇水一次即可。

❹ 夏天气温较高、天气酷热时，需每日清晨和傍晚分别浇水一次，并朝植株叶片表面和花盆周围喷水，以提高空气相对湿度，维持潮湿环境。

❺ 秋天和冬天不用浇太多水，令盆土维持稍潮湿状态就可以。

温度

含笑喜欢温暖的环境，不能抵御寒冷，其生长适宜温度白天是18℃～22℃，晚上是10℃～13℃，成龄苗可忍受－2℃的低温，如果温度在－2℃以下则容易遭受冻害。

新手提示：冬天要将含笑移入温室内过冬，当室内温度高于10℃的时候，冬天植株也可开花，然而香气不浓。

施肥

含笑嗜肥，除了在上盆的时候需施入充足的底肥外，平日需以“薄肥勤施”为施肥原则，可以每隔7～10天施用浓度较低的饼肥水一次，肥料要完全腐熟。施用肥料的总原则为：春天和夏天植株生长势强，可以多施用肥料；秋天植株长得很慢，宜少施用肥料；冬天植株步入休眠或半休眠状态，则不要再施用肥料。

修剪

❶ 为了令含笑多开花，令树冠内部通风流畅、透气性好，使植株长得健康壮实，可以于每年更换花盆及盆土时，及开花期结束后适度进行修剪，主要是将稠密枝、细弱枝、干枯枝和徒长枝剪掉。

❷ 在花朵凋谢后若不保留种子，应尽早把幼果枝剪除，以降低营养成分的损耗量。

病虫防治

含笑的病害主要是叶枯病、立枯病和介壳虫害。

❶ 患上叶枯病时，应尽早把病叶剪除并放在一起焚毁，彻底断绝侵染源，并喷洒50%托布津可湿性粉剂800～1000倍液进行处理。

❷ 患上立枯病后，需使用0.5%波尔多液喷施植株的茎叶，喷完后用清澈的水冲洗植株即可有效处理。

❸ 当介壳虫害不严重时，可以人力用刷子刷掉；当处于幼虫孵化期时，喷施40%氧化乐果乳油2000倍液即可灭除。

繁殖

含笑可采用播种法、扦插法、分株法、压条法及嫁接法进行繁殖，其中以扦插法与压条法最为常用。

摆放建议

含笑所散发出来的香味具有杀灭空气中多种病菌的作用，特别适合摆放在卫生间。盆栽含笑也可以用来装饰书房、客厅、卧室和门厅。此外，还可以将含笑制作成插花装点居室。

薄荷

【花草名片】

◎**学名：***Mentha haplocalyx*

◎**别名：**苏薄荷、南薄荷、人丹草、鱼香草。

◎**科属：**唇形科薄荷属，为多年生草本植物。

◎**原产地：**最初产自北温带，如今世界各个地区都有栽植。

◎**习性：**喜欢温暖、潮湿和光照充足的环境，比较能忍受炎热和荫蔽，畏强烈的阳光直接照射久晒，抵御寒冷的能力也比较强。喜欢雨量充足的环境，可是也怕水涝。

◎**花期：**6~10月。

◎**花色：**浅红、浅紫红、浅紫或乳白色。

花言草语

薄荷的嫩茎叶可以用来制作使人感觉清爽的饮料和糕饼点心，其芬芳的清爽味道可以促进消化、增强食欲；而薄荷油和薄荷脑则为食品、糖果、饮料等工业的主要原材料。另外，薄荷整株还能用作药物，具清利头目、消除瘙痒、驱散风热、治疗气滞及解除心情抑郁所引起的胸闷等症状的功用，能被用来制作消毒药、祛风药和健胃药等。

选盆

栽种薄荷适宜选择比较深的泥盆，最好不用塑料盆。

净化功能

薄荷的整个植株能分泌出浓重的具清新凉爽香味的挥发油，有杀灭及遏制众多致病细菌的功用，能预防疾病，同时还有一定的净化空气的功用，能维持空气干净、卫生。

择土

薄荷对土壤没有太高的要求，然而最适宜在土质松散、有肥力、有机质丰富、排水通畅的含沙土壤中生长，不能忍受贫瘠与干旱，不能在黏重和酸碱性太强的土壤中正常生长。

新手提示：盆栽薄荷时，可以用腐叶土或山泥加上适量的河沙与有机肥混合调配成培养土。

栽培

1. 在花盆底部铺放几块碎砖瓦片，以便于排水。
2. 在花盆中放入少量土壤，然后将薄荷幼苗放在盆中，一层一层填土，轻轻压实。
3. 浇透水分，然后放置阴凉处细心照料。

繁殖

薄荷经常采用分株法及扦插法进行繁殖。

修剪

在立春之后可以对老龄植株采取修剪措施，短截掉1/2，以促进其萌生新的枝条。

浇水

❶ 薄荷在生长季节需要比较多的水分，需令盆土维持潮湿状态，不能太干燥，不然容易导致叶片变黄。

❷ 在夏天干燥时，可以适度加大浇水量，然而不可积聚太多水。

❸ 在秋天和冬天则要少浇一些水。

施肥

每年应对植株追施3～5次肥料，可以在除草后进行。在植株生长的前期，为了促使茎叶长得繁茂，需主要施用氮肥，适量配合施用磷肥和钾肥，适宜“薄肥勤施”，不能施用太多或太浓的肥料。

温度

薄荷喜欢温暖，也较能抵御寒冷，生长适宜温度是20℃～30℃，温度太高或太低皆会减缓其生长速度。当土壤温度为2℃～3℃时，它的地下茎能萌芽，嫩芽能忍受－8℃的低温。

光照

薄荷喜欢光照充足的环境及长日照，也较能忍受荫蔽，然而畏强烈的阳光直接照射久晒。

新手提示：在生长季节它需接受充足的阳光照射，在夏天阳光较强烈时则需进行适度遮蔽，防止被强烈的阳光烧伤。

病虫防治

薄荷经常发生的病害为斑枯病、锈病。

❶ 如果植株患了斑枯病，需立即拔掉患病植株并集中焚毁，且要在发病之初喷洒75%百菌清可湿性粉剂500～700倍液，每隔7天喷洒一次，连喷3～4次就能有效处理。

❷ 如果植株患了锈病，需在发病之初喷洒25%粉锈宁可湿性粉剂1000～1500倍液或65%代森锌可湿性粉剂500倍液来治理。但食用的薄荷在收割前20天不要再喷洒药液。

摆放建议

薄荷具有提神醒脑的作用，养一盆薄荷可使人头脑清晰、提高工作效率。所以，薄荷适合摆放在书房的窗台、书架和桌案上。要注意的是，不适合在卧室摆放薄荷，否则影响睡眠质量。

太阳花

【花草名片】

◎学名：*Portulaca grandiflora*

◎别名：半支莲、死不了、午时花、草杜鹃、龙须牡丹、松叶牡丹、大花马齿苋、洋马齿苋。

◎科属：马齿苋科马齿苋属，为多年生肉质草本植物。

◎原产地：最初产自南美巴西。

◎习性：喜欢温暖、干燥、光照充足的环境，不能抵御寒冷，怕水涝，在阴湿的环境里会生长不好。花朵见到阳光就开放，清晨、晚上和阴天时则闭合，光线较弱时花朵不能够完全盛开，因而又被叫作“午时花”。

◎花期：6~10月。

◎花色：红、粉、橙、黄、白、紫红等深浅不一的单色及带条纹斑的复色。

净化功能

太阳花对吸收一氧化碳、二氧化硫、氯气、过氧化氮、乙烯和乙醚等有害气体很有成效，也能够较好地抵抗氟化氢的污染。盆栽太阳花在房间内观赏时，能够较好地吸收及抵抗家电设备、塑料制品、装修材料等释放出来的有害气体，减少它们对人们身体健康的伤害。

选盆

太阳花对花盆没有特别要求，用泥盆、瓷盆及塑料盆皆可，也可以用其他底部能排水的容器。

择土

太阳花具很强的适应能力，非常能忍受贫瘠，在普通土壤中都可以正常生长，然而最适宜在土质松散、有肥力、排水通畅的沙质土壤中生长。

新手提示：可用3份田园熟土、5份黄沙、2份砻糠灰或细锯末，再加少许过磷酸钙粉均匀拌和成培养土。

栽培

❶ 在花盆底部排水的地方需铺放几块碎砖瓦片，以便于排水。

❷ 在花盆中放入土壤，然后将太阳花种子播入其中，浇透水分。

❸ 太阳花播种后不用细心照料也能成活，只是盆土较干时浇一下水即可。

修剪

当植株比较大、渐趋老化、枝叶徒长或开花变少的时候，可以采取重剪措施，仅留下高5~10厘米的枝叶，这样能令老植株得到更新，使其恢复原有的优良特性。

浇水

❶ 太阳花喜欢干燥，畏潮湿，若水分太多会使根茎发生腐坏，在生长季节需把握“见干见湿”的浇水原则，不可积聚太多的水。

❷ 在雨季及雨水较多的区域则需留意尽早排除积水，防止植株遭受涝害。

花言草语

太阳花的植株低矮娇小、茎叶茂密、花朵颜色鲜艳，适合陈设花坛、花丛，也能盆栽供室内观赏，为良好的景观植物。另外，太阳花全株能提取出黑色的染料，还能用作药物，具活血化淤、减轻疼痛、清除内热、消除肿胀及解毒的功用。

施肥

太阳花通常不需施用肥料，在开花之前施用复合肥一次，能令植株生长繁茂，促进其萌生更多的新枝，令开花繁盛。如果每15天对植株施用1%磷酸二氢钾溶液一次，能令其花朵硕大、花色艳丽并能延长花期。

温度

太阳花喜欢温暖，能忍受炎热，在温度较高的条件下长得很快，生长适宜温度是26℃～29℃，如果温度再略高一点也能正常生长发育。如果温度下降，植株的生长会变得缓慢；如果气温低于15℃，那么植株的生长就会停滞。

新手提示：太阳花不能忍受霜冻，遇到霜便会干枯而死，所以秋天长出来的幼苗冬天要在温室里过冬。

摆放建议

太阳花喜欢光照条件好的环境，可以盆栽摆放在阳台、窗台等光线较充足的地方，也可以直接栽种在庭院里观赏。

光照

太阳花喜欢光照充足，在生长季节要使其接受充足的阳光照射，夏天也不用遮蔽阳光，如果长时间摆放在昏暗的地方则生长不好。

病虫防治

太阳花的病害很少，它经常受到的虫害主要是斜纹夜蛾及蚜虫危害。

❶ 对于斜纹夜蛾危害，在幼虫发生期可以用40%乐斯本乳油800～1000倍液或50%辛硫磷乳油1000～2000倍液进行喷洒灭除。

❷ 对于蚜虫危害，在植株的花芽胀大期内可以喷洒吡虫啉4000～5000倍液，在萌芽后用吡虫啉4000～5000倍液加入氯氰菊酯2000～3000倍液便可杀死蚜虫，坐果后则可以喷洒蚜灭净1500倍液来处理。

繁殖

太阳花经常采用播种法与扦插法来繁殖。

紫罗兰

【花草名片】

◎**学名**：*Matthiola incana*

◎**别名**：草桂花、草紫罗兰、四桃克。

◎**科属**：十字花科紫罗兰属，为一二年生或多年生草本植物。

◎**原产地**：最初产自欧洲地中海沿岸，如今世界各个地区都广泛栽植。

◎**习性**：喜欢冬天温暖、夏天凉爽的气候，喜欢光照充足、通风流畅的环境，也略能忍受半荫蔽，夏天怕炎热。具一定程度的抵抗干旱与寒冷的能力。

◎**花期**：4～5月。

◎**花色**：蓝紫、深紫、浅紫、紫红、粉红、浅红、浅黄、鲜黄及白等色。

净化功能

紫罗兰吸收二氧化碳的能力比较强，对氯气的反应也十分灵敏，能用来作监测植物。此外，它还能把二氧化硫、硫化氢等有害气体经过化学作用转化成没有毒或低毒的盐类。

紫罗兰花朵所释放出来的挥发性油类有明显的杀灭细菌的功用，对葡萄球菌、肺炎球菌、结核杆菌的生长繁殖也有明显的遏制功能，可以有效保护人体的呼吸系统。紫罗兰淡雅的花香可以令人身心轻松、爽朗愉快，非常有助于人们的睡眠，同时对人们工作效率的提升也很有帮助。

选盆

栽种紫罗兰通常选用透气性良好的泥盆，尽量不用瓷盆和塑料盆。

择土

紫罗兰对土壤没有严格的要求，然而比较适宜在土层较厚、土质松散、有肥力、潮湿且排水通畅的中性或微酸性土壤中生长，不能在强酸性土壤中生长。

新手提示：盆栽时的培养土可以用2份腐殖土、2份园土及1份河沙来混合调配。

栽培

1. 在花盆中置入土壤，轻轻摇晃，使土壤分布均匀。
2. 将紫罗兰的种子置入盆土之上，不用覆土，因为紫罗兰的种子喜光，但也不可暴晒。
3. 浇透水分，将花盆移置于阳光充足、通风性良好的地方养护。

修剪

在花朵凋谢后应尽早将未落尽的花剪掉，以避免损耗养分，对植株的再次抽生新枝、开花及正常生长发育造成不良影响。

施肥

对紫罗兰不适宜施用太多肥料，否则会造成植株徒长，影响开花。另外，也不适宜对它施用过多氮肥，要多施用磷肥和钾肥。在生长季节可以每隔10天对植株施肥一次，在开花期间及冬天则不要施用肥料。

温度

紫罗兰喜欢冬天温暖、夏天凉爽的气候，夏天怕炎热，冬天具一定程度的抵御寒冷的能力，但如果气温在－5℃以下，则适宜将其搬进房间里过冬。

光照

紫罗兰喜欢光照充足，也略能忍受半荫蔽的环境，在生长季节需要充足的阳光照射与顺畅的通风条件，不然容易引起生理性病害，令植株生长不好。

浇水

❶ 紫罗兰的叶片质厚，气孔的数目比较少，而且整株都披生茸毛，有一定程度的抵抗干旱的能力，所以浇水不适宜太多，令土壤维持潮湿状态就可以，若水分太多易导致植株的根系腐烂。

❷ 通常应把握“见湿见干”的浇水原则，当土壤表层干燥变白时则需马上对植株浇水。

新手提示：紫罗兰幼苗长出6～8枚真叶时，控制浇水，会出现两种不同颜色的叶片。

花言草语

在欧美各个国家，紫罗兰非常流行且很受人们的喜欢。它的花香柔和、清淡，欧洲人用其制作成的香水，非常受女士们的喜爱。此外，在中世纪的德国南部地区，还存在着一种把每年第一束新采摘下来的紫罗兰高高悬挂在船桅上，以庆祝春天返回人间的风俗习惯。

病虫防治

紫罗兰的病害主要是花叶病、白锈病和菜蛾虫害。

❶ 花叶病主要是经由以桃蚜与菜蚜为主的40～50种蚜虫来传播毒素，也能经由汁液来传播。一旦紫罗兰出现病情，要马上灭除蚜虫，可以喷施植物性杀虫剂1.2％烟参碱乳油2000～4000倍液或内吸药剂10％吡虫啉可湿性粉剂2000倍液来处理。

❷ 紫罗兰患了白锈病后，在生长季节可以喷施敌锈钠250～300倍液或65％代森锌可湿性粉剂500～600倍液来处理。

❸ 紫罗兰受到菜蛾危害后，可利用菜蛾成虫具有趋光性这一特点，使用黑光灯来进行诱杀。在虫害发生之初，可以用20％灭多威乳油1000倍液，或75％硫双威可湿性粉剂1000倍液进行喷施来处理。

繁殖

紫罗兰采用播种法进行繁殖，通常于8月中下旬到10月上旬进行。

摆放建议

紫罗兰可盆栽摆放在客厅、阳台、天台等光线好的地方。

米兰

【花草名片】

◎**学名**：*Aglaia odorata*

◎**别名**：米仔兰、树兰。

◎**科属**：楝科米仔兰属，为常绿灌木或小乔木。

◎**原产地**：最初产自中国南方及东南亚区域。

◎**习性**：喜欢温暖、光照充足的环境，也能忍受半荫蔽，不能抵御寒冷。喜欢潮湿，不能忍受干旱和积水，畏较高的温度和通风不畅。具有较强的萌生新芽的能力，长得很快，经得住修剪。

◎**花期**：全年都能开花，其中以夏天和秋天最为繁盛。

◎**花色**：黄色。

净化功能

米兰它对一氧化氮、过氧化氢、氟化氢、乙烯及乙醚等有比较强的抵抗能力，对汞蒸气和铅蒸气有一定程度的吸收功用，可以减轻苯、苯酚、三氯乙烯等有毒物质造成的危害。盆栽米兰在房间内欣赏时，对家电设备、塑料制品、装修材料散发出来的有害气体具有吸收及抵抗功用，能减轻对人体的伤害。另外，米兰的花朵所释放出来的挥发性油类，还有较强的杀灭细菌的功用。

选盆

栽种米兰适宜选用泥盆，尽量避免使用透气性不好的塑料盆。

择土

米兰喜欢有肥力、土质松散、排水通畅且腐殖质丰富的微酸性土壤或沙质土壤。

新手提示：盆土可用25%堆肥、50%腐叶土、25%河沙混合配制。

栽培

❶ 在花盆底部排水的地方需铺放几块碎砖瓦片，然后放入少量土壤。

❷ 将米兰幼苗植入盆中，继续填土。

❸ 上盆后需对植株浇透水一次，此后半个月内浇水宜少，以促进其萌生新根。

❹ 上盆后应先将盆花摆放在背阴且凉爽的地方料理，经过一周之后再搬到温暖朝阳的地方。

修剪

❶ 米兰具有比较强的萌生新芽的能力，长得迅速，所以为了避免枝条的过分徒长，应尽早采取摘心措施。

❷ 当新枝生长出5～6层叶片的时候，便需将顶芽摘除，以促使其萌生更多的侧枝与短枝、促进分化花芽及孕育更多的花蕾。

光照

米兰喜欢光照充足的环境，也能忍受半荫蔽，在春天和秋天最适合在太阳光下生长，不用遮蔽阳光；夏天阳光比较强的时候，可以为植株适度遮蔽阳光；冬天需将盆花置于房间里通风良好且朝阳的窗户前。

施肥

米兰终年常绿，在一年内可以开花多次，所耗费的养分也相对比较多，所以应时常在合适的时间对其补施肥料。肥料主要是有机肥，其次是无机肥，还可以适量增施磷肥和钾肥，以确保其有充足的养分。

温度

米兰喜欢温暖，怕较高的温度，也不能抵御寒冷，在长江以北区域栽植时，冬天温度在10℃以下时一定要移入房间里料理。

新手提示：冬天室内温度适宜控制在12℃～15℃，如果室内温度过高、通风不畅，会令植株的生长发育遭到抑制。

浇水

❶ 在生长季节浇水量应适宜，不能太多，不然造成植株的根系腐烂，叶片干枯、发黄、凋落。

❷ 在开花期间也不能浇太多水，不然容易使花朵和花蕾凋落；如果浇水太少，则会令植株的叶缘和花蕾干燥枯萎。

❸ 米兰步入生长阶段，需适度加大浇水量，晴朗的天气可以每2～3天浇水一次。

❹ 夏天和秋天植株生长得繁茂，要有足够的水分供应，可以每日浇一次水，温度较高的晴天可以每日浇1～2次水，同时还要时常朝枝叶喷雾及朝植株四周地面喷洒水。

❺ 进入秋天后植株的生长速度渐渐变慢，可以适当减少浇水，应以“不干不浇，浇则浇透”为浇水原则，通常每隔3～4天浇水一次。

繁殖

米兰采用扦插法及压条法进行繁殖。

病虫防治

米兰经常发生的病害主要是炭疽病和各种虫害。

❶ 当米兰患上炭疽病时，喷施70%甲基托布津可湿性粉剂1000倍液即可有效预防和治理。

❷ 米兰的虫害主要是介壳虫、蚜虫及红蜘蛛危害，在平日需改善通风效果，一旦出现虫害即可喷施40%氧化乐果乳油1000～2000倍液来灭除。

摆放建议

米兰是一种著名的香花树种，盆栽适合摆放在客厅、卧室、书房、阳台等阳光充足的地方，也适合在庭院里栽培观赏。

一叶兰

【花草名片】

◎**学名**：*Aspidistra elatior*

◎**别名**：一帆青、苞米兰、箬兰、箬竹、蜘蛛抱蛋。

◎**科属**：百合科蜘蛛抱蛋属，为多年生常绿草本观叶植物。

◎**原产地**：最初产自中国南方各省。

◎**习性**：喜欢温暖、潮湿的环境，有很强的忍受荫蔽的能力，不能忍受强烈的阳光照射，比较能忍受寒冷。具有很强的适应能力，生长迅速。

◎**花期**：4～5月。

◎**花色**：花朵外侧为紫色，内侧为深紫色。

净化功能

一叶兰能够将空气里80%以上的众多有害气体吸收掉，尤其对吸收甲醛、消除甲醛污染很有成效，也能够较强地吸收掉二氧化碳和氟化氢。

择土

一叶兰对土壤没有严格的要求，能忍受贫瘠，然而最适宜在有肥力、土质松散、排水通畅的沙质壤土中生长。

新手提示：通常用2份园土、1份腐叶土、0.5份厩肥与0.5份砻糠灰来混合拌匀就可以。

选盆

栽种一叶兰时宜选用泥盆或瓷盆，尽量不用塑料盆。

栽培

❶ 在花盆底部排水的地方需铺放几块碎砖瓦片，然后放入少量土壤。

❷ 将一叶兰幼苗植入盆中，继续填土，一叶兰需要浅植，深则易影响生长。

❸ 浇透水分，并将花盆摆放在背阴凉爽的地方料理。

新手提示：一叶兰长得比较迅速，通常每隔1～2年需更换一次花盆。

修剪

一叶兰长得比较迅速，平日需留意进行间苗，并尽早把干枯发黄的叶片剪掉，以改善通风效果、降低营养成分的损耗量和减少病虫害的发生。

光照

一叶兰喜欢半荫蔽的环境，对光照有着广泛的适应范围。不论是在全日照条件下，还是在十分荫蔽处，它都能生长。一叶兰有非常强的忍受荫蔽的能力，然而在生长季节要接受十分充足的光照。一叶兰不能忍受强烈的阳光久晒，在夏天阳光较强时应在凉棚下料理，防止叶片变黄或被烧伤。

施肥

在春天和夏天植株生长旺盛期内，主要施用氮肥，可以每月施用1～2次浓度较低的液肥，以促进其萌生新的叶片及健康茁壮生长。冬天则不要再对植株追肥。

繁殖

一叶兰采用分株法进行繁殖。全年都能进行，通常于春天结合更换花盆时进行。

温度

一叶兰喜欢温暖，也比较能抵御寒冷，生长适宜温度约为15℃，但温度在5℃上下时也不会遭受冻害。冬天温度高于0℃时，它就能顺利过冬。

浇水

❶ 一叶兰喜欢潮湿，栽植环境要阴暗潮湿。植株在生长鼎盛期需要足够的水分，可以每天浇一次水。

❷ 夏天和秋天气候干燥时，除了每天浇水之外，还要每天朝植株的叶片表面喷1～2次水，以维持较高的空气相对湿度。

❸ 在冬天需少浇水，令土壤维持偏干燥状态就可以，不然容易使植株的根系腐烂。

病虫防治

一叶兰的病害很少，在房间里没有通风或光线比较昏暗的地方养护时，容易产生介壳虫危害。一旦出现虫害后，可以于每年2～3月幼虫活动期进行人力刷除或用抹布抹掉；也可以用面做成糨糊并加进少量敌敌畏，之后用小刷子或牙刷把糨糊刷在有介壳虫处，3～5天后再用清澈的水把糨糊洗掉就可以；另外，还可以喷洒乐斯本配液来灭除。

摆放建议

一叶兰叶宽浓绿，盆栽一叶兰可以用来装饰客厅、卧室、书房。

花言草语

一叶兰的地下部分有粗大结实的根茎，叶柄直接由地下茎长出来，一个叶柄一片叶子，挺拔直立且瘦长，因此叫作“一叶兰”。又由于它的果实非常像蜘蛛卵，因而又被叫作“蜘蛛抱蛋”。一叶兰全年都不凋谢，是不老的青春的象征。

君子兰

【花草名片】

◎**学名**：*Clivia miniata*

◎**别名**：大花君子兰、大叶石蒜、剑叶石蕊、达木兰。

◎**科属**：石蒜科君子兰属，为多年生常绿宿根草本植物。

◎**原产地**：最初产自非洲南部，如今世界各个地区都有栽植。

◎**习性**：喜欢温暖、潮湿且半荫蔽的环境，怕强烈的阳光直接照射。喜欢凉快的气候，畏酷热、干燥和较高的温度，不能忍受积水和寒冷。

◎**花期**：主要在冬天及春天开花，有的品种也在夏天6~7月开放。

◎**花色**：橙红、橘黄、黄等色。

净化功能

君子兰能够比较强地抵抗空气里的污染物质，对净化空气很有成效。它宽厚结实的叶片能够强力吸收一氧化碳、二氧化碳、硫化氢及氮氧化物，还可以将硫化氢烟雾吸收掉，使房间内不清洁的空气变得洁净。在晚上，君子兰可以吸收二氧化碳，不论是白天还是黑夜都能给房间内增加很多清新的氧气。

选盆

栽种君子兰适宜选用透气性良好的泥瓦盆或陶盆。

择土

君子兰喜欢在有肥力、土质松散、腐殖质丰富、透气性好且排水通畅的微酸性土壤中生长。

栽培

❶ 在花盆底部铺上几块碎盆片，凹面向下，便于通气排水。

❷ 再填入一层2～3厘米厚的用碎盆片、碎石、粗砂等组成的排水物。

❸ 将君子兰的幼苗根系理顺，然后将幼苗放在花盆的中央，一手将它扶正，一手将土壤填入花盆中。每填一层土，就要将苗轻轻向上提一下，并碰磕一下花盆，以便使根系舒展。

❹ 入盆后立即浇透水分，同时在5～7天内可不用再浇水，以后保持盆土湿润即可。

❺ 将盆置于阴凉通风处，7～10天后方可移置阳光充足处养护。

新手提示：如果幼苗是在春秋季上盆，则要罩上塑料薄膜袋保温保湿，便于其生根成活。

浇水

❶ 君子兰喜欢潮湿，然而也畏积水，因此浇水量必须要合适，令土壤维持潮湿状态且不积聚太多水就可以。

❷ 春天可以每日对植株浇水一次。

❸ 夏天浇水可以用细喷水壶喷洒叶片表面和盆花四周地面，晴天以每日浇2次水为宜。

❹ 秋天可每隔1～2天浇水一次。

❺ 冬天每周浇水一次即可，或者次数更少。

新手提示：在浇水的时候需留意，不可使水流进叶心里，否则会引起烂心病。

光照

君子兰喜欢半荫蔽的环境，无阳光照射不可以，强烈的阳光直接照射也不可以，以在透光率为50%的环境中生长最为适宜。冬天在房间内料理时，需将花盆置于阳光充足处，在开花之前更需接受较好的阳光照射。

繁殖

君子兰可采用播种法及分株法进行繁殖。

病虫防治

君子兰经常发生的病害是炭疽病、白绢病及介壳虫危害。

❶ 当植株患炭疽病时，应马上用50%多菌灵可湿性粉剂800倍液来喷施，6天左右喷施一次，连喷3～5次就能产生效果。

❷ 当植株患白绢病时，每周在植株的茎基部和基部四周的土壤上浇施50%多菌灵可湿性粉剂500倍液一次，连浇2～3次就能有效处理。

❸ 君子兰经常受到介壳虫的危害，此时可以喷施25%亚胺硫磷乳油1000倍液来灭杀。

施肥

君子兰嗜肥，然而也不能施用太多的肥料，不然会对植株的正常生长发育造成不良影响，适宜以“薄肥勤施”为原则。盆栽时，需在盆土中施入充足的底肥，以厩肥、堆肥、豆饼肥及绿肥等为主。

修剪

❶ 在栽植过程中，若植株的叶片变得干枯发黄，需尽早剪掉，以免耗费太多的营养物质。

❷ 在修剪的时候应尽可能把叶片端部剪为和好叶一样，不能剪为直平头，以叶片端部呈尖状为佳。

温度

君子兰生长的最合适的温度是15℃～25℃，当温度在30℃以上时，植株会进入半休眠状态；当温度在10℃以下时，植株的生长就会停止。

摆放建议

君子兰喜欢半荫蔽的环境，可盆栽摆放在客厅、书房、阳台。因君子兰夜间会消耗氧气、放出二氧化碳，对睡眠不利，所以神经衰弱和睡眠质量不好的人不宜在卧室摆放君子兰。

蟹爪兰

【花草名片】

◎**学名**：*Zygocactus truncatus*

◎**别名**：蟹爪莲、接骨兰、蟹叶仙人掌、仙指花。

◎**科属**：仙人掌科蟹爪兰属，为多年生常绿植物。

◎**原产地**：最初产自巴西东部热带雨林地区。

◎**习性**：为短日照植物，喜欢温暖、潮湿的环境，喜欢柔和光照，忌强光直射久晒。比较能忍受干旱，不能忍受积水和寒冷。

◎**花期**：12月～次年1月。

◎**花色**：桃红、大红、紫红、杏黄及纯白等色。

净化功能

蟹爪兰在晚上可以吸收掉很多二氧化碳，提高空气里的负离子浓度，非常利于人们的身体和精神健康。

栽培

❶ 在花盆底部铺放几块碎小的瓦片或体积为1～2立方厘米的硬塑料泡沫，然后填充培养土。

❷ 将蟹爪兰幼苗植入盆土中，浇透水分。

❸ 将花盆放置在荫蔽处一段时间，多浇水，等到其正常生长后再正常护理。

选盆

栽种蟹爪兰适宜选用透气性良好的泥瓦盆。如果是新盆，应在水中泡两天去火；如果是旧盆，则要洗净晒干。

择土

蟹爪兰喜欢土质松散、有肥力、腐殖质丰富且排水通畅的泥炭土及腐叶土。

新手提示：培养土最宜用等量的菜园土、腐殖土和山泥来混合拌匀，并加入适量的经过发酵的骨粉、有机肥或过磷酸钙等作为底肥，还可以加入少量的草木灰，以令土壤的酸碱度为中性。

浇水

❶ 春天和秋天可以每2～3天浇水一次。

❷ 夏天应每1～2天浇水一次，且需时常朝枝茎喷洒水，以枝茎表面略湿润而不朝下流水为度，这样可以降低温度，防止植株受到暑热的侵害，促使其加快生长。

❸ 冬天浇水不宜太多，可以每隔4～5天浇水一次，令土壤维持潮湿状态就可以。

❹ 当刚形成花蕾时，也需视具体情况少浇一些水，浇水过多易导致花蕾凋落。在花朵凋谢后植株有一个多月的休眠期，这段时间内浇水要少一些，以土壤略干为宜。

新手提示：在栽植蟹爪兰的过程中，应格外留意梅雨季节的料理。这一期间若在室外培养，一定要将盆花置于通风顺畅、遮蔽阳光且不受雨淋的凉快的地方，不然雨水多，盆土太湿易使植株的根系腐烂。

繁殖

蟹爪兰可以采用扦插法及嫁接法进行繁殖，其中以嫁接繁殖的效果最好。

光照

蟹爪兰属短日照植物，在每日8～10小时阳光照射的条件下，2～3个月便能开花。它喜欢半荫蔽的环境，畏强烈的阳光久晒，在夏天阳光比较强烈时需留意适度遮蔽阳光。

病虫防治

蟹爪兰经常患的病害是叶枯病、腐烂病及各种虫害。

❶ 当蟹爪兰患上叶枯病和腐烂病后，可喷施50%克菌丹可湿性粉剂800倍液进行处理。

❷ 蟹爪兰发生介壳虫危害时，可以每周喷洒一次杀灭菊酯4000～5000倍液来处理。

❸ 发生红蜘蛛危害时，可以喷洒50%杀螟松乳油2000倍液来灭杀。

温度

蟹爪兰喜欢温暖，不能抵御寒冷，其生长的最合适温度是15℃～25℃。夏天若温度高于28℃，植株就会进入休眠或半休眠状态；当温度在15℃以下时，便可能会使花蕾脱落；当温度在5℃以下时，植株则会生长得不好；冬天应将植株移入室内过冬，室内温度控制在15℃～18℃为宜。

施肥

从春天到夏初，需大约每隔15天对植株施用一次浓度较低的肥料，主要是施用氮肥；进入夏天后可暂时停止施用肥料；在孕育花蕾到开花之前需加施1～2次以磷肥为主的肥料，以促进其分化花芽。

摆放建议

蟹爪兰可嫁接成各种造型的盆栽，适合摆放在阳台、窗台、案几上，也可制作成吊盆悬挂起来。

修剪

❶ 对栽培多于3～5年的植株，冠幅经常可以超过50厘米，需于春天对茎节进行短截，并对一些长势差或过分稠密的茎节进行疏剪，这样能令萌生出来的新茎节翠绿健壮。

❷ 栽植蟹爪兰时需依照植株的大小来适当搭设支撑架，尤其是超过5～6年的植株。

❸ 为了防止由于枝冠太厚而导致通风不畅、透光性差，对孕育花蕾和开花造成不利影响，需随着植株枝冠的生长，把枝冠修整为两层，用两层支架进行支撑，以形成高低错落、花枝分布匀称的株形。

虎尾兰

【花草名片】

◎学名：*Sansevieria trifasciata*

◎别名：千岁兰、虎尾掌、虎皮兰、锦兰。

◎科属：龙舌兰科虎尾兰属，为多年生肉质草本植物。

◎原产地：最初产自非洲热带和印度、斯里兰卡的干旱区域。

◎习性：喜欢光照充足、通风顺畅的环境，也能忍受半荫蔽，夏天怕强烈的阳光久晒，冬天要接受充足的光照。具有很强的适应能力，喜欢温暖，能忍受干旱，怕水涝，略能抵御寒冷。

◎花期：5～8月。

◎花色：浅绿色、白色。

选盆

栽种虎尾兰可选用体型较大的泥瓦盆或木桶。

择土

虎尾兰对土壤没有严格的要求，能忍受贫瘠，然而最适宜在土质松散、透气性好、排水通畅的腐殖土及沙质土壤中生长。

新手提示：用花盆栽植时可以用有肥力的园土3份和煤渣1份来混合配制，并加上少量的豆饼屑或鸡粪作为底肥。

净化功能

虎尾兰能够强效吸收二氧化碳和放射性物质，能够强力消除甲醛、苯、苯酚、硫化氢、氟化氢、三氯乙烯、乙醚及重金属颗粒等。

一盆虎尾兰在面积为10平方米的房间里可以将超过80%的有害气体吸收掉，比如甲醛、苯、硫化氢及三氯乙烯等。2～3盆虎尾兰大体上能令普通房间里的空气变得彻底洁净，尤其具有非常强的吸收甲醛的能力。在晚上，虎尾兰可以吸收很多二氧化碳，同时制造并释放出大量的氧气，能够提高房间里的负离子浓度。另外，它还可以吸收掉很多铀等放射性物质，可以强力消除苯酚、氟化氢、乙醚及重金属颗粒等。

浇水

❶ 对虎尾兰浇水时，浇水量一定要合适，不能浇太多或浇得太频繁，应以“宁干勿湿”为原则。

❷ 春天植株的根颈处萌生新的植株时，浇水应适度多一些，以令盆土维持潮湿状态。

❸ 夏天温度较高时也需令盆土保持潮湿状态，并需每日朝植株的叶片表面喷水。

❹ 暮秋后要控制浇水量，令盆土维持相对干燥状态，以提高其抵御寒冷的能力。

❺ 冬天植株进入休眠期后应掌控浇水，令土壤保持干燥状态就可以。

新手提示：平日浇水时不可将水浇进植株的叶簇里，但可以时常用清水洗去叶片两面的灰尘，以令叶片干净、鲜亮。

光照

虎尾兰喜欢阳光充足，能承受太阳光的直接照射，要将其置于通风顺畅且朝阳的地方料理，然而光线过分强烈时，叶片的颜色会变得暗淡或变白，所以夏天在室外料理时应防止强光久晒。

病虫防治

虎尾兰容易患叶斑病和象鼻虫害。

❶ 虎尾兰患上叶斑病后，可以每隔7～10天喷洒一次50%多菌灵可湿性粉剂500倍液或70%甲基托布津可湿性粉剂1000倍液，连喷2～3次就能有效处理。

❷ 虎尾兰受到象鼻虫害时，喷洒50%杀螟松乳油1000倍液就能进行杀除。

温度

虎尾兰喜欢温暖，略能抵御寒冷，生长适宜温度是18℃～27℃，当温度在13℃以下时其生长就会停止。暮秋气温下降的时候，需把花盆移入房间里养护，并置于温暖朝阳的地方，房间里的温度高于5℃就能顺利过冬。

栽培

❶ 将成熟的虎尾兰叶片从植株基部剪下来，截成数段，每段长6～10厘米。

❷ 将叶片段插进盆土中，约插进3厘米深即可，浇透水分，置于半阴蔽且通风良好的地方，令土壤维持湿润状态。

❸ 6～8周左右，虎尾兰就能生出不定根和不定芽，当幼株萌生出2～3枚叶片时就可以正常养护了。

新手提示：刚栽种的虎尾兰浇透水分后可不必再浇水，经常喷水保持盆土湿润即可。

修剪

在栽植虎尾兰期间，应留意及时将干枯发黄的叶片剪掉，并留意修整植株形态。

施肥

虎尾兰的需肥量不大，不要对其施用太多的肥料，而且不可施用大量生肥。在生长期内每月对它施用1～2次浓度较低的液肥就可以，以确保叶片嫩绿和肥壮厚实。在栽植期间，如果长时间仅施用氮肥，叶片上的斑纹便会淡化且缺少光泽，因此通常施用复合肥。冬季则不要对植株施用肥料。

繁殖

虎尾兰可采用扦插法及分株法进行繁殖。

摆放建议

虎尾兰以盆栽为主，适合摆放在光线充足、通风的室内。中型虎尾兰盆栽可用来装饰客厅、卧室，小型虎尾兰盆栽可摆放在书架、案几上或计算机旁。

昙花

【花草名片】

◎学名：*Epiphyllum oxypetalum*

◎别名：琼花、韦陀花、月美人、夜会草。

◎科属：仙人掌科昙花属，为多年生肉质植物。

◎原产地：最初产自墨西哥和巴西的热带森林里，如今世界各个地区都广为栽植。

◎习性：喜欢温暖、阴暗、潮湿的环境，不能抵御寒冷，怕强烈的阳光久晒，比较能忍受干旱，畏水涝。

◎花期：6～10月。

◎花色：白色。

净化功能

昙花抵抗二氧化硫、氯化氢污染的能力比较强，对一氧化碳、二氧化碳及过氮氧化物的吸收能力也比较强。昙花肉质茎上的气孔白天闭合，晚上打开，可以吸收很多二氧化碳，同时制造并释放大量氧气，能够提高空气里负离子的浓度，令房间里的空气始终新鲜洁净，非常有益于人们的身体健康。

选盆

栽种昙花时宜选用泥盆，避免使用瓷盆或塑料盆，因为这两种盆的透气性较差。

择土

昙花喜欢有肥力、土质松散、腐殖质丰富且排水通畅的微酸性沙壤土。

新手提示：用花盆栽植时，通常用4份园土、4份腐叶土、2份沙土混合并搅拌均匀来调配成培养土。

浇水

❶ 昙花喜欢潮湿的土壤及较大的空气相对湿度，然而也不能忍受积水，在暮秋、冬天和春天之初大气温度比较低的时候处在半休眠状态，需严格掌控浇水的量和频次，令盆土保持偏干燥，干透后稍浇一点水就可以。

❷ 当春天大气温度升高后，昙花的生长开始逐步恢复，此时可以渐渐增加浇水量。

❸ 夏天温度较高、天气炎热时，浇水需适度多一些，清晨和傍晚还要朝植株及四周地面喷水1～2次，以维持较大的空气相对湿度。

病虫防治

昙花经常发生的病害是炭疽病及介壳虫危害。

❶ 当昙花患上炭疽病时，用10%抗菌剂401醋酸溶液1000倍液进行喷施即可。

❷ 当昙花受到介壳虫危害时，喷施50%马拉磷1000倍液即可灭除。

花言草语

昙花不仅好看，而且非常珍贵、稀奇，花朵盛开的时候，芳香浓郁，鲜艳耀眼，令人赞叹不已。昙花一般在晚上绽放，因而被称作“月下美人”。由于它开花的时间比较短促，开放3～4个小时后就会凋落，故又有“昙花一现”的说法。人们也经常用“昙花一现”来形容那些出现时间不长、片刻就逝去的事物。

光照

昙花喜欢半荫蔽的环境，怕强烈的阳光久晒，在夏天阳光比较强烈时要进行适度遮蔽，可以将其置于房间里能接受光照的通风顺畅的地方或屋檐下面，也可以置于遮蔽度约为50%的树荫下面。

新手提示：需留意的是，放置盆花的地方不可过分荫蔽，否则会导致植株徒长，不利于开花。

繁殖

昙花采用播种法及扦插法进行繁殖。

温度

昙花喜欢温暖，不能抵御寒冷，13℃～20℃是其生长的最适宜温度，过冬温度不能在5℃以下。在我国除了华南、西南少数区域和台湾地区可以在露地上栽植昙花之外，通常皆用花盆栽植，10月上、中旬需搬进房间里过冬，并摆放在朝阳的地方，房间里的温度控制在10℃左右就可以。

施肥

昙花较嗜肥，通常适宜施用腐熟的有机肥，再加入少量的骨粉或过磷酸钙即可。春天新茎萌生出来后，就需开始对植株追施肥料，在生长季节需每半个月施用浓度较低的饼肥水一次。夏天之初植株现蕾后应追施一次1000倍的磷酸二氢钾，能令花朵肥大。暮秋时则不要再对植株施用肥料。

摆放建议

昙花素雅幽香，可盆栽摆放在阳台、客厅、天台等光线良好的地方，但应注意避免强光长时间照射。

修剪

❶ 在把昙花搬进房间里过冬之前，需对过分高大的茎枝与杂乱的株形采取整形修剪措施，以方便在房间里对其进行料理，修剪的时间以9月底到10月初为佳。

❷ 对于超过三年生的植株需绑缚稳固，不然易歪倒，对其生长发育及保持优美的株形都不利。

栽培

❶ 在花盆底部垫一层碎小的砖片或瓦片，以增强透气性，改善排水效果。

❷ 将昙花幼苗放入花盆中，一手扶苗，一手填土，然后浇透水。

❸ 此后宜多浇水，一般1～2天浇1次水，早晚可向植株、地面喷水1～2次，以增加空气湿度。待昙花幼苗正常生长后即可正常料理。

吊竹梅

【花草名片】

◎学名：*Zebrina pendula*

◎别名：斑叶鸭趾草、吊竹兰、甲由草、水竹草。

◎科属：鸭跖草科吊竹梅属，为多年生常绿蔓生草本植物。

◎原产地：最初产自墨西哥，如今世界各个地区都有栽植。

◎习性：喜欢温暖、潮湿的气候，能忍受酷热与多湿，不能忍受寒冷与干旱。喜欢光照充足的环境，也能忍受半荫蔽，但怕炎夏强烈的阳光直接照射。

◎花期：7～8月。

◎花色：紫红、白色。

净化功能

吊竹梅可以将甲醛吸收掉，也有比较强的抵抗氯气污染的能力。此外，它还能检测出家庭装修材料是否有放射性，若有放射性，其紫红色的花朵就会很快变白。

择土

吊竹梅对土壤及土壤酸碱度的要求都不严格，有很强的适应能力，也比较能忍受贫瘠，然而最适宜在有肥力、土质松散、排水通畅的土壤中生长。

新手提示：用花盆栽植时，可以用同量的腐叶土、园土及河沙来混合配制成培养土。

选盆

盆栽吊竹梅时宜选用泥盆，避免使用瓷盆或塑料盆。

浇水

❶ 吊竹梅喜欢多湿的环境，在平日料理时应令盆土维持潮湿状态，不要过于干燥，不然植株下部的老叶易干枯、发黄、凋落。

❷ 在生长季节植株对湿度有着比较高的要求，除了要每日浇水一次之外，还需时常朝叶片表面和植株四周环境喷洒水，以促使枝叶加快生长。

❸ 当植株处于休眠期时，需注意控制浇水量。

病虫防治

吊竹梅极少患病和遭受虫害。

光照

吊竹梅喜欢阳光充足的环境，也喜欢半荫蔽，畏强烈的阳光直接照射久晒。在它全部的生长过程中，阳光都不适宜过于强烈，以散射光为宜，不然叶片容易被灼伤，叶片颜色会淡且缺少光泽；然而也不适宜将它长期摆放在过于昏暗的环境中，不然植株容易徒长，节间会增长，叶片上的斑纹也会变少或失去，影响美观。

新手提示：春天和秋天适宜将植株置于房间里有充足的散射光照射的地方；夏天要为植株适当遮蔽阳光，防止强烈的阳光久晒；冬天则要将植株摆放在有太阳光照射的地方，能令叶片颜色鲜艳、条纹清晰。

繁殖

吊竹梅采用扦插法及分株法进行繁殖。

温度

吊竹梅喜欢温暖，不能抵御寒冷，生长适宜温度是15℃～25℃，冬天要搬进房间里过冬，房间里的温度不可在10℃以下。

施肥

吊竹梅对肥料没有很高的要求，可以依照具体生长态势适量施肥。在茎蔓刚开始生长期间，应每半个月追施浓度较低的液肥一次；在生长季节可以每2～3周施用一次液肥，同时增施2～3次磷肥和钾肥，以促进枝叶的生长，令叶片表面新鲜、光亮。

修剪

❶ 吊竹梅在合适的环境条件下长得很快，所以在生长期间要依照具体需求对枝蔓采取适度摘心、修剪、调整措施，令其分布匀称、造型优美。

❷ 平日应留意进行摘心，以促使植株萌生新枝，令株形饱满。

❸ 吊竹梅的根系比其叶片活得时间长，随着茎蔓长得越来越长，基部的叶片便会渐渐干枯、发黄、凋落。此时，应将过于长的枝叶剪掉，以促进基部萌生出新芽、新枝。

❹ 盆栽两年之后，应把老蔓都剪掉，并于春天更换花盆时把根团外面的须根剪除，以促进其萌发新的茎蔓和根系。

摆放建议

吊竹梅植株娇小可爱，具一定的忍受荫蔽的能力，适宜装点客厅、书房、卧室、厨房等处，可以摆放在花架或橱顶上让其自然低垂，也可以悬吊于窗户前。

栽培

❶ 选择健康壮实的吊竹梅枝条五六株（上盆时要把五六株合栽），剪为长10～15厘米的小段，留下顶端的2枚叶片。

❷ 将枝条插进盆土中，插入深度为枝条总长度的1/3左右即可，浇透水分。

❸ 将花盆放置在荫蔽处半个月左右，生根后即可正常护理。

白鹤芋

【花草名片】

◎学名：*Spathiphyllum kochii*

◎别名：白掌、异柄白鹤芋、银苞芋、苞叶芋。

◎科属：天南星科苞叶芋属，为多年生常绿草本植物。

◎原产地：最初产自美洲及亚洲热带区域。

◎习性：喜欢温度较高、潮湿及半荫蔽的环境，怕强烈的阳光久晒及刮西北风，不能抵御极度的寒冷。具有比较强的萌生新芽的能力，长得比较迅速。

◎花期：春天、夏天。

◎花色：白色。

净化功能

白鹤芋吸收甲醛的能力非常强，蒸腾效率也比较高，对提高房间里的湿度及负离子浓度皆很有效，对人们的身体健康特别有好处。此外，白鹤芋对氨气、丙酮、苯等也有一定的吸收能力。

病虫防治

❶ 白鹤芋经常发生的病害主要是细菌性叶斑病、褐斑病及炭疽病等，可以用50%多菌灵可湿性粉剂500倍液喷施来防治。

❷ 白鹤芋经常发生的虫害主要是红蜘蛛及介壳虫危害，喷施50%马拉松乳油1500倍液即可有效杀除。

选盆

选用透气性好的普通泥盆即可。花盆的口径以15～19厘米为宜。

浇水

❶ 白鹤芋的叶片比较宽大，对湿度的反应较为灵敏。在生长季节需令盆土维持潮湿状态，然而不可积聚太多的水，如果盆土长时间太湿，容易令植株干枯发黄及导致根系腐烂。

❷ 在夏天及天气干旱时，需时常朝叶片表面及植株四周地面喷洒水，确保空气相对湿度高于50%，以促进植株的生长和发育。

❸ 暮秋时应少浇水。

❹ 冬天应注意适当控制浇水量，令盆土稍湿润就可以。

新手提示： 在气候比较干燥、空气湿度比较低的时候，要注意及时为它补水，因为此时新长出来的叶片易卷皱、变小、变黄，甚至会焦枯、凋落。

摆放建议

白鹤芋能吸收部分有毒气体，喜欢高温潮湿的半荫蔽环境，适合摆放在卫生间、厨房等阴湿环境。盆栽的白鹤芋也可用来装饰客厅、书房。

花言草语

白鹤芋的叶片碧绿，苞片纯白淡雅，为世界著名的赏花及观叶植物。由于其卷曲为匙状的花苞白似雪莲、形如合掌，所以白鹤芋又被叫作“白掌”。白鹤芋直立高耸、形姿优美，是纯洁宁静、平安吉祥的象征，为非常优良的花篮及插花装扮材料。它纯白的苞片好似绿色的水面上扯起帆的白色小舟，因而在社会交往中寄托着“一帆风顺”之意，鼓励人生努力上进、事业蓬勃兴盛，一直备受人们的青睐。

繁殖

白鹤芋可采用播种法及分株法进行繁殖。

温度

白鹤芋喜欢温暖，能忍受较高的温度，不能抵御极度的寒冷。它的生长适宜温度是22℃～28℃，在3～9月是24℃～30℃，在9月～次年3月是18℃～21℃。冬天晚上温度最低需保持在14℃～16℃，白天大约需25℃。

新手提示：当温度在10℃以下时，植株的生长会受到阻碍，叶片容易遭受冻害，所以应于10月下旬搬进房间里过冬，房间里的温度不可在15℃以下。

施肥

在生长旺盛期内，植株需要较多的肥料，要1～2周施用浓度较低的复合肥或充分腐熟的饼肥水一次，这样不仅能促使植株长得健康茁壮，而且能促使其连续开花。

新手提示：当北方冬天温度比较低的时候，不要再对植株施用肥料。

修剪

注意修根和剪除枯萎叶片。

择土

白鹤芋对土壤没有严格的要求，然而最适宜在有肥力、土质松散、腐殖质丰富且排水通畅的沙质土壤中生长，不喜黏重的土壤。

新手提示：用花盆栽植白鹤芋的时候，培养土最好以泥炭土、腐叶土及较少的河沙或珍珠岩调配而成，并在种植前加入较少的骨粉或饼末作为底肥。

栽培

❶ 在早春新芽萌生出来之前把全株由盆里磕出来。

❷ 先剔除根际的陈土。

❸ 用锋利的刀在株丛基部把根茎切分开，令每一个分开的小株丛最少要有3个芽，并尽可能多带一些根，这样对新株比较迅速地抽生新的叶片有利。

❹ 分别栽植上盆就可以。

光照

白鹤芋畏强烈的阳光久晒，比较能忍受荫蔽，仅需约60%的散射光便可满足生长的需求，因此可以长期将其置于房间内有充足的散射光照射的地方养护。

在夏天要遮蔽60%～70%的阳光，防止强烈的阳光直接照射，不然植株的叶片会发黄，严重时则会发生日灼病。然而如果长时间阳光不充足，则植株不容易开花。

在北方冬天于温室内栽植时，可以不用遮蔽阳光或少遮蔽阳光。

绿巨人

【花草名片】

◎学名：*Spathiphyllum floribundum*

◎别名：绿巨人白掌、巨叶大白掌、大叶白掌、大银苞芋。

◎科属：天南星科苞叶芋属，为多年生阴生常绿草本植物。

◎原产地：最初产自南美洲哥伦比亚区域。

◎习性：喜欢温暖、潮湿及半荫蔽的环境，不能抵御寒冷，不能忍受干旱，畏阳光直接照射。根系生长得旺盛，有很强的萌生新芽的能力，长得比较迅速。

◎花期：5~9月。

◎花色：刚开放时是白色的，后来变成绿色。

净化功能

绿巨人消除甲醛及氨的能力比较强。有关测量结果显示，每平方米的植物叶面积24小时内便可将1.09毫克甲醛及3.53毫克氨消除掉，能够很好地净化房间里的空气。

病虫防治

绿巨人可能发生的病虫害是蚜虫及绿蝽象。因此用花盆栽植时，植株不可过度稠密，以叶片相互交接为准，并需改善通风效果，这样就可预防上述虫害的发生。如果出现虫害，要尽早人力抹掉或喷洒杀虫剂。

选盆

在选择花盆时多选用泥盆或者缸瓦盆，由于绿巨人的根系较发达，因此在选择花盆时要注意选择筒较深的花盆，花盆口径为18~34厘米。

浇水

❶ 在新苗期间应浇透水，保持空气湿度在80%以上。

❷ 在生长季节，可以每隔1~2天对植株浇一次充足的水。

❸ 在炎夏及气候比较干燥的时候，除了每日清晨和傍晚要分别浇水一次之外，还要时常朝叶片表面及植株四周的地面喷洒水，可以起到洗去灰尘、降低温度、防止阳光灼伤、提高空气相对湿度等诸多作用。

❹ 在秋天和冬天则需注意对植株适度控制浇水。

繁殖

绿巨人经常用分株法来繁殖，通常于春天结合更换花盆时进行。

温度

绿巨人喜欢温暖，不能抵御寒冷，生长适宜温度是18℃~25℃，过冬温度需高于8℃。

施肥

绿巨人长得很快，要及时为其供应平衡的肥料，在生长季节可以每10~15天施用以氮肥为主的肥料一次，平日可以每周追施微酸性的且浓度较低的液肥一次。

新手提示：施肥时不可施用太浓的肥料，也不可施用得过于频繁，否则会导致叶片枯黄或根系腐烂。

择土

绿巨人适宜种植在土质松散、有肥力、有机质丰富、保持水分和肥料的能力较强的中性至微酸性土壤。

新手提示：用花盆栽植时，可以用腐叶土、泥炭土、堆肥土等混合调配成培养土。

栽培

❶ 当植株的分蘖芽生长出4～6枚小叶片，新芽长至15～20厘米左右时，把母株由花盆里脱出。

❷ 用锋利的刀把小苗和母株切分开，插于珍珠岩或粗沙中，让其长根。

❸ 长根后采用新盆种植。

❹ 种植后要浇够定根水，并将盆花摆放在半荫蔽的地方料理。

❺ 平日要时常转动花盆，以令植株接受匀称的光照，使其生长得健康茁壮，维持均匀、好看的形态。

❻ 通常每隔1～2年就需要更换一次花盆，以在早春进行为佳。

新手提示：❶ 分切时注意带部分茎部，用木炭灰沾伤口，以防腐烂。❷ 在植株没有存活前不可施用肥料，等到恢复生长后再行正常料理。

光照

绿巨人喜欢半荫蔽的环境，怕强烈的阳光久晒，可以长时间将其置于房间里散射光照射的地方料理。在5～9月，要把盆花置于半荫蔽的地方料理，尤其是夏天阳光比较强烈时更要进行遮蔽，防止强烈的阳光直接照射。冬天则可以将盆花摆放在房间里光线充足的地方料理。

修剪

平日要经常把干枯发黄的叶片剪去，以降低营养成分的损耗量，维持优美的植株形态。

摆放建议

绿巨人叶片宽大，是典型的观花、观叶类植物，可直接栽种在庭院里观赏，绿巨人盆栽可用来装饰客厅、阳台、书房。

万年青

【花草名片】

◎**学名：***Rohdea japonica*

◎**别名：**冬不凋、白沙草、九节莲。

◎**科属：**百合科万年青属，为多年生宿根常绿草本植物。

◎**原产地：**最初产自中国及日本。在我国分布得比较广泛，华东、华中和西南区域都有栽植。

◎**习性：**喜欢温暖、潮湿、通风顺畅的半荫蔽环境，略能抵御寒冷，不能忍受干旱，也畏水涝，怕强烈的阳光直接照射。

◎**花期：**6～8月。

◎**花色：**白绿相间。

净化功能

万年青可以很好地将三氯乙烯吸收掉，能够消除其造成的污染，使室内空气得到净化，很适宜摆放在室内观赏。然而需特别注意的是，万年青具一定程度的刺激性及毒性，其茎叶含有哑棒酶与草酸钙，若人们触碰后皮肤就会奇痒，若不慎误尝则会导致中毒。

选盆

选择透气性能及渗水性能好的泥盆，花盆口径为24～34厘米。

择土

一般土壤即可，但若能采用有肥力、土质松散、透气良好、排水通畅的微酸性沙质土壤效果会更好。

浇水

❶ 平日给盆土浇适量的水就可以，需以“不干不浇”为原则，宁愿偏干燥也不能过分潮湿。

❷ 夏天一定要让盆土维持潮湿状态。为了让小气候保持潮湿，可于每日清晨和傍晚分别朝花盆周围地面喷水。

❸ 春天和秋天浇水皆不适宜过分频繁，只需令空气维持潮湿状态即可。

❹ 冬季要减少浇水量，不要使盆土太湿，以免根部腐烂、叶片发黄。

❺ 在雨季，需留意防止植株遭雨淋，尤其是在花期内，要将其摆放在荫蔽、干燥、通风良好且避雨的地方养护。

新手提示：高温季节每天都应浇水2次，且叶面最好喷雾2～3次。

栽培

❶ 在装好培养土的花盆里播种。

❷ 播后及时浇水，然后将花盆放在遮蔽阳光的地方料理。

❸ 令盆土维持潮湿状态，使温度控制在25℃～30℃，约经过25天便可萌芽。

病虫防治

万年青生长期间易受叶斑病危害。

病斑起初为褐色小斑，周边呈水浸状褪绿色，并呈轮纹状扩展，圆形至椭圆形，边缘褐色内灰白色。发病初期或后期均可用0.5%～1%等量式波尔多液或50%多菌灵可湿性粉剂1000倍液喷洒。

光照

万年青极耐阴，可长期放置在室内养护，它喜欢半荫蔽的环境，怕强烈的阳光直接照射，如果短时间久晒，叶片表面就会先变为白色，之后干枯、发黄。在夏天生长鼎盛期内，可将植株摆放在遮蔽阳光的地方，防止其欣赏价值降低。

施肥

每月最好施一次以氮和钾为主的液肥；夏初植株的生长势比较强，可以每隔约10天追施液肥一次，肥料里可兑入0.5%的硫酸铵，这能够促进植株的生长发育，令叶片颜色深绿且具光亮。

新手提示：在植株的开花期内，可以每隔约15天施用0.2%磷酸二氢水溶液一次，以促进其分化花芽及更好地结果实。

繁殖

可采用播种法、扦插法及分株法进行繁殖。

温度

万年青喜欢温暖，略能抵御寒冷，北方栽植时冬天要搬进房间里过冬，并需置于光照充足、通风顺畅处料理，房间里的温度不能低于12℃，控制在12℃～18℃就可以。

修剪

每年春天更换花盆时，需将植株的老根及干枯的叶片剪掉；在立夏前后要把成株外围的老叶片剪掉一部分，以促进其萌生新的芽和叶片，以及抽生出花莛。

摆放建议

万年青是一种典型的观叶类植物，可直接栽种在庭院中观赏，也可以盆栽摆放在阳台、窗台、书桌或案几上。

花言草语

花叶万年青的叶片颜色鲜亮，形态优美，有非常高的观赏价值，是当前深受尊崇的一种室内赏叶植物。它适合用花盆栽植欣赏，可以用来装饰客厅、书房和光线较弱的公共场所。然而应留意的是，花叶万年青的叶片及茎部的汁液有毒，会刺激皮肤及呼吸道黏膜，皮肤触及后会令皮肤奇痒且刺痛，不慎误食后则会令舌头强烈地疼痛且不能发出声音，因此要将其置于孩童和宠物不容易触碰到的地方。在扦插过程中也要尽可能地不触及它的汁液，扦插完后要用肥皂清洗双手，以免中毒。

鸾凤玉

【花草名片】

◎学名：*Astrophytum myriostigma*

◎别名：多蕊仙人球、多柱头花星仙人球、多柱星仙球。

◎科属：仙人掌科星球属，为多年生肉质草本植物。

◎原产地：最初产自墨西哥北部及中部高山区域。

◎习性：喜欢温暖、干燥及光照充足的环境，能忍受强烈的阳光照射，也略能忍受半荫蔽。能忍受干旱，畏积水，具有一定的抵御寒冷的能力。

◎花期：春天、夏天。

◎花色：橙黄色或具红心。

净化功能

鸾凤玉在夜间可以吸收大量的二氧化碳，能有效提高房间里负离子的浓度，使空气变得洁净、清新。

选盆

栽种鸾凤玉应选择排水性好的泥瓦盆，尽量不使用塑料盆。

择土

鸾凤玉强壮健康，喜欢在有肥力、土质松散、石灰质丰富且排水通畅的沙质土壤中生长。

浇水

❶ 鸾凤玉能忍受干旱，忌积水过多。

❷ 在4~10月鸾凤玉的生长期，要掌握好土壤的湿度，以盆土稍湿润而略干燥为宜。

❸ 冬天需控制浇水，盆土应维持略干燥状态。

新手提示：为鸾凤玉浇水的时间最好选在早晨和傍晚。

栽培

❶ 在盆底垫一块瓦片，将选好的花土过细筛后装入花盆。将花盆坐入水盆中，采用盆底渗水的方法使土壤保持湿润。

❷ 将当年收取的种子在常温水中浸泡1小时后均匀撒在花土表面。

❸ 在种子上面均匀铺一层薄薄的花土（也可以不覆土）。

❹ 将花盆连同水盆放置在20℃～30℃的半荫蔽环境中，8天后，种子就会萌芽。

❺ 种子萌芽后撤去下面的水盆，每隔2～3天采用喷淋法浇少量的水。

❻ 当花盆中的小苗长得过分拥挤时，进行分苗移栽。

❼ 移苗后1～2天，再次用盆底渗水法使土壤湿润。

❽ 撤去水盆后，每隔2～3天采用喷淋法浇少量水，使土壤“见干见湿”即可，并逐渐延长光照时间。

新手提示：鸾凤玉根系较浅，移栽时不宜深植。要注意花盆中始终不能有积水，防止花苗烂根。

繁殖

家庭种植鸾凤玉宜采用播种法及嫁接法进行繁殖。

光照

鸾凤玉喜欢光照充足的环境，适合摆放在房间里光照充足的地方。但在夏天阳光比较强烈时，也要注意适当为鸾凤玉遮蔽阳光，以免植株被灼伤。

新手提示：在鸾凤玉生长季节，应保证鸾凤玉接受充足的光照，否则鸾凤玉表面的白色星点会减少或颜色变淡，影响观赏。

施肥

1. 栽植前应以适量的有机肥及骨粉作为底肥，以促使鸾凤玉生长。
2. 在鸾凤玉的生长季节，应每个月施一次肥。

病虫防治

鸾凤玉易患灰霉病、疮痂病和红蜘蛛虫害。

1. 在栽植鸾凤玉期间，主要病害有灰霉病和疮痂病，使用70%甲基托布津可湿性粉剂1000倍液喷洒即可。
2. 鸾凤玉的主要虫害是红蜘蛛，可用40%氧化乐果乳油1500倍液进行喷杀。

修剪

每年春天更换花盆时，需将植株的老根及干枯的叶片剪掉；在立夏前后要把成株外围的老叶片剪掉一部分，以促进其萌生新的芽和叶片，以及抽生出花莛。

摆放建议

鸾凤玉株形奇特，生命力顽强，一般在家庭栽种采用盆栽，可摆放在客厅、书房、卧室、饭厅、阳台、门厅等处。

温度

鸾凤玉喜欢温暖，同时也具有一定的抵御寒冷的能力。冬天进入休眠期时，应将鸾凤玉摆放在室内温度不高的地方。鸾凤玉在5℃～10℃的环境里即可以安全过冬。

花言草语

据说红叶鸾凤玉是由一个日本植物学家冬天时在他的花园里无意中发现的。一开始，鸾凤玉的红色斑块很小，但随着气候越冷，红块逐渐扩大。到了夏天，鸾凤玉的红色斑块又会逐渐缩小。经过多年来的选育，鸾凤玉红块才固定下来。到了今天，红叶鸾凤玉不仅有绿底红斑，还有黄底红斑和各类黄红斑，颜色非常鲜艳漂亮。

大丽花

【花草名片】

◎**学名：** *Dahlia pinnata*

◎**别名：** 大丽菊、大理花、东洋菊、天竺牡丹。

◎**科属：** 菊科大丽花属，为多年生草本球根植物。

◎**原产地：** 最初产自墨西哥、哥伦比亚和危地马拉等地区，如今世界各个地区都广泛栽植。

◎**习性：** 喜欢温暖、凉快、朝阳且通风顺畅的环境，然而若光照太强烈则会不利于正常开花。不能抵御寒冷，也不能忍受较高的温度和炎热，不能忍受干旱，同时也不能忍受积水。

◎**花期：** 6～10月。

◎**花色：** 红、黄、橙、紫、粉、白等颜色，也有两种颜色相间的。

净化功能

大丽花吸收空气里的二氧化碳、硫化氢等有毒气体的能力比较强，可以有效净化空气。此外，它还可以监测空气里氮氧化物的污染状况。

择土

大丽花适宜生长在土质松散、有肥力、腐殖质丰富、排水通畅的沙质土壤中。

新手提示： 盆栽时，培养土可以用5份菜园土、2份腐叶土、2份沙土及1份大粪干来调配。

选盆

宜选用排水性能好的泥盆，且是口面大的浅泥盆，同时把盆底的排水孔尽量凿大，下面垫上一层碎瓦片作排水层。

栽培

❶ 通常10月中旬上盆，每盆可以种植1～2棵植株。

❷ 种植前应在盆土中施进合适量的底肥，以促使植株健壮生长。

❸ 当苗长高到10～12厘米时，留2个节摘顶，培养每盆枝条达6～8枝，最后一次摘心在离春节前40～50天进行，以便控制春节期间开花。

❹ 在最后一次摘心并定枝后，开始绑竹，每枝条一支竹片，同时把过多的侧枝摘除，以便通风。

❺ 当花蕾长到花生米大小时，每枝留2个花蕾，其他花蕾摘除。

❻ 当花蕾露红时，再去一个，使每枝只留一个花蕾。

新手提示： 在平日应留意及时翻松盆土，以免盆土表层变硬，影响植株生长，并应尽早清除盆里积聚的过多的水，否则植株的根系容易腐烂。

光照

大丽花喜欢光照充足的环境，不能忍受荫蔽，需种植或放在光照充足的地方。然而大丽花也畏强烈的阳光直接照射，尤其是炎夏雨后放晴的久晒，在这种情况下需为其略加遮蔽阳光，以免影响植株的生长发育。

施肥

施肥的前一阶段主要是施用氮肥，后一阶段则主要是施用磷肥和钾肥。在幼苗阶段，每隔10～15天施用浓度较低的液肥一次即可；从7月中下旬直到植株开花，需每7～10天施用浓度较低的液肥一次，且施用肥料的浓度应渐渐提高。

新手提示：在大气温度比较高的时候不可对植株施用肥料。

病虫防治

大丽花经常发生的病害主要是褐斑病、白粉病，可以喷施50%甲基托布津可湿性粉剂1000倍液。

温度

它的生长适宜温度是10℃～25℃，然而在生长季节对温度的要求不太严格，温度在5℃～30℃都可正常生长。当冬天温度在0℃以下时，大丽花容易遭受冻害。

修剪

大丽花开花的时候容易歪倒，因此需适度采取修剪、整枝及摘心措施，并及时搭设立柱或插竹竿进行支撑。

摆放建议

大丽花花色艳丽，极具观赏价值，可以盆栽摆放在阳台、窗台、书架和案几上，也可以制成插花装点居室。

浇水

❶ 应以“不干不浇，浇则浇透”为浇水原则。

❷ 在幼苗阶段，由于需要的水分比较少，在晴朗的天气每天浇一次水，令土壤维持略潮湿的状态就可以。

❸ 在生长季节，应严格控制浇水，避免茎和叶徒长，以促进茎干长得粗大壮实、花朵肥大。

❹ 夏天温度较高时，需常向叶片表面喷洒清水，以促使茎和叶健壮生长，然而盆土不能过度潮湿。

❺ 在雨季，需控制浇水量并尽早排除积水，宜用砖把花盆垫高，以免花盆底部的排水孔被堵住和地面积聚的水渗进盆中。

新手提示：在晴朗的天气或刮风的天气，正午时分或黄昏植株容易缺少水分，应留意适度增加浇水量。

繁殖

大丽花采用播种法、扦插法及分株法进行繁殖。

紫露草

【花草名片】

◎学名：*Tradescantia reflexa*

◎别名：紫鸭跖草。

◎科属：鸭跖草科紫露草属，为多年生常绿宿根草本植物。

◎原产地：最初产自北美洲。

◎习性：喜欢温暖、潮湿的气候，不能抵御寒冷，能忍受干旱，畏积水。喜欢阳光充足的环境，也能忍受半荫蔽，怕强烈的阳光久晒。生长得强壮健康，有很强的适应能力。

◎花期：5～7月。

◎花色：蓝紫色。

净化功能

紫露草可以强效吸收甲醛，还可以吸滞粉尘，对净化房间里的空气很有效果。

择土

紫露草有很强的适应能力，对土壤没有严格的要求，然而以在有肥力、土质松散、排水通畅的沙质土壤中生长最为适宜。

选盆

适宜紫露草家庭栽植的花盆有泥盆或缸瓦盆，因为这类盆透气性较好。

栽培

❶ 种植时间最好是在春天，一般于3月下旬到4月上旬幼叶钻出土面时结合分株进行移植及定植。

❷ 上盆后放在向阳的或半向阳的地方。

新手提示：在种植前需在土壤中施入充足的底肥，以促使植株枝叶健壮、开花繁茂。

花言草语

紫露草的植株娇小可爱，露地栽植或用花盆栽植都可以，而且料理起来简单、方便，所以很受人们喜欢。盆栽紫露草不仅能绿化房间里的环境，也能置于走廊等地方，装点四周的风景。另外，它还能用来陈设花坛，也能在城市花园广场、公园、路旁、湖边、山坡、林间等处呈条形、环形或片形栽植，并利用灌木或绿篱作为背景而构成美丽的园林画面，也能作为地被植物。

紫露草不著名、不珍贵、不娇弱，普通而真切，然而却总是为人们带来欢乐。

光照

紫露草喜欢光照充足的环境，也能忍受荫蔽，怕强烈的阳光直接照射久晒，能长期置于或悬挂在房间里有充足的散射光照射的地方。在夏天若植株受到强烈的阳光直接照射，叶片就会被灼伤，故需适度遮蔽阳光；冬天则将植株置于或悬挂在窗户前光照比较充足处养护即可。

新手提示：如果植株长时间在光线较弱的环境中生长，或在房间里昏暗的地方摆放太长时间，容易令花枝变少、茎叶缺少光泽，植株容易徒长歪倒，所以通常约两周便需更换一次摆放位置。

施肥

在植株的生长旺盛期，需大约每隔半个月施用以氮肥为主的复合肥一次，施完肥后应马上浇水，以免肥料损伤根系。

病虫防治

病虫害较少。

温度

紫露草喜欢温暖，不能抵御寒冷，生长适宜温度是15℃～25℃，冬天要进入房间里过冬，房间里的温度控制在10℃上下就可以。

浇水

❶ 紫露草喜欢潮湿，同时也畏积水，在生长季节要令盆土维持潮湿状态。

❷ 在夏天和气候干燥时，除了每日浇水之外，还要每日朝枝叶喷洒1～2次清水，以维持比较大的空气湿度，并留意加强通风效果、降低温度。

❸ 冬天需注意控制浇水，并需时常用水温和室内温度相近的清水喷洒、冲洗植株的枝叶，以免灰尘附着在枝叶表面，影响观赏。

繁殖

紫露草可采用扦插法及分株法进行繁殖。扦插繁殖全年皆能进行，其中以初春或秋末扦插最为适宜，非常易于存活。分株繁殖可于春天或秋天进行，一般于春天结合更换花盆时进行，也比较容易存活。

修剪

为了令植株形态维持优美及令开花时间变长，可以于8～9月进行一次平茬，以促使新的蘖芽加快生长。

摆放建议

紫露草怕冷，一般盆栽摆放在卧室、客厅、书房、厨房等处，也可栽种在吊盆里悬挂起来。

金橘

【花草名片】

◎学名：*Fortunella margarita*

◎别名：金柑、枣橘、牛奶金柑、羊奶橘。

◎科属：芸香科金橘属，为常绿灌木。

◎原产地：最初产自中国暖温带及亚热带区域，广泛分布于长江流域及以南的各个省区。

◎习性：喜欢温暖、光照充足的环境，略能忍受荫蔽，比较能抵御寒冷。喜欢潮湿，也能忍受干旱，怕水涝。

◎花期：6~8月。

◎花色：乳白色。

净化功能

金橘在抵抗和吸收空气里的一氧化碳、二氧化硫、过氧化氮、氯气、氟、乙醚、乙烯、汞蒸气及铅蒸气等有害气体方面很有功效。盆栽金橘在室内欣赏时，对家电设备、塑料制品、装饰材料所释放出来的有害气体也具一定程度的吸收及抵抗功用。另外，金橘能释放出植物杀菌素，能将危害人们身体健康的微生物杀灭。

选盆

种植金橘时，应该尽量选用特大型花盆，透气、渗水、轻便的泥盆或缸瓦盆是最好选择。

栽培

❶ 嫁接时，枝接，在3~4月宜用切接法；芽接在6~9月进行；靠接在6月进行，盆栽常用此法。

❷ 嫁接成活后的第二年萌芽前可移栽，要多带宿土。

❸ 每隔1~2年，春季出室时进行换土，换土后放在阴处养护半月，然后放到阳光下培育。修剪后既要使枝条不错乱，又要保持相当密度，形成良好的圆头形树冠。

❹ 7月秋梢新发，对过密和影响树形的嫩枝应及时摘除。

❺ 养护过程中还要注意向日性，花盆朝南的，移动后仍需朝南，不能紊乱光照，否则树势不旺。

新手提示：栽后通常每2年要更换一次花盆，并在更换花盆的同时更换盆土，即去掉陈土、换上新的培养土。

择土

金橘喜欢在土质松散、土层较厚、有肥力、腐殖质丰富且排水通畅的中性或酸性沙质土壤中生长。

新手提示：用花盆栽植时，培养土可以用5份沙土、4份腐叶土和1份饼肥来混合调配。

光照

春天和冬天皆需将它置于光照充足的地方，夏天需防止强烈的阳光久晒，适宜将植株置于稍荫蔽的地方。

施肥

在生长季节，要每周施用20%～30%腐熟的饼肥水一次，主要是施用氮肥，可以促使植株萌芽及加快枝叶的生长。

病虫防治

金橘常发生的虫害为介壳虫危害，通常于4～5月发生，可以人工直接使用刷子把害虫刷掉，也可以用乙酰甲胺磷1000倍液喷施来处理。

温度

金橘喜欢温暖，比较能抵御寒冷，当温度在0℃以下时容易遭受冻害，北方栽植时冬天要进入房间里过冬。冬天要有约60天的10℃低温，方可确保次年植株能够正常生长和发育。

新手提示：冬天房间里的温度不适宜太高，不然会导致植株休眠不充足，不利于次年的开花和结果实。

浇水

❶ 在春天生长鼎盛期内，要为植株供应足够的水分，盆土需时常维持潮湿状态，不可缺少水分，否则会对植株的正常生长发育造成不良影响。

❷ 在夏梢生长期，需注意掌控水分，以促使其尽快分化花芽，等到夏梢的腋芽日渐胀大，从绿色变成白色，花芽分化结束的时候，才能正常浇水；炎夏尽可能不要在正午前后浇水，而要在每日清晨和傍晚浇水，并要时常朝叶片表面喷洒清水。

❸ 秋天可以适度控制浇水，以增强植株抵抗寒冷的能力。

❹ 在冬天，盆土不干燥就不要浇水，等到果实成熟后需控制浇水，以使挂果时间变得更长。

繁殖

金橘采用压条法及嫁接法进行繁殖。

修剪

金橘要合理修枝，在2～3月进行，剪去密生枝，细弱枝，交叉重叠枝，下垂枝和病枯枝。强枝不必剪，徒长枝应打头，衰老枝剪短，促使它更新。

摆放建议

金橘是一种典型的观果类植物，可直接种植在庭院里欣赏，也可以盆栽摆放在客厅、卧室、书房、阳台等向阳的地方。

无花果

【花草名片】

◎学名：*Ficus carica*

◎别名：蜜果、明月果、映日果、天仙果。

◎科属：桑科榕属（也称为无花果属），为落叶灌木或小乔木。

◎原产地：最初产自欧洲地中海沿岸及中亚区域。

◎习性：喜欢温暖、潮湿及光照充足的环境，不能抵御极度的寒冷，比较能忍受干旱，不能忍受积水。

◎花期：4～6月。

◎花色：白色。

净化功能

无花果吸附二氧化硫、三氧化硫、硫化氢、氯化氢、二氧化氮、苯、硫酸雾及硝酸雾等有毒气体的能力比较强，还可以吸纳、滞留一些灰尘。它抵抗和吸收氟的能力比普通花木要高出160倍，所以特别适合作为大气污染严重区域的绿化树种。另外，无花果还可以杀灭空气里的细菌，能很好地净化空气，对人们的身体健康非常有益。

选盆

选用排水性能好的泥盆或瓦盆，以内径35厘米以上的大花盆为宜。

择土

无花果具有很强的适应能力，对土壤没有严格的要求，在沙土、沙质土壤、黏重土壤、酸性土壤、轻碱性土壤及经过改良的盐碱地中都可长得较好，然而以在土层较厚、排水通畅的沙质土壤中生长最为适宜。

新手提示：用盆栽植无花果时，培养土可以用4份腐叶土、4份园土及2份肥土来混合调配，并加上较少的马粪作为底肥。

栽培

❶ 选取1～2年生的健康壮实的枝条，截为长15～20厘米的小段作为插穗。

❷ 把下部剪为马耳形，并留下2～3个芽。

❸ 将其倾斜45度插进土里，浇足水，经过20～30天就能长出新根，萌生新芽。

❹ 最后移植到新盆中。

❺ 栽后通常每隔2～3年需要更换一次花盆和盆土。

新手提示：由于无花果比较嗜肥，因此在移植时要施用适量的底肥。

花言草语

无花果为人类最先驯化栽植的古果树中的一种，迄今已经具有将近五千年的栽植史。古罗马时有一棵无花果树，由于曾经掩护罗马建立者罗慕路斯王子逃过凶狠的妖婆及啄木鸟的追击，而被赐予“守护之神”的称呼。在地中海沿岸国家的古雅而不同时俗的传说里，无花果被叫作“圣果”，是祭祀时使用的果品。

无花果味道甜美、富含营养元素，不仅可食，也是一种中草药的原料，具增进食欲、滋补、润肠及催奶等功用。据《本草纲目》记载：“无花果味甘平，无毒，主开胃，止泻痢，治五痔、咽喉痛。”

光照

喜欢温暖和光照充足的环境，不能抵御极度的寒冷，常种植在朝阳的地方。在炎夏温度较高、天气极热时，正午前后要适度遮蔽阳光。

施肥

平日需时常施肥。对无花果进行追肥的时候主要是施用磷及钙，并施用适量的氮及钾，基本上要把氮、磷、钾、钙的比例控制在0.5∶1∶0.8∶2.5范围内。

病虫防治

❶ 无花果经常发生的病害为炭疽病，可以用70%甲基托布津可湿性粉剂1000倍液喷施来防治。
❷ 无花果经常发生的虫害为介壳虫危害，可以喷施80%敌敌畏乳油1000倍液来灭除。

温度

在进入冬天前将幼苗搬进低温的房间里过冬，温度控制在0℃上下就可以，次年4月底或5月初再搬到户外朝阳的地方料理。

浇水

❶ 在浇水的时候水量必须适量。
❷ 对新栽种上盆的植株，不适宜浇太多水，在上盆或更换花盆时接连浇2次充足的水之后，每日浇一次水就可以。
❸ 在夏天及气候干燥时，除了每日浇一次水之外，还需每日朝枝叶喷洒2～3次清水。
❹ 在雨季或接连阴雨的天气，需留意尽早清除积水，防止植株遭受涝害。
❺ 冬天将植株移入室内后则不要再对其浇水。

新手提示：在植株的果实成熟之后，要少浇一些水。

繁殖

无花果可采用扦插法及分株法进行繁殖。

修剪

用盆栽植无花果时，植株不适宜太高，通常控制在30～50厘米，所以在栽植期间要留意进行修剪。一般以春天修剪为佳，适宜于3月树液流动之前进行，能很好地避免发生抽干现象。

新手提示：在植株的盛果期，为了增加产量，也要进行适度修剪，主要是对稠密枝及过度旺盛枝进行回缩。

摆放建议

无花果是典型的观果类植物，可盆栽摆放在窗台、阳台等光线较好的地方，适合装点客厅、书房。

孔雀竹芋

【花草名片】

◎**学名：** *Calathea makoyana*

◎**别名：** 五色葛郁金、马克肖竹芋、孔雀肖竹芋、蓝花蕉。

◎**科属：** 竹芋科肖竹芋属，为多年生常绿草本观叶植物。

◎**原产地：** 最初产自热带美洲和印度洋的岛域上。

◎**习性：** 喜欢温暖、潮湿和半荫蔽的环境，不能忍受寒冷及干旱，畏水涝及西北风，怕强烈的阳光直接照射久晒。

◎**花期：** 夏天。

◎**花色：** 紫红、粉白色。

净化功能

孔雀竹芋消除甲醛及氨气的能力比较强。根据有关测定，每平方米孔雀竹芋的叶面积24小时便可将0.86毫克甲醛及2.91毫克氨消除掉，堪称净化室内空气的“能手”。

选盆

可以选用排水性好，通气性强的泥盆、陶土盆，花盆应口径大且筒浅。

繁殖

孔雀竹芋常采用分株法进行繁殖。

择土

孔雀竹芋对土壤没有严格的要求，但以在有肥力、腐殖质丰富、土质松散、排水通畅的微酸性土壤中生长最为适宜，不宜在黏重的园土中生长。

新手提示： 用花盆栽植孔雀竹芋时，培养土可以用3份腐叶土、1份锯末或泥炭、1份河沙来混合调配，并加上较少的豆饼作为底肥。

栽培

❶ 把母株由盆里磕出来，剔除陈土。

❷ 用锋利的刀顺着地下根茎生长的方向把长得繁茂的植株切分开，令每一个子株具3～4个芽及5～7片叶子，并尽可能地留下比较多的健康壮实的根系，以便于存活及以后的生长发育。

❸ 切分后要于切口处涂抹上木炭粉，以免切口腐烂。

❹ 再将子株上盆栽植并浇足水，先放在半荫蔽的地方养护，以使其逐渐恢复生长，经过5～7天左右才能搬到光照比较良好的地方正常料理。

❺ 栽后通常每两年需更换一次花盆，多于春夏交替之际进行。

新手提示： 上盆之前要先在花盆底部垫上厚约3厘米的粗沙作为排水层，以便于排水通畅。

温度

孔雀竹芋喜欢温暖，不能抵御寒冷，生长适宜温度是18℃～25℃。在气温高于20℃的5～10月间，植株长得最为迅速。在每年10月到次年4月气温较低的季节，北方栽植时要将植株搬进温室内过冬，室内温度应控制在13℃～18℃。

光照

孔雀竹芋较能忍受荫蔽，畏强烈的阳光直接照射，可以长期摆放在房间里有充足散射光照射的地方料理。

新手提示：夏天需将植株置于凉棚下或半荫蔽的地方，遮蔽50%的阳光；冬天则要将植株摆放在房间里向南窗口的、光照充足的地方养护。

施肥

平日可以每隔10天直接朝叶片表面喷施0.2%的液肥一次。在生长季节，需每月追施浓度较低的液肥一次。施肥时要主要施用磷肥和钾肥，不适宜施用太多的氮肥。

新手提示：冬天不要再对植株施用肥料。

病虫防治

❶ 孔雀竹芋常发生的病害是叶斑病，一旦发现后就要马上将病残叶和杂草全部除掉，防止病害继续蔓延，并用50%代森锰锌可湿性粉剂500～600倍液喷施。

❷ 孔雀竹芋受到介壳虫、粉虱等的危害时，用25%亚胺硫磷乳油1000倍液或40%氧化乐果乳油1500倍液喷洒即可有效处理。

修剪

每年更换花盆的时候应将干枯根及残败叶剪掉，以促使植株加快生长及保持优美的株形。

摆放建议

孔雀竹芋的叶片极具观赏价值，盆栽孔雀竹芋可以摆放在书房、客厅、卧室等处，也可以用吊盆吊放在花架、门廊等处。

浇水

❶ 孔雀竹芋喜欢潮湿，不能忍受干旱，空气湿度宜保持在70%～80%。

❷ 在生长季节要为植株供应足够的水分，尤其是夏天气候干燥时，除了要每日浇水令盆土维持潮湿之外，还要每日朝叶片表面喷洒2～3次清水，以降低温度、保持一定的湿度，促进植株的生长发育。

❸ 暮秋后要逐渐对植株减少浇水量。

❹ 进入冬天后需注意控制浇水，令盆土维持不干燥状态，以便于过冬，等到次年春天植株抽生出新的叶片后再正常浇水。

合果芋

【花草名片】

◎**学名：** *Syngonium podophyllum*

◎**别名：** 箭叶芋、紫梗芋、白蝴蝶、丝素藤。

◎**科属：** 天南星科合果芋属，为多年生常绿蔓性草本植物。

◎**原产地：** 最初产自中美洲、南美洲的热带雨林里，如今世界各个地区都广泛栽植。

◎**习性：** 喜欢温度较高、潮湿和半荫蔽的环境，不能抵御寒冷，不能忍受干旱和水涝，怕强烈的阳光久晒。但具有很强的适应能力，能适应不同的光照条件。

◎**花期：** 夏天、秋天。

◎**花色：** 花序外面具苞片，其内部呈红色或白色，外部则呈淡绿色或黄色。

花言草语

合果芋有很多品种，其中白纹合果芋、翠玉合果芋、白蝴蝶合果芋、粉蝶合果芋、银叶合果芋及箭头叶合果芋等皆为常见的栽植品种。因它易于繁殖，栽植简单方便，非常能忍受荫蔽而且有很好的装扮作用，如今在世界各个地区均广为使用，已经成了国际市场上十分畅销的室内盆栽赏叶植物中的一种。

选盆

可选用塑料盆。常用花盆口径为10～15厘米的花盆。

净化功能

合果芋对房间里的很多有害物质皆有比较强的吸收及净化作用，能吸收大量甲醛及氨气。与此同时，它有比较高的蒸腾效率，具一定程度的调整室内湿度的功能，还能散放出比较多的负离子，提高房间里的负离子浓度，令房间里的空气维持清爽新鲜，对人们的身体和精神健康皆非常有益。

择土

合果芋喜欢在有肥力、腐殖质丰富、土质松散、排水通畅的沙质土壤中生长。

新手提示： 用花盆栽植合果芋时，培养土可以用泥炭土、腐叶土及较少的粗沙来混合调配。

栽培

❶ 选择生有2～3枚叶片的幼嫩的茎段作为插穗，将其插进沙床或别的基质里。

❷ 给基质浇足水并保持湿润，然后摆放在半荫蔽的地方养护，令温度控制在20℃上下，10～15天后即可长出根来，非常易于存活。

❸ 栽后通常每2～3年要更换一次花盆，以春天进行为宜。

修剪

在夏天，植株的茎叶长得比较迅速，盆栽欣赏时要留意进行摘心整形。在春天更换花盆时，成年植株可以进行重剪，以促使其重新开始萌发新茎叶。

新手提示： 用吊盆栽植的时候，茎蔓向下低垂，应按期进行疏剪，修整株形，防止茎蔓太长或过于稠密，以令植株形态维持美观。

光照

合果芋喜欢半荫蔽的环境，畏强烈的阳光久晒，能长期摆放在房间里散射光充足的地方养护。平日可以将植株置于光线明亮的地方，并留意防止强烈的阳光直接照射。夏天以遮蔽70%～80%的阳光为好，可以将它置于户外半荫蔽的地方料理；冬天要将它放在房间里有足够的散射光照射的地方料理。

新手提示： 不能长时间将合果芋放在过度荫蔽的地方，以防止茎干及叶柄徒长变长，令叶片变得窄小，影响植株形态。

施肥

在植株的生长季节，每半个月施用浓度较低的液肥一次即可。冬天不要对植株施用肥料。

新手提示： 为了令叶片颜色碧绿，可以每月用0.2%硫酸亚铁溶液喷洒一次。

病虫防治

❶ 合果芋的病害主要是灰霉病及叶斑病，用等量式波尔多液或70%代森锌可湿性粉剂700倍液喷洒就能有效预防和治理。

❷ 合果芋常发生的虫害主要是蓟马及粉虱危害，用40%氧化乐果乳油1500倍液喷洒便能很好地防治。

温度

合果芋喜欢温暖，不能抵御寒冷，生长适宜温度是22℃～30℃。

浇水

❶ 在其生长季节，浇水要以“宁湿勿干”为原则，然而也不可积聚太多的水。

❷ 合果芋喜欢比较大的空气湿度，在夏天生长鼎盛期和气候干旱时，除了浇水要充足之外，还要每日朝叶片表面喷洒2～3次清水，以维持比较大的空气相对湿度，促使植株健壮生长，令叶片洁净而有光泽。

❸ 冬天将植株搬进房间里料理时，则不要再朝叶片表面喷洒清水，待盆土干燥后再行浇水，注意盆土千万不可太湿，不然容易令植株叶片发黄凋落或根部腐坏死去，不利于欣赏。

繁殖

合果芋可采用扦插法及分株法进行繁殖。

摆放建议

合果芋是一种观叶类植物，一般采用盆栽。小型盆栽合果芋可悬垂、吊挂在客厅、书房、门厅等处，大型支柱式合果芋盆栽一般摆放在客厅。

花叶芋

【花草名片】

◎**学名：** *Caladium bicolor*

◎**别名：** 五彩芋、彩叶芋、二色芋。

◎**科属：** 天南星科五彩芋属，为多年生常绿草本植物。

◎**原产地：** 最初产自南美洲的热带区域，在巴西及亚马孙河流域分布得最为广泛。

◎**习性：** 喜欢较高的温度、潮湿及半荫蔽的环境，不能忍受寒冷，也不能忍受干燥和水涝，畏强烈的阳光久晒，在遮阴较少或荫蔽的环境中才能长得较好。

◎**花期：** 春季。

◎**花色：** 黄色或橙黄色。

净化功能

花叶芋的纤毛可以拦截并吸滞空气里飘浮的极细小的颗粒、烟雾及尘埃，被叫作“天然除尘器”。此外，它还能分泌出植物杀菌素，可以压制或杀灭有害细菌。

选盆

种植花叶芋通常选用口径为12～15厘米的泥盆。

繁殖

花叶芋可采用播种法、扦插法及分株法进行繁殖。

择土

花叶芋不能忍受盐碱及贫瘠的土壤，喜欢在有肥力、腐殖质丰富、土质松散且排水通畅的泥炭土或腐叶土中生长。

新手提示： 用花盆栽植花叶芋时，培养土可以用泥炭土或腐叶土和等量的沙壤土来混合调配，并加上较少的充分腐熟的豆饼末或骨粉作为底肥，也可以用土壤2份、腐叶土2份、充分腐熟的有机肥1份、细沙或砻糠灰1份来混合调配。

栽培

❶ 选取1～2块优质的块茎。

❷ 将盆土放入花盆中，植入块茎，不必太深。

❸ 植入块茎后马上浇水，并令土壤维持潮湿状态。

新手提示： 花叶芋栽后通常每年春天要更换一次花盆。

温度

花叶芋喜欢温暖，不能抵御寒冷，生长适宜温度是25℃～30℃，如果温度超过30℃，则新叶萌生得比较迅速，叶片薄且柔弱，令赏叶期变短。10月到次年6月是块茎的休眠期，最适合的温度是18℃～24℃；冬天块茎休眠时温度需高于15℃才能顺利过冬，如果室内温度在15℃以下，则块茎容易腐坏。

修剪

❶ 在平时料理期间，如果看到叶片发黄或向下低垂，应马上摘掉，以促进植株萌生新的叶片，有利于植株保持整齐、洁净、漂亮。

❷ 为了避免营养物质过度损耗，抑制植株的生殖生长，可以尽早将不必要的花蕾摘掉。

光照

花叶芋喜欢半荫蔽的环境，也喜欢充足的阳光，然而畏强烈阳光直接照射久晒。夏天需置于房间里光照充足的地方，也可把花盆置于荫棚下或适度遮蔽阳光，防止强烈的阳光直接照射灼伤叶片。春天和秋天将盆花置于半荫蔽的地方，能令叶片颜色维持鲜艳、光亮。然而如果长时间光线不充足，植株容易徒长，叶柄会变长而且容易断裂，叶片弱而嫩，叶色变得暗淡，植株形态会不端正。

施肥

花叶芋的生长时期是6～10月，施用肥料时谨记“薄肥勤施”，要每个月施用2～3次浓度较低的液肥，氮肥、磷肥和钾肥配合着施用，主要施用氮肥，比如豆饼、腐酱渣的浸泡液，也可以施用较少的复合肥。10月后花叶芋的叶色会渐渐暗淡而步入休眠状态，在这段时期内不要对其施用肥料。

新手提示：施用肥料时千万不可让肥液污染叶片，否则叶片会干枯。施完肥后要马上浇水，以防止肥料损伤植株的根系。

病虫防治

花叶芋的病害主要为干腐病及叶斑病。

❶ 花叶芋的块茎在储藏期间容易患干腐病，使用50%多菌灵可湿性粉剂500倍液浸泡或喷粉就能有效预防。

❷ 花叶芋在舒展叶片期间，容易患叶斑病，用50%甲基托布津可湿性粉剂700倍液喷施就能防治。

摆放建议

花叶芋是一种观叶类植物，小型盆栽可摆放在窗台、桌案、书柜等处，大型盆栽一般用来装饰客厅、门厅。

浇水

❶ 花叶芋喜欢潮湿，不能忍受干燥，然而也怕积聚太多的水。

❷ 植株萌芽之初和秋天皆需掌控浇水，令盆土表层变得干燥后再行浇水。

❸ 6～9月是花叶芋生长的鼎盛期，要保证浇水充足，并时常令盆土维持潮湿状态，然而不可积聚太多水，以防止块茎腐坏。

❹ 在夏天气候比较干燥的时候，除了要每日浇水之外，还要每日朝叶片表面喷洒2～3次清水，以增加空气相对湿度，令叶片挺拔、叶色鲜艳而有光泽。

❺ 进入秋天之后，植株渐渐步入休眠状态，要减少浇水量和浇水次数，令盆土维持稍干燥状态就可以。

棕竹

【花草名片】

◎学名：*Rhapis excelsa*

◎别名：棕榈竹、矮棕竹、筋头竹、观音竹。

◎科属：棕榈科棕竹属，为常绿丛生灌木。

◎原产地：最初产自中国南方地区。

◎习性：喜欢温暖、潮湿和通风的环境，略能抵御寒冷，能忍受0℃上下的低温，不能忍受干旱，比较能忍受荫蔽，畏强烈的阳光照射和西北风。具有很强的适应能力，生长旺盛，萌生新枝的能力也较强，较耐修剪。

◎花期：4～5月。

◎花色：浅黄色。

净化功能

棕竹对房间里的很多种有毒物质皆有非常强的吸收及净化作用，其中消除重金属污染和二氧化碳的效果比较明显。同时，它也有非常高的蒸腾效率，对提高房间里的湿度及负离子的浓度都很有效果，能令房间里的空气维持清爽新鲜。

修剪

平日要尽早将干枯枝、病虫枝及枯黄的叶片等剪掉，这样不仅可以降低营养成分的损耗量，促进植株萌生新的枝叶，而且还可以增强通风透气效果，避免发生病虫害。

选盆

栽种棕竹需用体型较大的泥盆或瓷盆，也可用木桶来种植。

择土

棕竹喜欢在有肥力、腐殖质丰富、土质松散且排水通畅的酸性土壤中生长，不能忍受贫瘠及盐碱，在表层已经变硬的土壤中会长得不好。

新手提示：用盆种植时，培养土可以用相同量的园土、腐叶土及河沙来混合调配。种植前可以在培养土中加进合适量的底肥，以促使植株健壮生长。

栽培

❶ 播前宜先用温度为30℃～35℃的水浸泡棕竹的种子1～2天，等到种子开始萌动的时候再进行播种。

❷ 把种子播于盆土里，然后盖上2～3厘米厚的细土。

❸ 播种后需浇水或喷水，并保持土壤湿润，经过30～50天即可萌芽。当小苗的子叶长至8～10厘米长的时候就可正常料理。

温度

棕竹喜欢温暖，略能抵御寒冷，生长适宜温度是20℃～30℃。冬天室内温度控制在5℃之上，它就能顺利过冬，然而也可以忍受比较短时间的0℃上下的低温，在我国华南和西南一些区域能露地成丛栽植。

病虫防治

棕竹经常发生的病害为叶斑病及介壳虫危害。

❶ 当棕竹患上叶斑病，连续喷施数次100倍的波尔多液就能处理。

❷ 当它受到介壳虫危害时，只要看到虫害就要马上人工刮掉，或喷施50%氧化乐果乳油1000倍液来杀除，并要改善通风透气效果。

光照

棕竹属于典型的室内赏叶植物，比较能忍受荫蔽，畏强烈的阳光照射，在光线充足的房间里能长时间欣赏。如果房间里比较昏暗，连着放置三个月后就要变换一次放置的地方。在生长期内要注意遮蔽阳光，遮阴度约达到50%就可以。

新手提示：夏天阳光强烈的时候需格外留意，要为植株适度遮蔽阳光，防止强烈的阳光直接照射久晒，并要保持通风顺畅，不然叶片容易变黄，或叶片的尖部容易被灼伤，不利于植株的正常生长发育和美观。

施肥

在植株的生长季节，需每月施用1～2次浓度较低的液肥，且主要施用氮肥。冬天则不要再对植株施用肥料。

繁殖

棕竹可采用播种法及分株法进行繁殖。

浇水

❶ 在植株的生长季节，要令盆土维持潮湿状态。
❷ 夏天气候干燥的时候，除了浇水之外，还需每日朝植株的枝叶喷洒1～2次清水，以增加空气湿度，促使植株健壮生长。
❸ 秋天适度减少浇水的量和次数。
❹ 冬天盆土最好以“见干见湿”为原则，并要每隔一周用接近室温的水朝植株的枝叶喷洒或淋洗一次，以令枝叶维持洁净、光亮。

摆放建议

棕竹是一种喜阴类的观叶植物，盆栽可摆放在客厅、书房一角。

波士顿蕨

【花草名片】

◎学名：*Nephrolepis exaltata* Bostoniensis

◎别名：肾蕨、玉羊齿、蜈蚣草、石黄皮。

◎科属：肾蕨科肾蕨属，为多年生常绿草本观叶植物。

◎原产地：最初产自热带和亚热带区域，在中国南方各个省亦有分布。

◎习性：喜欢温暖、潮湿及荫蔽的环境，经常生长在溪旁、林下、岩石缝中，或附生在树木上。不能抵御寒冷，稍能忍受干旱，不能忍受炎热，怕强烈的阳光直接照射。长得很快，病虫害比较少。

◎花期：不开花。

净化功能

在蕨类植物中，波士顿蕨堪称吸收甲醛的高手，其每小时便可吸收掉0.02毫克左右的甲醛，所以被叫作最有效的生物“净化器”。它还可以吸收烟雾，故时常接触油漆、涂料，或周围有喜欢抽烟的人，可在工作地点摆放几盆蕨类植物，以减轻甲醛及烟雾对人身体的损害。另外，波士顿蕨对计算机显示器、打印机及复印机所释放出的甲苯与二甲苯还有一定的抑制及吸收作用。同时，它还能提高空气相对湿度，保护人们的呼吸系统，非常有益于人们的身体和精神健康。

选盆

选择透气性好、排水性好的泥盆或瓦盆，盆体较深。

繁殖

波士顿蕨经常采用分株法进行繁殖，全年都能进行，以5～6月大气温度稳定的时候进行为佳。

择土

波士顿蕨具有很强的适应能力，能忍受贫瘠，但最适宜在土质松散、有肥力、腐殖质丰富、透气性好及排水通畅的中性或微酸性土壤中生长。

新手提示：用花盆种植时，可以用泥炭土或腐叶土、粗沙或培养土的混合基质作为盆土，若条件允许，用水苔作为培养基则对植株的生长更有益。也可以用质量比较轻且干净卫生的纯膨化塑料人造土作盆土。

光照

波士顿蕨喜欢半荫蔽的环境，在充足的散射光条件下可以长得较好，要防止阳光直接照射，然而也不能置于过于昏暗的地方养护。

新手提示：在冬天要让植株接受适度的阳光照射，可以把盆栽摆放在向北或向东的窗口边养护。

栽培

❶ 将母株小心地剥开，把匍匐枝分开另外再行栽种，每一盆可以栽种2～4丛匍匐枝。

❷ 在花盆底部铺放几块碎小的瓦片或砖块。

❸ 栽完后马上浇水并置于半荫蔽的地方料理，令盆土维持潮湿状态，可以使其迅速恢复生长。

❹ 当根茎上萌生出新的叶片后，再放在遮阳网下料理即可。

❺ 波士顿蕨长得比较迅速，通常每隔1～2年就要更换一次花盆，多于春天进行。

施肥

波士顿蕨需肥量不大，在生长季节每月施用1～2次浓度较低的腐熟的饼肥水就可以，要留意不可施用速效化肥。在4～9月期间，可以每15天对植株施用观叶植物液体肥料一次，以令叶片变得更碧绿且具光亮。

新手提示：在施用肥料的时候千万不可让肥液污染植株的叶片，以防止对其造成损害。

病虫防治

❶ 波士顿蕨容易患生理性叶枯病，可以用65%代森锌可湿性粉剂600倍液喷施来处理，并留意不可让盆土过于潮湿。

❷ 在房间里栽植时，如果通风不顺畅，植株容易受到红蜘蛛及蚜虫危害，可以用肥皂水或40%的氧化乐果乳油1000倍液喷施来杀除。

修剪

在植株的生长季节，要结合整形随时将干枯叶、焦黄叶、残破叶及老叶剪掉，以增强空气流通效果，维持叶片光鲜及优美的植株形态。

浇水

❶ 波士顿蕨对水分有着较为严格的要求，喜欢潮湿的土壤及较大的空气湿度，盆土不适宜过分潮湿或过分干燥，维持潮湿状态就可以。

❷ 在春天和秋天要充分浇水，令盆土维持潮湿状态。

❸ 在夏天除了要每日浇1～2次水之外，还要时常朝叶片表面和植株四周喷洒清水，尤其是悬吊栽植的植株。

❹ 冬天则要对植株适度控制水分，令盆土维持略潮湿的状态就可以。

新手提示：在喷洒清水时，除了需朝叶片正面喷洒之外，还需多朝叶片背面喷洒。

温度

波士顿蕨喜欢温暖，不能抵御寒冷，在3～9月期间生长适宜温度是15℃～25℃，在9月～次年3月期间则是13℃～15℃。冬天要将植株搬进房间里过冬，温度控制在10℃～15℃便可顺利过冬。

摆放建议

波士顿蕨适应性强，盆栽波士顿蕨可摆放在客厅、书房的窗台、案几、书柜或计算机台旁。

鸭脚木

【花草名片】

◎学名：*Scheffera octophylla*

◎别名：鹅掌柴、手树、小叶伞树、舍夫勒氏木。

◎科属：五加科鹅掌柴属，为常绿木本观叶植物。

◎原产地：最初产自澳大利亚、新西兰、印度尼西亚和中国台湾等地区。

◎习性：喜欢温暖、潮湿、光照充足的环境，抵御寒冷的能力不太强，具一定的忍受干旱的能力，也略能忍受半荫蔽，怕强烈的阳光久晒。具有很强的适应能力，长得比较迅速。

◎花期：冬天、春天。

◎花色：最初呈绿白色，后来变成浅红色、白色。

择土

鸭脚木喜欢土层较厚、土质松散且有肥力的酸性土壤，略能忍受贫瘠。

新手提示：用花盆栽植时，可以用腐叶土、黏质土壤和牛粪干混合配制成基质，也可以用腐叶土、泥炭土、珍珠岩及较少的底肥作为培养土。

选盆

各种质地的花盆都可。根据植株大小选择相应大小的花盆。

净化功能

鸭脚木能较好地吸收房间里的很多有害物质，对净化房间里的空气很有效果。它每小时可以吸收掉9毫克左右的甲醛，还可以吸收掉尼古丁及别的有害物质，并可以经由光合作用把上述有害物质转换成没有危害的植物自有的物质。另外，鸭脚木具有非常高的蒸腾效率，能调整房间里的湿度，与此同时还能释放出比较多的负离子，令房间里的空气维持清爽、新鲜。

栽培

❶ 剪下8～10厘米长、具3～5节的一年生的成熟枝条作为插穗。

❷ 把下部的叶片除去，仅留下前端的1～2枚叶片，如果叶片比较大，可以将叶片的1/3剪掉。

❸ 把插穗插到插床上，浇足水并维持比较高的空气湿度，温度控制在约25℃，大约经过一个月便可长出根来上盆。

❹ 栽后通常每年要更换一次花盆，多于春天进行。

修剪

平日要留意进行修剪整形。在每年春天可以结合更换花盆进行修剪，包括修剪植株的根系、剪掉干枯枝及病虫枝、对徒长枝进行短截等。在夏天植株生长期间也能进行修剪。

施肥

鸭脚木长得过于迅速，需肥量比较大，在生长期内要每3～4周施用浓度较低的液肥一次。斑叶品种则不适宜施用过多的肥料，尤其是氮肥。

新手提示：为了令斑叶品种的斑块色彩变得更明亮、艳丽，可于植株的根外喷洒0.2%磷酸二氢钾溶液。

光照

喜欢阳光充足，也略能忍受半荫蔽，畏强烈的阳光直接照射久晒。在房间里培养时，每天约有4小时直接照射的阳光便可较好地生长，也可以长时间置于房间里散射光充足、湿度合适且通风顺畅处。

新手提示：夏天要遮蔽约50%的阳光，以防止叶片被烧伤，令叶片颜色变得暗淡。

病虫防治

❶ 鸭脚木常发生的病害为叶斑病。一旦发生叶斑病，可以用50%甲基托布津可湿性粉剂1000倍液喷施病株的叶片表面，每隔7～10天喷施一次，连喷2～3次就能有效处理。

❷ 鸭脚木常见的虫害为介壳虫危害，在发生之初可以每隔15天用25%扑虱灵可湿性粉剂1500～2000倍液喷洒一次，或在卵孵化旺盛期用40%氧化乐果乳油1000倍液喷施来处理。

繁殖

鸭脚木可以采用播种法、扦插法及高压法进行繁殖。

温度

喜欢温度较高的环境，生长适宜温度是15℃～25℃，也具一定的抵御寒冷的能力。

浇水

❶ 鸭脚木喜欢潮湿和较大的空气湿度，盆土要时常维持潮湿状态，不能过于潮湿或过于干燥，在盆土尚未干透的时候便需马上浇水。

❷ 在春天和秋天，每隔3～4天对植株浇一次水即可。

❸ 夏天除了要每日浇一次水之外，还要时常朝叶片表面喷洒清水，以增加空气湿度，促使植株健壮生长。

❹ 在雨季需留意尽早排除积水，防止植株遭受涝害。

❺ 冬天要对植株减少浇水，适度控制水分。

摆放建议

鸭脚木株形优美，是一种优良的盆栽植物，盆栽鸭脚木适合摆放在客厅、书房、卧室、阳台，也可直接种植在庭院中观赏。

橡皮树

【花草名片】

◎学名：*Ficus elastica*

◎别名：印度橡皮树、印度胶榕、印度橡胶树、缅树。

◎科属：桑科榕属，为常绿木本观叶植物。

◎原产地：最初产自印度、缅甸、斯里兰卡和马来西亚等地区。

◎习性：喜欢温暖、潮湿、光照充足的环境，不能抵御寒冷，畏炎热，能忍受干旱和半荫蔽。

◎花期：夏天。

◎花色：白色。

花言草语

橡皮树的叶片肥大厚实、终年常绿，而且富有光泽，有比较高的观赏价值，为经常见到的赏叶植物。它适合用花盆种植，可以用来装饰大型建筑物的门厅两旁及节日广场。它在南方区域则通常露天种植在溪边及路旁，有极佳的遮阴乘凉的作用。另外，橡皮树还象征着左右逢源、招财进宝、吉祥如意，经常被用来作为商务礼节和仪式上的花卉。

净化功能

橡皮树净化空气的能力比较强，可以吸收掉房间里的大多数有害气体，比如一氧化碳、二氧化碳及氟化氢等，对消除甲醛也很有效果。另外，它还能较好地吸滞粉尘。

择土

橡皮树喜欢在土质松散、有肥力且排水通畅的腐殖土或沙质土壤中生长，能忍受贫瘠，也能在轻碱及微酸性土壤中生长。

新手提示：用花盆种植的时候，培养土可以用1份园土、1份腐叶土、1份河沙和较少的底肥来混合调配。

选盆

可选用泥盆、塑料盆、瓷盆、陶土盆，要求盆径在20～30厘米。

栽培

❶ 当温度高于15℃的时候，选取植株上部及中部1～2年生的健康壮实的枝条作为插穗。

❷ 每一段插穗要含3～4个芽，把插穗下部的叶片去掉，把上部的2枚叶片合到一起并用塑料绳轻轻绑缚好。

❸ 把插穗插在河沙与泥炭的混合基质上，插入的深度约为土深的1/2就可以，浇足水并放在荫蔽的地方料理，令土壤维持潮湿状态，温度控制在18℃～25℃上下，插后15～20天便可长出根来。

❹ 移植时要带着土坨，以便于存活。

❺ 在生长季节应经常翻松盆土，以防止盆土表层变硬，影响植株的生长。

❻ 幼年植株可以每年更换一次花盆，成龄植株则可以每2～3年更换一次花盆。5～7年生的成龄植株，可以移栽至大木桶里，以后通常不用再更换花盆。

摆放建议

橡皮树叶片肥厚，5年以下的植株可选用大盆栽种，摆放在客厅、书房、阳台、天台等光线充足的地方。

修剪

当植株长到7～10厘米高的时候，摘掉顶芽并施用以磷肥、钾肥为主的肥料。植株长至60～80厘米高的时候，需及时采取摘心措施，以促使其尽快萌生侧枝。侧枝萌生出来之后选留3～5个枝条，此后每年对侧枝进行一次短剪，2～3年便可得到浑圆饱满的大型植株。

新手提示：每次修剪后，要马上用胶泥或木炭灰把伤口封好，防止由于汁液流失太多而对植株的生长造成不利影响。

光照

橡皮树喜欢光照充足、空气流动顺畅的环境，从春天至秋天可以将其摆放在户外朝阳的地方料理。6～9月期间阳光比较强烈，宜适度遮蔽阳光。冬天适合把它置于房间里向南有明亮光照的地方。

病虫防治

❶ 橡皮树经常发生的病害是灰斑病。在灰斑病发病之初可以用50%多菌灵可湿性粉剂1000倍液或70%甲基托布津可湿性粉剂1200倍液喷施来处理。

❷ 橡皮树经常发生的虫害为介壳虫及蓟马危害，可以喷施40%的氧化乐果乳油1000倍液来杀除。

施肥

在生长季节可以约每隔20天施用浓度较低的液肥一次，以促进植株生长繁茂，叶色深绿。在植株的生长期内，每周朝叶片正面及背面均匀喷洒0.1%高锰酸钾一次。冬天则不要再对植株施用肥料。

新手提示：为了利于植株吸收，以在晴朗天气的黄昏盆土偏干燥的时候施用肥料最为适宜。

温度

橡皮树喜欢温暖，不能抵御寒冷，生长适宜温度是22℃～32℃。10月中旬要把盆株移入房间里料理，室内温度控制在10℃之上便可顺利越冬。4月底到10月初可以将盆株置于阳台上料理。

新手提示：如果温度长时间过低及盆土过湿容易导致植株烂根死去。

浇水

❶ 春天需令土壤维持潮湿状态，然而还需防止盆中积聚太多的水。

❷ 炎夏除了每日清晨和傍晚要分别对植株浇一次水之外，还要时常朝叶片表面喷洒清水，以增加空气湿度，避免叶片边缘干枯。

❸ 秋天和冬天要适度少浇水，5～6天浇一次水即可。

繁殖

橡皮树可采用扦插法及压条法进行繁殖，皆比较容易存活。

八宝景天

【花草名片】

◎**学名**：*Sedum spectabile*

◎**别名**：华丽景天、大叶景天、长药景天、蝎子草。

◎**科属**：景天科景天属，为多年生肉质草本植物。

◎**原产地**：最初产自中国东北区域和河北、河南、山东、安徽等地，在日本亦有分布。

◎**习性**：喜欢温暖、干燥、光照充足及通风顺畅的环境，比较能抵御寒冷，具有很强的抵抗干旱的能力，怕积水。生长得强壮健康，具有很强的适应能力。

◎**花期**：7～9月。

◎**花色**：浅红、桃红、红、紫红、白色。

花言草语

在民间，八宝景天被通俗地叫作“蝎子草”，这是由于其叶片的汁液具清除内热和解毒的功用，可以治疗蝎子及马蜂的蛰毒。八宝景天形姿美妙、花形秀美，为景天科植物里少有的优良观赏品种。它不仅能种植在庭院中、阳台上或窗口前供欣赏，而且也能用来作为良好的园林地被、造景植物，补充了夏天和秋天交替之际欣赏花卉比较少的空缺。

选盆

八宝景天适宜栽种在透气性良好的泥盆里，最好不使用塑料盆。

净化功能

在晚上，八宝景天可以吸收大量的二氧化碳，同时制造并释放出大量氧气，能提高房间里空气中的负离子浓度，对人们的身体和精神健康都十分有利。

栽培

❶ 剪下长约10厘米的嫩茎，令每一段插穗具2～4个茎节。

❷ 将嫩茎插到培养土中，浇透水分。

❸ 插后放置通风处，通常10～15天便可长出根来，当年即可开花。

新手提示：每年春季新叶萌发前，应为八宝景天翻盆换土一次。

修剪

❶ 盆栽时可以于7月植株开花之前修剪一次，以使植株的高度下降，促使其萌生更多的新枝，令植株形态饱满、开花繁密茂盛。

❷ 露地种植的植株则可以在开花之后将地上部分剪掉，以令其次年萌生出更多生长旺盛的新植株。

光照

八宝景天喜欢阳光，要放在有明亮的光照、通风顺畅的窗口前或阳台等地方料理，以令叶片颜色维持深绿。

病虫防治

❶ 土壤过湿时，八宝景天易发生根腐病，应及时排水或用药剂防治。

❷ 此外，可有蚜虫为害茎、叶，并导致煤烟病；蚧虫为害叶片，形成白色蜡粉。对于虫害，应及时检查，一经发现立即刮除或用肥皂水冲洗，严重时可用氧化乐果乳油防治。

择土

八宝景天对土壤没有严格的要求，能忍受贫瘠和盐碱，然而最适宜在土质松散、有肥力且排水通畅的沙质土壤中生长。

新手提示：用花盆种植的时候，盆土最好用腐殖质丰富的沙质土壤，也可以用4份腐叶土、4份炉渣、2份河沙再加上少量腐熟的家禽粪来混合调配。

浇水

❶ 八宝景天喜欢干燥，能忍受干旱，怕积水，在生长期内浇水时要做到“宁干勿湿”，待表层盆土彻底干燥后再行浇水就可以。

❷ 在雨季要尽早排除积水，防止植株遭受涝害，并严格掌控浇水的量和次数，以免由于盆中积聚太多的水而令植株的根系腐坏及发生病害。

新手提示：八宝景天抗逆性非常强，日常料理宜粗放，不需要过多地浇水和施肥，每年新株萌发时浇一次透水、追施一次充分腐熟的有机肥即可。

温度

八宝景天喜欢温暖，也能抵御霜寒，能忍受－20℃的较低的温度，盆栽植株在冬天仅需放在朝阳的且风不能直接吹到的地方便可顺利过冬。

繁殖

八宝景天可采用播种法、扦插法及分株法进行繁殖。

施肥

八宝景天的抗逆能力比较强，料理较为粗疏，需肥量不大，在生长季节适量加施1～2次完全腐熟的有机液肥，便可令枝叶长得繁密茂盛。

摆放建议

家庭栽植的八宝景天盆栽一般摆放在客厅、书房、阳台等向阳的地方。

花烛

【花草名片】

◎**学名**：*Anthurium andraeanum*

◎**别名**：红鹤芋、火鹤花、烛台花、安祖花。

◎**科属**：天南星科花烛属，为多年生常绿草本植物。

◎**原产地**：最初产自中南美洲的热带雨林，如今世界各个地区都广为栽植。

◎**习性**：喜欢温暖、潮湿、半荫蔽及通气顺畅的环境，不能抵御寒冷，也不能忍受较高的温度、干旱及西北风，畏强烈的阳光直接照射久晒。

◎**花期**：2～7月。

◎**花色**：红、暗红、橙红、粉红、乳白色。

花言草语

花烛的花形很特别，颜色娇艳美丽，为世界有名的花卉，象征着热情与奔放。它的开花时间比较长，用花盆栽植时可以置于客厅及阳台等处，能尽显其华丽和珍贵。如果用它来装点茶室、橱窗及大堂，则更加柔媚可人，有非常高的观赏价值。另外，花烛还能用作切花，用水可以培养一个月，切叶也能用作插花的配叶，十分好看。

净化功能

花烛可以吸收甲苯、二甲苯和存在于化纤、溶剂、油漆里的氨，具有很强的净化空气能力。

选盆

选用塑料盆即可。花盆口径一般为16～20厘米，也可以依照植株的大小及品种的需要而选用不一样的规格。

择土

花烛喜欢在有肥力、腐殖质丰富、土质松散、排水通畅的微酸性土壤或沙质土壤中生长，不能忍受盐碱土壤。

新手提示：用花盆种植时可以用能很好地保持水分、有肥力且土质松散的腐叶土及水苔作为基质，也可以用腐叶土、河沙及树皮碎渣来混合调配成培养土。

栽培

❶ 选取有多于3～4枚叶片的子株，带着根和茎从母株上切割下来。

❷ 用水苔包裹好移植到花盆中，经过20～30天萌生新的根系后再上盆定植。

❸ 上盆前在盆底要铺放一些碎小的瓦片或粗沙粒，以便于排水。

❹ 一般每隔1～2年要于春天更换一次花盆。

新手提示：开花时如果花茎向下低垂，可以沿着花盆插竹竿进行支撑、绑缚。

温度

花烛喜欢温暖，不能抵御寒冷，对温度有比较高的要求。它的生长适宜温度白天是25℃～30℃，晚上是20℃～25℃，可以忍受的温度最高是35℃，最低是15℃。

病虫防治

❶ 花烛经常发生的病害为叶斑病、花序腐烂病及炭疽病等，可以用等量式波尔多液或65%代森锌可湿性粉剂500倍液喷施来防治。

❷ 花烛经常发生的虫害为红蜘蛛及介壳虫危害，可以喷施50%马拉松乳油1500倍液来灭除。

光照

花烛为耐阴性植物，喜欢半荫蔽的环境，怕强烈的阳光直接照射。春天和秋天可以把它置于房间里朝南的窗户周围料理；夏天在户外料理时要为它遮蔽50%的阳光，防止强烈的阳光久晒，也可以将其置于房间里背向阳光的一面或厅堂中有散射光照射处；冬天不用遮蔽阳光，而要让植株得到足够的阳光照射，可以将其置于房间里朝南的窗台上。

修剪

通常每2周摘一次叶片，令每一株留下3～4枚叶片，每个芽最少留下1枚叶片。当侧芽过多的时候则要采取疏芽措施，令每一株留下1～2个侧芽就可以。

新手提示：需留意的是，在植株带有花朵、带有腋芽或正在萌芽的时候不可摘掉叶片。

繁殖

花烛可采用播种法、分株法及分茎法进行繁殖。

施肥

在植株的生长季节，可以每隔1～2周施用液肥一次，适宜把缓释肥与水溶性肥料结合到一起使用，以促进植株长得更加繁茂。进入秋天后则不要再对植株施用肥料，以令其生长得健康壮实，便于过冬。

摆放建议

大型花烛盆栽可以用来装饰卧室、客厅，小型盆栽可以摆放在书房、窗台上观赏，也可以与其他植物搭配种植。

浇水

❶ 花烛喜欢潮湿，不能忍受干旱，对水分的反应较为灵敏，尤其是空气湿度，以在80%～90%为宜。

❷ 在生长季节，盆土要“见干见湿”，要维持潮湿状态，忌水涝。

❸ 在夏天气候干燥的时候，每日要朝植株的叶片表面及花盆四周地面喷洒2～3次清水，以增加空气湿度，促进茎叶生长及开花。

❹ 进入秋天后要注意掌控浇水。

❺ 冬天也不适宜浇太多水，令盆土维持略干燥状态就可以。

新手提示：浇水时不可把水喷洒到花上。在炎夏，也可以把盆花置于装着湿卵石或湿泥炭的浅碟里料理。

石竹

【花草名片】

◎学名：*Dianthus chinensis*

◎别名：中国石竹、五彩石竹、石菊、绣竹。

◎科属：石竹科石竹属，为多年生草本植物。

◎原产地：最初产自中国。摩纳哥把它定为国花。

◎习性：喜欢光照充足、干燥、通风顺畅和凉爽的环境，能忍受寒冷和干旱，不能忍受炎热，畏多湿及积水。

◎花期：4～9月。

◎花色：粉红、红、大红、紫红、紫、浅紫、蓝、黄、白或杂色。

净化功能

石竹可以将二氧化硫、三氧化硫及氯化物吸收掉，并可以通过叶片将高毒性的二氧化硫经氧化作用转化成没有毒性或毒性较低的硫酸盐化合物，对净化房间里的空气很有效果。此外，石竹所散发出的香味对葡萄球菌、肺炎球菌、结核杆菌的生长及繁殖还有显著的抑制作用。

温度

炎夏温度较高、天气酷热的时候，要留意为植株适当遮蔽阳光、降低温度，不然会生长不好或干枯萎缩。冬天要把它放在房间里朝阳的地方料理，房间里的温度控制在8℃～10℃就可以。

择土

石竹喜欢在有肥力、土质松散、排水通畅且石灰质丰富的土壤或沙质土壤中生长，也略能忍受贫瘠，不能在黏性土壤中生长。

新手提示：用花盆种植的时候，培养土可以用6份园土、2份沙土和2份堆肥来混合调配。

栽培

❶ 播种繁殖通常于8～9月进行。

❷ 把种子播种到盆中，播后盖上厚1厘米左右的土，浇足水并令土壤维持潮湿状态，温度控制在20℃～22℃。

❸ 播种后5天便可萌芽，10～15天便可长出幼苗。

❹ 苗期的生长适宜温度是10℃～20℃，当小苗生出4～5枚真叶的时候就能进行分盆定植，次年春天便可开花。在南方地区常在春天播种，夏天或秋天便可开花。

❺ 栽后通常每隔1～2年要更换一次花盆和盆土，多于春天进行。

新手提示：石竹分盆时，第一遍定根水必须浇透，以后隔2～3天，根据情况再浇水。

花言草语

石竹在中国具有十分久远的栽植史，在明朝的《花史》中便有关于种植石竹的记录。石竹品种众多，花朵颜色鲜艳美丽，一直备受人们的喜欢。宋朝诗人王安石就非常喜欢石竹，然而又同情它不被人们所重视和赞赏，于是赋诗道：“春归幽谷始成丛，地面芬敷浅浅红。车马不临谁见赏，可怜亦解度春风。”除了可供观赏之外，石竹的全株还能用作药物，具清除内热、促进排尿等功用。

石竹的花语为纯洁的爱、才能、热心、大胆及女性美。同一属的香石竹，也称作康乃馨，为赠给母亲之花。

选盆

选择泥盆、塑料盆、陶盆皆可，花盆的口径可以依照植株的大小来确定，每一盆最好种植2～3株，以便于存活及观赏。

光照

石竹喜欢光照充足的环境，能抵御寒冷，不能忍受炎热，在生长季节要置于朝阳且通风顺畅的地方料理。

修剪

当植株生长至15厘米高的时候可以将顶芽摘掉，以促使其萌生更多的分枝。如果分枝太多，则要适度摘掉腋芽，以防止营养成分不集中，令花朵变小。在植株开花之前需尽早把一些叶腋部位的花蕾除去，以确保顶花蕾开得繁密茂盛、颜色鲜艳。

繁殖

石竹可采用播种法、扦插法及分株法进行繁殖。

施肥

在植株的生长季节，可以大约每隔10天施用腐熟的浓度较低的液肥一次。

病虫防治

❶ 石竹的病害主要是锈病，用50%萎锈灵可湿性粉剂1500倍液喷施就能有效防治。

❷ 石竹的虫害主要是红蜘蛛危害，用40%氧化乐果乳油1500倍液喷施即可杀除。

浇水

❶ 石竹能忍受干旱，不能忍受多湿及积水，在生长季节令盆土维持潮湿状态就可以。

❷ 夏天多雨时期要留意及时清除积水、翻松土壤。

❸ 冬天对植株要适度少浇一些水，令盆土保持“见干见湿”的状态就可以。

新手提示：雨季要留意防止发生涝害，以避免植株的根系腐烂。

摆放建议

石竹花颜色鲜艳，适合用来装饰客厅、书房和卧室，盆栽可以摆房在窗台、阳台、桌案和花架上。

绿萝

【花草名片】

◎**学名：***Scindapsus aureus*

◎**别名：**黄金葛、黄金藤、魔鬼藤。

◎**科属：**天南星科绿萝属，为多年生常绿藤本观叶植物。

◎**原产地：**最初产自中美洲、南美洲的热带雨林区域。

◎**习性：**喜欢温暖、潮湿及半荫蔽的环境，不能忍受寒冷及干旱，畏强烈的阳光直接照射。

◎**花期：**一般很少开花，大株在光照、水分、温度等皆合适的情况下才能开花。

◎**花色：**为佛焰苞花序，佛焰苞背面为翠绿色，里面为玫瑰红色，外部边缘为粉白色。

净化功能

绿萝具有较强的净化室内空气的能力，特别是对于氨气和甲醛的吸收能力极强。根据有关测定，每平方米绿萝的叶面积24小时便可除掉2.48毫克氨气和0.59毫克甲醛。另外，绿萝还可以净化洗涤剂及油烟的气味，可以很好地将空气里有害的化学物质吸收掉，减少其对人们身体的伤害。

选盆

可使用泥盆、塑料盆、瓷盆、陶土盆，花盆口径通常为14～34厘米。

择土

绿萝喜欢在土质松散、有肥力且排水通畅的土壤中生长，以有肥力的泥炭土或腐叶土为佳。

新手提示：培养土可以用等量的园土、泥炭土或腐叶土、粗沙来混合调配。

光照

绿萝对光线照射的反应较为灵敏，不仅喜欢阳光，也比较能忍受荫蔽，但畏强烈的阳光直接照射，以每日接受8～10小时的间接光线照射或人工光线照射为好，能一年四季置于房间里朝阳的地方养护。

修剪

老化的植株茎干基部的叶片易干枯、焦黄、凋落，不利于观赏，要尽早摘掉及适当修剪，以促进基部的茎干萌生出新的枝条和叶片。

栽培

❶ 剪下长15～30厘米的枝条作为插穗，将基部1～2节的叶片除去，需留意不可损伤到气根。

❷ 之后用培养土直接上盆种植，插后浇足水并令基质维持潮湿状态。

❸ 放在背阴、凉爽且通风顺畅的地方料理，温度控制在高于20℃，经过20～30天便可长出新根、萌生新芽，当年即可生长为能观赏的植株。

❹ 幼株通常每年要更换一次花盆，成龄植株则每1～2年更换一次花盆即可。

新手提示：因绿萝属于蔓性植物，而且藤蔓无法直竖，在生长季节要为其设置支柱，令茎叶能攀附着向上生长。

繁殖

绿萝可采用扦插法、叶插法及水插法进行繁殖。

施肥

绿萝需肥量不大，施肥时要谨记“薄肥勤施”。在植株的生长季节，可以每2周施用浓度较低的液肥一次，应多施用磷肥和钾肥，少施用氮肥。秋天和冬天要少施用肥料。

新手提示：若每月朝叶片表面喷施一次0.2%的磷酸二氢钾溶液，能令叶片颜色更翠绿，叶片表面的斑纹也会更鲜明、艳丽。

温度

绿萝喜欢温暖，不能抵御寒冷，生长适宜温度白天是21℃～27℃，晚上是15℃～18℃。在冬天要把它搬进房间里防御寒冷，房间里的温度控制在10℃以上就能顺利过冬。

病虫防治

❶ 绿萝经常发生的病害为由线虫引起的根腐病及叶斑病。一旦发生根腐病，可以用3％呋喃丹颗粒剂来治理；如果发生叶斑病，要马上把病叶剪除并改善通风条件，同时喷洒50％多菌灵可湿性粉剂500倍液或70％甲基托布津可湿性粉剂800～1000倍液即可有效治理。

❷ 绿萝的虫害主要是介壳虫、线虫及蜗牛等造成的危害，也要留意尽早预防和治理。

浇水

❶ 在夏天温度较高、气候干燥时，盆土应维持潮湿状态，并应时常朝叶片表面喷洒清水，以增加空气湿度，促进气生根的生长，令叶片表面维持洁净、光鲜。

❷ 冬季保持土壤湿润偏干即可。

摆放建议

大型绿萝盆栽可摆放在客厅花架上或卧室一角，小型盆栽和吊盆可摆放在书架、书桌、餐桌等处，因其喜欢温湿和半荫蔽的环境，也可摆放在厨房和卫生间。

袖珍椰子

【花草名片】

◎学名：*Chamaedorea elegans*

◎别名：矮生椰子、矮棕、袖珍椰子葵、袖珍棕。

◎科属：棕榈科袖珍椰子属，为多年生常绿矮灌木或小乔木。

◎原产地：最初产自墨西哥及委内瑞拉。

◎习性：喜欢温暖、潮湿及半荫蔽的环境，不能抵御寒冷，然而可以忍受轻微的霜冻，不能忍受干旱，怕强烈的阳光直接照射久晒。

◎花期：3～4月。

◎花色：黄色。

花言草语

袖珍椰子的叶片颜色深绿且有光泽，形姿非常优美高雅，其英文种名就是“优美”的意思。因它的形态很像热带的椰子树，植株娇小可爱、新奇好看，所以叫作“袖珍椰子”。它具有很强的忍受荫蔽的能力，为良好的室内中小型盆栽赏叶植物，尤其适合装扮会议室、客厅、书房、卧室等地方，不仅精致小巧，而且还可以令房间里显现出几分使人陶醉的热带风景。

摆放建议

袖珍椰子小巧玲珑，耐阴性强，适宜作室内中小型盆栽，一般摆放在客厅、书房、卧室等处。

净化功能

袖珍椰子对房间内的多种有毒物质都有比较强的净化作用，可以清除空气里的甲醛、苯及三氯乙烯，被叫作生物界的“高效空气净化器”，尤其适宜置于刚装潢完的房间内。另外，袖珍椰子具有很高的蒸腾效率，可以提高房间里的负离子浓度，对人们的身体健康十分有利。

选盆

一般选用口径为14～20厘米的泥盆、塑料盆、瓷盆、陶土盆等。

栽培

❶ 把种子直接播在培养土中，令土壤维持潮湿状态，温度控制在24℃～26℃。

❷ 通常经过3～6个月就可以萌芽长出幼苗，翌年春天即可分苗上盆栽种。

❸ 上盆后要马上浇定根水，然后放在半荫蔽的地方料理，等到萌发出新的叶片后再进行正常料理。

❹ 通常每隔2～3年要更换一次花盆，适合于春天3月中下旬进行。

新手提示：如果用小号花盆，每盆可以种植3株幼苗；如果用中号花盆，则每盆以种植5株为宜，以利于存活及观赏。

浇水

❶ 袖珍椰子喜欢潮湿，不能忍受干旱，在生长季节要多浇一些水，令盆土时常维持潮湿状态即可，忌水涝。

❷ 在夏天和秋天空气干燥的时候，除了要每日浇水之外，还要时常朝植株的叶片表面喷洒清水，以增加空气湿度，促使植株健壮生长，同时可令叶片表面维持洁净、光鲜。

❸ 冬天要适度减少浇水的量和次数，以便于植株顺利过冬。

修剪

平日要及时将干枯的枝条和残破的叶片剪去，以维持优美的植株形态。

光照

在幼苗培养期或生长季节，尤其是在夏天和秋天，要为植株遮蔽60%的阳光，不然会令叶片干枯焦黄或被烧伤。在冬天和春天，则需让植株接受比较充足的散射光的照射。

择土

袖珍椰子喜欢在有肥力、土质松散且排水通畅的土壤中生长，不能在黏重土壤中生长，不然容易令根系腐烂。

新手提示：培养土可以用泥炭土、腐叶土加上1/4河沙，再加上少许腐熟的有机肥与少许过磷酸钙来混合调配。

病虫防治

❶ 袖珍椰子经常发生的病害是黑斑病。发病时要马上改善通风透气条件，适度加施磷肥和钾肥，并尽早用50%甲基托布津可湿性粉剂或50%百菌清可湿性粉剂800～1000倍液喷洒来治理。

❷ 袖珍椰子经常发生的虫害是介壳虫危害，可以人工刮掉或用25%扑虱灵可湿性粉剂1500～2000倍液或40%氧化乐果乳油800～1000倍液喷洒进行治理。

温度

袖珍椰子喜欢温暖，不能抵御寒冷，生长适宜温度是20℃～30℃，晚上温度需控制在12℃～14℃。从10月到次年2月，植株具有一个相对休眠阶段，温度适宜控制在12℃～14℃。它的过冬温度是10℃，如果温度在10℃以下则容易受到冻害，令叶片变黄。

施肥

在植株的生长季节，可以每月施用浓度较低的液肥1～2次。暮秋要少施用或不施用肥料。从10月到次年2月，不要再对其施用肥料。

新手提示：如果每隔10～15天喷洒0.2%的磷酸二氢钾溶液一次，能令植株长得健康壮实，叶片颜色深绿。

繁殖

袖珍椰子一般用播种法进行繁殖。

彩苞凤梨

【花草名片】

◎**学名：** *Vriesea poelmannii*

◎**别名：** 大鹦哥凤梨、大剑凤梨、火炬。

◎**科属：** 凤梨科丽穗凤梨属，为多年生常绿草本植物。

◎**原产地：** 最初产自中南美洲和西印度群岛。

◎**习性：** 喜欢温暖、潮湿、光照充足的环境，不能抵御寒冷，比较能忍受荫蔽，怕强烈的阳光直接照射久晒。

◎**花期：** 温度、光照合适时即开花，一般花期可持续几个月。

◎**花色：** 花茎顶端生长着单一的或有比较多的分枝的复穗状花序，苞片多数呈鲜红色，也有深红、橙红等颜色，小花则呈黄色。

净化功能

彩苞凤梨夜间能够吸收大量二氧化碳，提高房间内的负离子浓度，令房间里的空气得到很好的净化，非常有利于人们的身体健康。

择土

彩苞凤梨喜欢在有肥力、腐殖质丰富、土质松散、排水通畅的腐叶土或沙质土壤中生长。

新手提示： 培养土可以用相同量的腐叶土、泥炭土及河沙混合后，再加上合适量的腐熟的马粪来调配。

选盆

一般选用12～14厘米口径的泥盆、塑料盆、陶盆等，为了美观可外套瓷盆。

栽培

❶ 每年母株的花朵凋落之后，皆会由基部萌发出小植株，当小植株生长至5～8厘米高的时候，把母株从花盆里磕出来。

❷ 用锋利的刀将两侧的子株切割下来另外栽种。

❸ 栽完后浇足水并放在半荫蔽的地方料理，温度控制在20℃～28℃，约经过一个月就能长出根来。

❹ 通常每2年要更换一次花盆。

新手提示： 上盆的时候，要在花盆底部放几块颗粒状的碎瓦片或碎砖块等，以便于盆土排水通畅。

修剪

在更换花盆的时候，要把植株根颈部过于长的须根及干枯、萎缩、焦黄的叶片除去，以降低营养成分的损耗量，促使植株健壮生长，维持优美的植株形态。

浇水

在春、夏、秋三季浇水要充足，并应时常朝叶片表面喷洒清水，以维持比较大的空气相对湿度，然而盆土也不能过于潮湿。

新手提示： 家庭栽培彩苞凤梨时容易出现叶片卷曲的现象。只要保证它的叶筒内一直存水就可避免上述现象的发生。

繁殖

彩苞凤梨经常采用分株法、播种法进行繁殖，通常于春天结合更换花盆时进行。

光照

彩苞凤梨喜欢充足的阳光，每日要接受足够的光照才能正常开花。从春天到秋天，中午阳光比较强烈的时候要为植株适度遮蔽阳光，防止强烈的阳光直接照射久晒；然而也不能过于荫蔽，不然会令花朵颜色变淡。冬天可以把它置于房间里光照充足的地方料理。

病虫防治

❶ 彩苞凤梨经常发生的病害是叶斑病，用50%甲基托布津可湿性粉剂500倍液喷洒就能有效预防和治理。

❷ 彩苞凤梨的主要虫害是介壳虫及粉虱危害，可以用40%氧化乐果乳油1000倍液喷洒来杀除。

温度

彩苞凤梨喜欢温暖，不能抵御寒冷，生长适宜温度是20℃～27℃。冬天要把它搬进房间里料理，温度在10℃以上（包含10℃）即可安全过冬。

新手提示：气温低于5℃时，叶筒中不宜贮水，并应保持盆土偏干。

施肥

在春天、夏天和秋天要为彩苞凤梨供应必需的营养成分，宜每月施用液肥一次，并加施2～3次磷肥和钾肥，也可以朝叶片表面施用肥料，浓度是根部施用肥料浓度的1/2即可。冬天则不要再对植株施用肥料。

摆放建议

彩苞凤梨是一种比较具有观赏价值的植物。盆栽可摆放在窗台、阳台、客厅、书房等光线较充足的地方，也可制成瓶插装点居室。

胡颓子

【花草名片】

◎学名：*Elaeagnus pungens*

◎别名：卢都子、羊奶子、蒲颓子、甜棒槌。

◎科属：胡颓子科胡颓子属，为常绿灌木。

◎原产地：最初产自中国，主要分布在中国长江流域以南的各个地区。日本亦有分布。

◎习性：喜欢温暖、潮湿的气候，比较能抵御寒冷，怕较高的温度和炎热，能忍受干旱和多湿。喜欢阳光充足的环境，也能忍受半荫蔽。

◎花期：10～11月。

◎花色：银白色、黄褐色。

花言草语

胡颓子的叶片颜色较为特别，花朵具芬芳，红颜色的小果实如同一个个挂满枝梢的小红灯笼，十分优美别致，尤其适合搭配种植在树林边或道路旁。与此同时，它的果实不仅能吃，而且还能用来酿造酒，然而在污染区域栽植的则不要食用。另外，胡颓子的根、叶及果实皆可用作药物，有收敛、抑制咳嗽的功用。

净化功能

胡颓子具有非常强的抵抗与吸收二氧化硫的能力，具有比较强的抵抗氯气及氟化氢的能力，对净化房间里的空气很有效果。

择土

胡颓子对土壤没有严格的要求，在中性、酸性及石灰质土壤中皆可正常生长，也能忍受贫瘠，然而在土层较厚、有肥力、潮湿、排水通畅的沙质土壤中长得最为良好。

选盆

栽种胡颓子适宜选用泥盆，因为它的透气性较好。另外，花盆的体型宜偏大些，尤其是植株长成后或换盆时，可选用木桶栽种。

栽培

1. 选取一颗饱满的胡颓子种子，用温水浸泡约30分钟。
2. 将种子取出后再与粗沙混合促使其尽快萌芽，要令粗沙维持潮湿状态。
3. 经过30天左右，胡颓子便可萌芽。
4. 再过约一周的时候，便可将胡颓子幼苗移栽至盆中了。

新手提示：移栽至盆中时，幼苗应带有完好的土坨。

修剪

1. 在植株的生长季节，为了防止枝条长得过高，要在合适的时候对其采取摘心措施。
2. 花朵凋谢后要及时将一些老枝剪掉，以促进植株尽快分化花芽。
3. 冬天要适度疏除长得过于稠密的枝条，以改善通风透光效果。
4. 在春天植株萌动前可以适度进行修剪，把干枯枝及一些老枝剪掉，然而要尽可能地将两年生的枝条留下。

摆放建议

家庭用花盆种植时，可以长期把胡颓子置于房间里光线充足的地方养护，如阳台、窗台、天台等处。

光照

胡颓子喜欢阳光充足的环境，能忍受阳光久晒，也有比较强的忍受荫蔽的能力。

病虫防治

❶ 胡颓子经常发生的病害是叶斑病，可以用75%多菌灵可湿性粉剂100倍液喷洒来预防和治理。

❷ 它的虫害主要是蚜虫危害，用40%氧化乐果乳油1000倍液喷洒就能有效杀除。

施肥

在植株的生长季节，要每半个月施用一次肥料，在炎夏到来之前还要施用3～4次液肥。

新手提示：在秋天应接着追施肥料，以令植株多结果实。

温度

胡颓子喜欢温暖，生长适宜温度是24℃～34℃。与此同时，它还有比较强的抵御寒冷的能力，在我国华北南部地区能露地过冬，能忍受－8℃上下的绝对低温。

新手提示：用花盆种植时，冬天要把它搬进房间里过冬，房间里的温度不可低于5℃。

浇水

❶ 新种植的植株在春天要多浇一些水。

❷ 5～7月浇2～3次水就可以。

❸ 雨季要留意及时排除积水，防止植株遭受涝害。

繁殖

胡颓子可采用播种法、扦插法及嫁接法进行繁殖。

海桐

【花草名片】

◎学名：*Pittosporum tobira*

◎别名：山矾花、七里香。

◎科属：海桐花科海桐花属，为常绿灌木或小乔木。

◎原产地：最初产自中国江苏南部、浙江、福建、台湾、广东等地区。朝鲜和日本亦有分布。

◎习性：喜欢温暖、潮湿的气候，不能抵御极度的寒冷，具一定程度的抵抗干旱的能力。喜欢阳光充足的环境，也比较能忍受荫蔽。具有很强的萌发新芽的能力，长得较为迅速。

◎花期：5～6月。

◎花色：白、黄、绿色。

择土

海桐适应能力比较强，对土壤没有严格的要求，在黏重土壤、沙土和偏碱性土壤中皆可生长，然而在土质松散、有肥力、排水通畅的酸性土壤或中性土壤中长得最为良好。

新手提示：培养土可以用1/3的腐叶土与2/3的壤土或黏土来混合调配。

选盆

可使用泥盆、塑料盆、瓷盆、陶土盆，花盆口径通常为16～25厘米。

净化功能

海桐具一定程度的吸收有害气体的能力，抵抗与吸收二氧化硫及氟化氢的能力非常强，抵抗氯气、氯化氢、硫化氢及臭氧的能力也比较强。根据有关测算，1千克海桐干叶可以吸收掉1.7克硫且长得较好，无受损害的表现；在氟污染比较严重的区域，1千克海桐干叶则能够吸收掉超过600毫克的氟，然而叶片会受到严重的损害。与此同时，海桐吸滞粉尘的能力也非常强。根据有关测算，在距离污染源比较近的地方，每平方米海桐叶片便可吸滞1.8克的粉尘。

另外，海桐由于枝叶繁密茂盛，树冠为球形，且有比较强的隔声作用，可以作为大气污染比较严重的区域的优良绿化植物，也可以作为绿篱、庭园树木或搭配种植在防尘、隔声林中的灌木层之中。

栽培

❶ 在10～11月将种子播种在培养土里。

❷ 播后盖上厚10厘米左右的土，次年春天便可萌芽。

❸ 一般于春天3月前后开始移栽，移栽时要带着土坨。

❹ 通常每年春天更换一次花盆，成龄植株每2～3年更换一次花盆。

新手提示：种植前应在土壤里施进适量的腐熟的厩肥作为底肥。

修剪

从幼苗期便应进行修剪整形，对植株打顶，促使其萌生侧枝。春天要将纤弱枝、稠密枝、徒长枝、病虫枝及干枯枝等剪掉，以令植株形态整齐匀称，改善通风透光效果，降低病虫害的发生率。

温度

海桐喜欢温暖，生长适宜温度是15℃～30℃，也具一定程度的抵御寒冷的能力，能忍受较短时间的0℃的低温，然而不能抵御极度的寒冷，晚上最低温度要控制在13℃以上，以利于其生长和发育。

新手提示：在寒露之前将其搬进房间里过冬，房间里的温度不可低于5℃。

光照

海桐喜欢光照充足的环境，也比较能忍受荫蔽，能长期置于房间里向南窗口光照充足的地方养护。夏天可以把它放在户外背阴凉爽的地方料理，防止强烈的阳光久晒。

新手提示：不能长时间把它放在过度荫蔽的地方，以防止植株徒长或发生病虫害。

繁殖

海桐可采用播种法及扦插法进行繁殖。

病虫防治

经常发生的虫害为红蜘蛛及介壳虫危害，可以分别用20%三氯杀螨醇及40%氧化乐果乳油1000倍液喷施来预防和治理。

施肥

海桐长得比较迅速，在生长季节可以每月施用1～2次肥料。在植株的花期前后，要分别施用浓度较低的饼肥水一次。在冬天则不要再对植株施用肥料。

浇水

❶ 春天和秋天要每日浇一次水。
❷ 夏天则要于每日清晨和傍晚分别浇一次水，并要时常朝叶片表面喷洒清水，以增加空气湿度。
❸ 冬天要注意掌控浇水，以每周浇一次水最为适宜。

摆放建议

海桐可直接种植在庭院里观赏，也可以盆栽装饰客厅、阳台、天台。

发财树

【花草名片】

◎**学名：** *Pachira macrocarpa*

◎**别名：** 马巴拉栗、美国花生树、瓜栗。

◎**科属：** 木棉科瓜栗属，为常绿乔木。

◎**原产地：** 产自热带美洲。

◎**习性：** 喜欢温暖、潮湿及光照充足的环境，不能抵御寒冷，略能忍受干旱，比较能忍受荫蔽。具有很强的适应能力，生命力旺盛。

◎**花期：** 4~5月。

◎**花色：** 红、白或浅黄色。

花言草语

发财树由于其名字而备受人们的喜欢，尤其是在商贸行业更受青睐。每当节日来临，很多宾馆、饭店，商人和寻常市民就会竞相购买发财树，并经常用钱币、彩色丝带、中国结等对其进行装扮，象征着招财添喜，以求吉利幸运、遂心顺意，且其株形柔美、气势不凡，很惹人喜欢。另外，发财树也很有经济价值，其种子成熟之后可以吃，木材还可以用来做木浆，可谓是“一举多得”。

净化功能

发财树可以很好地将甲醛、氨气、氮氧化合物等有害气体吸收掉。根据有关测算，每平方米发财树的叶面积24小时便可消除掉0.48毫克的甲醛及2.37毫克的氨气，堪称净化房间内空气的高手。

选盆

为了益于根系的生长和发育，花盆最少要有40厘米深，而且以选择使用透气性比较良好的泥瓦盆最为适宜。

新手提示： 为了使外形好看，在房间里摆设时可以在泥瓦盆的外面套上一个大一个型号的瓷盆或塑料盆。

择土

发财树喜欢在有肥力、有机质丰富、土质松散、排水通畅的中性至微酸性土壤中生长，不能在黏重土壤或碱性土壤中生长。

新手提示： 培养土经常用6份园土、2份粗沙和2份腐熟的有机肥，或8份腐叶土和2份煤渣来混合调配。

栽培

1. 截下长15~30厘米的健康壮实的木质化枝条作为插穗。
2. 把它插进扦插介质中或直接插到盆栽土上，插后浇足水并固定好插穗，之后放在背阴、凉爽且通风顺畅的地方料理，比较容易存活。
3. 上盆之前要在盆底铺放一层碎小的砖瓦片作为排水层，以便于排水通畅。
4. 一般每2年要更换一次花盆，以春天进行为好。

摆放建议

发财树茎干编辫造型后显得落落大方、气派非凡，可用于装点客厅、阳台、书房、门厅。

病虫防治

❶ 发财树经常发生的病害为黄化病及叶斑病。一旦发生黄化病，可以每隔10天用0.2%硫酸亚铁溶液朝叶片表面喷洒一次，连喷2～3次便可有效治理；一旦发生叶斑病，可以每隔15天用75%百菌清可湿性粉剂1000倍液喷洒一次，连喷2～3次便能治理。

❷ 发财树经常发生的虫害为红蜘蛛及介壳虫危害。如果发生红蜘蛛危害，可以用三氯杀螨醇来治理；如果发生介壳虫危害，人工用刷子蘸上酒精刷掉即可。

施肥

在植株的生长季节，要每月施用浓度较低的液肥一次，并适当加施2～3次磷肥和钾肥。在生长旺盛期内，要少施用氮肥，以免植株徒长。夏天温度较高时和植株开花时应少施用肥料。冬天则不要再对植株施用肥料。

光照

发财树对阳光的要求不太严格。在房间里光线比较昏暗处能接连观赏2～4周，在全日照、半日照或荫蔽的环境中也可以生长。

温度

发财树喜欢温暖，不能抵御寒冷，生长适宜温度是20℃～30℃。

新手提示： 幼苗不能忍受霜冻，成年植株则能忍受轻霜和长时间的5℃～6℃的低温。

浇水

❶ 平日不适宜浇太多的水，盆土不适宜过于潮湿，忌水涝。

❷ 春天和秋天可以每2～3天对植株浇一次水。

❸ 夏天可以每日浇一次水，并需时常朝叶片喷洒清水，以令叶片颜色碧绿、光鲜。

❹ 冬天植株进入室内后要注意掌控浇水，令盆土维持略潮湿状态就可以。

繁殖

发财树可采用播种法及扦插法进行繁殖。

修剪

当植株生长至80～100厘米高的时候，经常把3～6株加工编辫后种植到一个花盆里，造型新奇独特，具有比较高的观赏价值。

香龙血树

【花草名片】

◎学名：*Dracaena fragrans*

◎别名：巴西木、巴西铁树、巴西千年木、香千年木。

◎科属：百合科龙血树属，为多年生常绿灌木或小乔木。

◎原产地：最初产自亚洲热带区域及非洲，在中国云南、广西南部皆有分布。

◎习性：喜欢温暖、潮湿及光照充足的环境，不能抵御寒冷，能忍受干旱，不能忍受水涝，具有比较强的忍受荫蔽的能力，畏强烈的阳光直接照射。

◎花期：3月。

◎花色：乳黄、乳白色。

花言草语

香龙血树由于其伤口或切口可以分泌出暗红色的汁液，也就是所说的“龙血”而得此名称。它的树姿直立而高耸，十分美观，非常具有热带情趣，为室内极佳的赏叶植物。用大型花盆种植的时候，可以把它置于客厅及大堂中，显得既端正庄重，又朴素大方；用小型花盆种植的时候，则可以用它来装点居室中的窗台、书房及卧室，更增添了几分清新及美丽。尤其是高低有致栽种的香龙血树柱，其枝叶长得层次清晰，给人以不断上升的感觉。

净化功能

香龙血树的叶片及根部可以将甲醛、苯、甲苯、二甲苯，还有激光打印机、复印机及洗涤剂所释放出来的三氯乙烯吸收掉，并可以把上述有害气体转化分解成没有毒的物质，能很好地净化房间里的空气。

择土

香龙血树生命力旺盛，喜欢在有肥力、腐殖质丰富、土质松散且排水通畅的沙质土壤或微酸性土壤中生长，不能忍受贫瘠。

新手提示：培养土可以用相同量的河沙、腐叶土及珍珠岩来混合调配，并加入少许有机肥作为底肥。

选盆

可使用泥盆、塑料盆、瓷盆、陶盆栽培，幼株的花盆口径为12～20厘米，成株的花盆口径为24～34厘米，盆体尽可能深一些。

栽培

❶ 5～6月时，剪下长5～10厘米的成熟且健康壮实的茎干作为插穗。

❷ 把它插到培养土中，使空气湿度控制在约80%，室内温度控制在25℃~30℃，插后经过30~40天即可长出根来，约经过50天就能上盆种植。

❸ 上盆的时候要在花盆底部铺放一些碎小的石块，以便于排水通畅及使重心下降，以免植株不稳固。

❹ 新植株每年要更换一次花盆，老植株则可每两年更换一次花盆，适宜于春天进行。

新手提示：种植深度需根据茎干的高度来确定，通常埋进30厘米深，令茎干不容易歪斜就可以。

病虫防治

❶ 香龙血树经常发生的病害为炭疽病及叶斑病，用70%甲基托布津可湿性粉剂1000倍液喷施就能预防和治理。

❷ 香龙血树经常发生的虫害为介壳虫、蚜虫危害。发生介壳虫及蚜虫危害时，可以用40%氧化乐果乳油1000倍液或40%三氯杀螨醇乳油1000～1500倍液喷洒来杀除。

修剪

平日要尽早把叶丛下部已经老化、干枯、萎缩的叶片剪掉。

新手提示：为了掌控植株的高度及塑型，可以把顶部剪掉，以促使其下部萌生新枝。

浇水

❶ 香龙血树喜欢潮湿，比较能忍受干旱，也畏积水，在生长季节浇水要做到“见干见湿”。

❷ 在叶片生长的鼎盛期，要令盆土维持潮湿状态，空气湿度要保持在70%～80%。

❸ 夏天可以每日浇一次水，并要时常朝叶片表面喷洒清水。

❹ 秋末至冬初要少浇水，并朝叶片喷施0.2%～0.5%磷酸二氢钾，以增强植株抵御寒冷的能力。

❺ 冬天要注意掌控浇水，令盆土维持略干燥状态。

繁殖

香龙血树经常采用扦插法进行繁殖，用土插法或水插法均可。

光照

香龙血树对光线具有比较强的适应能力，在光照充足或半荫蔽的情况下，茎叶皆可正常生长，然而要防止强烈的阳光直接照射，不然会烧伤叶片或使叶片表面的斑纹颜色变淡。

新手提示：初春及立秋以后植株可以承受全日照，夏天要遮蔽约50%的阳光，冬天则可以置于房间里接近向南窗口的地方。

施肥

香龙血树比较嗜肥，以“薄肥勤施”为原则。在4～9月植株的生长季节，要每2～3周施用浓度较低的腐熟的液肥一次，主要施用磷肥和钾肥，不可施用太多氮肥。9月之后要少施用肥料。冬天则不要再对植株施用肥料。

温度

香龙血树喜欢温暖，不能抵御寒冷，生长适宜温度是20℃～30℃，其中在3～9月是24℃～30℃，9月到次年3月是13℃～20℃。

摆放建议

香龙血树是一种观叶类植物，盆栽可用来装饰客厅、书房或摆放在卧室一角。

黄杨

【花草名片】

◎学名：*Buxus sinica*

◎别名：瓜子黄杨、小叶黄杨、千年矮、乌龙木。

◎科属：黄杨科黄杨属，为常绿灌木或小乔木。

◎原产地：最初产自中国华北、华东和华中等区域。

◎习性：喜欢温暖、潮湿和光照充足的环境，不能抵御寒冷，能忍受干旱，怕水涝，比较能忍受半荫蔽。为浅根性植物，根系生长得旺盛，长得较慢，具有很强的发芽力，经得住修剪，寿命较长。

◎花期：3～4月。

◎花色：黄绿色。

净化功能

黄杨能够清除毒气、净化空气，抵抗及吸收二氧化硫、氟化氢的能力很强，抵抗氯气、硫化氢和氯化氢的能力比较强，为名实相副的“常绿净化器”。与此同时，因枝叶繁茂，它还具有一定的隔声作用，不仅可以作为大气污染区域优良的绿化树种或绿篱，也可以配植在隔声林中的灌木层之中。

选盆

栽种黄杨适宜选用透气性良好的泥盆或陶盆。

择土

黄杨具有很强的适应能力，在酸性、中性或微碱性土壤中皆可生长，也能忍受贫瘠，然而在有肥力、土质松散且排水通畅的沙质土壤中长得最为良好。

新手提示：用花盆种植的时候，培养土经常用田土、泥炭土、腐叶土、河沙及有机肥等来混合调配。

栽培

❶ 取黄杨幼苗，把长得太长、太密的根系剪掉，并对其根部进行适度修剪，令根系在花盆里能够自然伸展。

❷ 将幼苗植入盆土中，种植的时候不适宜种得太深，种好后要浇足水，放在半荫蔽的地方料理。

❸ 要令盆土维持潮湿状态，经常朝叶片表面喷洒清水，待一个月后植株的生长势头恢复之后再转为正常料理。

浇水

❶ 黄杨喜欢潮湿，如果缺少水分容易导致其基部的叶片凋落，但它也畏积水。

❷ 在植株的生长季节要令土壤维持潮湿状态，然而不可积聚太多的水。

❸ 夏天干旱时，除了要时常对植株浇水令土壤维持潮湿状态之外，还要每日朝叶片表面喷洒清水，以降低温度和保持一定的湿度，促使植株健壮生长。

❹ 冬天要掌控浇水的量和次数，令土壤维持略干燥状态就可以。

繁殖

黄杨经常采用播种法及扦插法进行繁殖。播种繁殖在冬天或春天都能进行，种子的萌芽率皆比较高。

修剪

❶ 黄杨萌生侧枝的能力很强，能自然长成圆头冠形，要注意控制高度，可于春秋及梅雨季节适当进行修剪。

❷ 平日要及时对徒长枝、重叠枝和影响植株形态的不必要的枝条进行修剪。

❸ 在植株结出果实之后，要尽早把果实摘掉，以免损耗过多的营养。

❹ 在更换花盆的时候，可以同时把一些长得太长、太密的老根剪掉，并换上新培养土，以利于植株生长。

温度

黄杨喜欢温暖，不能抵御寒冷，用花盆栽培的植株冬天时要放入房间内。

光照

黄杨喜欢光照充足的环境，也能忍受半荫蔽，可以长期置于房间里光照充足的地方，如果长时间光照不充足，新长出来的茎叶就会变得柔弱，还容易发生病虫害。

新手提示：夏天阳光比较强烈的时候要留意为植株遮蔽阳光，防止强烈的阳光直接照射，不然叶片容易变黄，导致生长不好。

施肥

黄杨需肥量不大，在生长季节每月施用浓度较低的液肥一次就可以，如果轮流施用饼肥水和化肥则效果更加良好。

摆放建议

黄杨叶片翠绿，株形柔美，可以摆放在阳台、窗台等光线比较充足的地方，也可以用来装饰卧室、客厅、书房，还可以制作成盆景装点居室。

病虫防治

❶ 黄杨经常发生的病害是煤烟病，平日时常朝叶片表面喷洒清水和及时将叶片表面的灰尘冲去便能很好地预防和治理。

❷ 黄杨经常发生的虫害为介壳虫和卷叶蛾的幼虫造成的危害，可以喷施80%敌敌畏1500倍液来杀除。

枸骨

【花草名片】

◎学名：*Ilex cornuta*

◎别名：枸骨冬青、老虎刺、八角刺、鸟不宿。

◎科属：冬青科冬青属，为常绿灌木或小乔木。

◎原产地：最初产自中国长江中下游区域。

◎习性：喜欢温暖、潮湿的气候，比较能抵御寒冷，具有一定的耐旱性，不能忍受积水，忍受荫蔽的能力比较强。具有很强的适应能力，萌生新芽的能力和种子的发芽力都很强，耐修剪，但长得较慢。

◎花期：4～5月。

◎花色：黄绿、白色。

净化功能

枸骨抵抗二氧化硫和氯气污染的能力比较强，为净化、美化工矿区和居民区院落的良好植物。

选盆

选用排水性、透气性好的泥盆，尽量使用浅盆，盆底加碎盆片。

繁殖

枸骨经常采用播种法及扦插法进行繁殖。

择土

喜欢在有肥力、腐殖质丰富、土质松散且排水通畅的酸性土壤中生长，在中性和偏碱性土壤中也可以生长。

新手提示：培养土经常用腐叶土或腐熟的田园土再加上合适量的沙土来混合调配。

栽培

❶ 梅雨季节时，先剪下长10～15厘米的当年生的半木质化枝条作为插穗，留下4～6枚叶片。

❷ 将插穗插到培养土里，插后留意遮蔽阳光和保持一定的湿度，经过30天左右便可长出根来，栽培1～2年后便能进行移栽。

❸ 移植可于春天植株发芽前或立秋以后进行，而最好是在春天进行。

❹ 种植后需浇足水，并在半荫蔽的地方摆放2～3周缓苗，等到植株的生长势头恢复后再转入正常料理。

❺ 通常每2～3年要更换一次花盆，多于春天2～3月进行。

新手提示：移植的时候要带着土坨，并留意将植株的侧根及须根保护好，防止造成损伤，同时要把一些枝叶剪掉，以降低水分的损耗量，便于存活。

光照 枸骨喜欢光照充足的环境，也比较能忍受荫蔽，可以长期置于房间里光线充足的地方。

新手提示：夏天和秋天阳光比较强烈的时候则要为植株适度遮蔽阳光，防止强烈的阳光久晒。

施肥 在植株的生长季节，可以大约每隔15天施用浓度较低的腐熟的饼肥水一次。冬天仅需施用一次有机肥作为底肥，以后则不要再对植株追施肥料。

病虫防治

❶ 枸骨经常发生的病害主要是根腐病及煤污病。一旦发生根腐病，就要马上把病株拔掉，并立刻用50%退菌特可湿性粉剂500倍液进行全面喷施；一旦发生煤污病，只要每10天用波尔多液或石硫合剂朝植株喷施一次就能有效治理。

❷ 枸骨经常发生的虫害是介壳虫及木虱危害。发生介壳虫危害，可人工用毛刷将害虫刷掉；在初春朝植株喷施50%氧化乐果乳油2000倍液就能将过冬的木虱杀灭，每周喷施一次，接连喷施3次即可。

修剪 每年夏天和秋天要分别对植株进行一次适度的修剪，把稠密枝、徒长枝、干枯枝和病虫枝剪掉，对长得太长的枝条进行短截，以维持一定的植株形态。

浇水 夏天每日上午浇一次水，且要时常给叶片喷水；春天和秋天每2～3天浇一次水；冬天令盆土维持偏干燥状态就可以。

温度 枸骨喜欢温暖，也具一定程度的抵御寒冷的能力。它可以忍受较短时间的-5℃的低温。晚上温度不适宜在3℃以下，白天温度最好不要超过25℃。

摆放建议 枸骨四季常绿，既可直接在庭院里地栽观赏，也可盆栽用来装饰客厅，还可制作成盆景摆放在书房、客厅的窗台和案几上。

花言草语

枸骨的根、树皮、叶及果实皆有药用，具补益肝肾、滋养气血、滋补阴虚、消除风湿、清除风热及益精活络的功用。枸骨的种子含有油，能用来制造肥皂；它的树皮能用来做染料；它的嫩叶能制作枸骨茶及苦丁茶，经常饮用则可以预防疾病、保护健康。

贴梗海棠

【花草名片】

◎学名：*Chaenomeles speciosa*

◎别名：铁脚海棠、铁杆海棠、皱皮木瓜、川木瓜。

◎科属：蔷薇科木瓜属，为落叶灌木。

◎原产地：中国中部长江流域诸省。

◎习性：喜光，较耐寒，不耐水淹，耐旱、忌湿，耐修剪，萌生根蘖能力强。

◎花期：2～4月。

◎花色：花色多样，有朱红、桃红、月白等颜色，还有一些品种的颜色为粉白相间。

花言草语

贴梗海棠的果实叫皱皮木瓜，是十分稀有的水果，其药用价值和食用价值都很高。皱皮木瓜营养十分丰富，富含维生素、蛋白质、酒石酸、磷、铁、钙等，是水果中的佳品。皱皮木瓜的药用价值同样非常高，具有驱风活血、镇痛、平肝、和脾、化湿舒筋的功效，可以用来治疗中暑、霍乱转筋、脚气水肿、湿痹等症；皱皮木瓜泡酒口服，还可以治疗风湿性关节痛。

净化功能

贴梗海棠能够强效抵抗及吸收二氧化硫和氨等气体。同时，它在臭氧环境下暴露半小时就会出现伤害反应，因而也是监测臭氧的好帮手。

择土

贴梗海棠对土质要求不高，微酸性土或中性土均可，但适于生长在疏松肥沃、土层深厚、排水良好的沙质土壤中。

选盆

盆栽贴梗海棠时宜选用较深的紫砂陶盆或釉陶盆，其他质地也可。

栽培

❶ 在花盆底部垫一层沙土或蛭石，以利于排水。

❷ 在沙土上面放入少量的培养土。

❸ 将贴梗海棠幼苗置入花盆中，一手扶正，一手向花盆里填土。

❹ 填好土壤后，用手轻轻压实，浇透水分，放置荫蔽处1～2周，再移至光照充足处正常料理。

新手提示：贴梗海棠通常在种植后2～3年才能开花。

修剪

❶ 贴梗海棠生长较茂盛，因此要适时修剪，从而改善透光环境，防止枝干密集影响生长。

❷ 要控制一年生枝干顶端的继续生长，剪下过于密集的枝干，否则不能形成花芽。

❸ 每年于落叶后到萌芽前，需剪掉部分细弱枝，同时将全部新枝留2/3～1/2，剪去枝梢。

❹ 冬季可将重叠枝、病虫枝剪去，并将徒长枝剪短，使营养集中，有利于多开花。

光照

贴梗海棠喜欢阳光，因此要多让其接受日照，放置在阳光充足的地方。如果光照不足，易引起枝叶徒长，影响开花。

病虫防治

贴梗海棠易患锈病和各种虫害。

❶ 当贴梗海棠患上锈病时，可用50%退菌特可湿性粉剂800倍液进行喷施，每隔10天喷一次，连续喷3～4次即可有效控制住病情。

❷ 贴梗海棠的常见虫害有介壳虫、蚜虫、红蜘蛛、黄刺蛾等，治理时可以用速介杀杀灭介壳虫，用铲蚜杀灭蚜虫，用敌敌畏喷杀黄刺蛾。

浇水

平时浇水不宜过多，如果土壤不过分干燥则不必经常浇水，一般5～6天浇一次。

摆放建议

贴梗海棠喜阳，因此适宜放置在阳台、露台或客厅的窗台附近。

温度

贴梗海棠是一种喜冷凉气候的木本花卉，生长适宜温度为15℃~20℃。

新手提示：在冬季气温低于-20℃的地区需将花盆移至室内过冬。

施肥

贴梗海棠喜肥，通常一年可施用三次肥，春季开花后施肥以氮肥为主，夏季施肥以磷钾复合肥为主，入冬前结合浇水施用一些基肥即可。对于已开花的植株，每年宜追施3～4次液肥，开花前多施些磷肥，则会使花色更加艳丽。

繁殖

贴梗海棠可用分株、扦插及压条法进行繁殖。

仙客来

【花草名片】

◎**学名：***Cyclamen persicum*

◎**别名：**萝卜海棠、兔耳花、兔子花、一品冠。

◎**科属：**报春花科仙客来属，为多年生球根植物。

◎**原产地：**原产于欧洲南部的地中海沿岸地区，现在世界各地均有栽培。

◎**习性：**适宜种植在阳光充足、温和湿润的环境中，不耐寒冷和酷暑，忌雨淋、水涝。夏季一般处于休眠状态，春、秋、冬三季为生长期。喜疏松肥沃、排水性能良好的酸性沙质土壤。在我国华东、华北、东北等冬季温度较低的地区，适宜在温暖的室内栽培。

◎**花期：**10月～次年5月。

◎**花色：**桃红、绯红、玫红、紫红、白色。

选盆

适宜种植在透气性较好的素烧泥盆中。新买的素烧泥盆最好用清水泡30分钟后再使用，否则其大而多的空隙容易吸收土壤中的水分，导致植株供水不足。旧泥盆也最好用1／5000的高锰酸钾溶液浸泡消毒30分钟，清除盆内外的泥垢、青苔等物后再使用。播种时，选择口径为8厘米左右的花盆即可；第一次换盆时使用口径为13～16厘米的花盆较好；第二次换盆时使用口径为18～22厘米的花盆为宜。

净化功能

仙客来对空气中的有毒气体二氧化硫有较强的抵抗能力。它的叶片能吸收二氧化硫，并经过氧化作用将其转化为无毒或低毒性的硫酸盐等物质。

栽培

❶ 种子发芽适温为18℃～20℃。北方可在8月下旬至9月上旬播种，南方可在9月下旬至10月上旬播种。

❷ 种子用冷水浸泡1～2天，或用30℃左右的温水浸泡3～4小时。

❸ 在盆底铺上一些碎瓦片或者碎塑胶泡沫，覆土。将种子放进土壤中，种子上覆土2厘米左右。

❹ 把花盆浸在水中，让土壤吸透水，取出用玻璃盖住花盆，将其置于温暖的室内。

❺ 约35天后种子发芽。此时拿去玻璃，将花盆放在向阳通风处。

❻ 当叶片长到10片以上时，将植株换入口径为13～16厘米的花盆中。换盆时根系要带土，以免损伤。栽种时，球茎的1/3应裸露在土壤外。

择土

盆栽时，培养土可选用泥炭、蛭石和珍珠岩按3：2：1比例混合后的土壤，也可用等份的腐叶土和黏质土混合而成的土壤。

病虫防治

❶ 仙客来常见的病害是灰霉病、炭疽病、软腐病、萎蔫病、叶腐病等。灰霉病能使植株叶片、叶柄枯死、球茎腐败，可通过喷施70％甲基托布津可湿性粉剂800～1000倍液防治；炭疽病能使植株叶片枯死，可喷施50％多菌灵可湿性粉剂500～800倍液防治；叶腐病能使叶片从叶脉向叶缘腐烂，可用土霉素2000倍液涂抹受伤叶片防治。

❷ 仙客来常见的虫害是仙客来螨，多寄生在幼叶和花蕾内。它能使植株叶片黄化畸形、开花异常，可用40％三氯杀螨醇1000～1500倍液或特螨克威2000倍液喷杀。

光照

❶ 仙客来是喜光植物，冬春季节是花期，此时最好将它放于向阳处。

❷ 炎热夏季需要为植株创造凉爽的环境，最好将其放置在朝北的阳台、窗台或者遮阴的屋檐下。

浇水

❶ 给仙客来浇水最好选择清晨或上午时分。

❷ 第一次换盆前可用喷洒的方式浇水；待仙客来的叶片生长茂密时，最好选择盆浸的方式浇水。

❸ 仙客来不耐旱，因此日常水分供应要充足，尤其是炎热的夏季，否则，叶片会出现枯黄、萎蔫的现象。另外，补浇水后要修剪掉影响植株生长的黄叶和枯枝。

❹ 仙客来忌涝，因此盆土只需保持湿润即可，花盆内要严防积水。夏天多雨季节最好将植株放置于避雨处。

温度

仙客来不耐高温，温度过高会使其进入休眠状态。夏季应将其放置在阴凉通风的环境中，或者经常往它的叶片和周围土地上喷些水，以达到降温增湿的目的。

修剪

在为仙客来整形时，主要是将中心叶片向外拉，以突出花叶层次；修剪时主要是剪去枯黄叶片和徒长的细小叶片；开花后要及时剪除它的花梗和病残叶。

施肥

❶ 在仙客来的生长旺盛期，最好每旬为其施肥一次。

❷ 在植株花朵含苞待放时，可为其施一次骨粉或过磷酸钙肥。

繁殖

仙客来多用播种法繁殖。

摆放建议

适合放置在客厅、书房、居室等场所。

菠萝

【花草名片】

◎学名：*Ananas comosus*

◎别名：凤梨、黄梨。

◎科属：凤梨科凤梨属，为多年生草本果树植物。

◎原产地：最初产自墨西哥至巴西南部、阿根廷北部的丛林中，如今已广泛分布于热带地区。

◎习性：喜欢温暖、湿润的环境，能在半阴环境中生长，怕寒冷，但不喜欢烈日暴晒和干燥的环境。

◎花期：2～6月。

◎花色：天蓝色、淡紫红色。

净化功能

菠萝是一种酸甜可口的水果，也可以作为盆栽摆放在家中，一方面可以观赏，一方面可以净化空气。尤其是刚刚装修过的新房，油漆味很重，此时将一盆菠萝放在室内会起到良好的净化效果。

这是由于菠萝全身密布着空隙和粗纤维，这些空隙和粗纤维具有强大的吸附作用，可以吸进对人身体有害的二氧化碳，释放出氧气，使室内一直保持着较高的含氧量。而且，菠萝中含有香味浓重的芳香物质，这些芳香物质散发出来可以渐渐地清除室内的异味。

择土

菠萝适合在疏松、肥沃、偏酸性的沙质土壤中生存。

栽培

❶ 在盆底1／4处填充颗粒状的碎瓦片，作为排水层，以便于根部透气和排水。

❷ 在盆底施一层基肥，然后在基肥上铺上一层培养土。

❸ 把植株放在盆内，扶正，让植株的根须充分伸展，但要注意根须不能碰到基肥。

❹ 向植株四周填充营养土并轻轻压实，直至培养土填到15～20厘米处。

❺ 浇透水，以花盆底部略滴水为准。

新手提示：在我国，全年都可以种植菠萝，但以3～9月种植较好。因为其余的时间气温偏低，降水量少，造成土壤干旱，不利于植株的生长。

浇水

❶ 菠萝喜欢湿润的环境，平日保持盆土湿润即可，阴雨天一般不用浇水。

❷ 浇水时不可直接用自来水浇灌，最好用白开水或经过晾晒的水。

新手提示：菠萝不仅可以观花，也可以观叶。每日在叶片上喷洒一次清水，不仅可促进植株进行光合作用，还可清除粉尘，使叶色亮丽如新，增强观赏价值。

选盆

盆栽菠萝时宜选用通气排水性能良好的泥盆或陶瓷盆。

繁殖

菠萝通常采用播种、分割蘖芽扦插法进行繁殖。

光照

菠萝每天所需的日照时间以12~16小时为佳。若少于12小时或长于16小时，植株就不能正常生长，开花率也会在一定程度上受到影响。

春、夏、秋三季要避免强光直接照射，最好遮去50%～60%的光照，因为阳光直射会灼伤叶片；冬季的日照不强烈，此时不用采取遮光措施，只需将花盆移到室内向阳处即可。

新手提示： 如果每天的光照条件达不到要求，可在室内辅助采用人工照明的方式，比如日光灯。日光灯的光谱较长，所发射出来的光照很强烈但是热量却比较少，不至于灼伤植株。日光灯最佳的悬吊位置是在植株上方约40厘米处，过高则会降低光照强度。

施肥

1. 花期前应适当增施磷、钾肥，这样可以让花朵更大，色彩更鲜艳。
2. 花期每周施氮肥一次。
3. 冬季停止施肥。

新手提示： 菠萝的根系不发达，平时吸收水分和养分在很大程度上需要倚赖叶面和叶筒，所以施肥时不仅要向盆土内施肥，还要注意向叶筒和叶面喷洒液肥。

病虫防治

1. 常见病害是基腐病，可用50%多菌灵可湿性粉剂800～1000倍液，隔7～10天喷洒一次。
2. 虫害主要有蝗虫、介壳虫、蓟马和食心虫，可用氧化乐果、特普水、狂杀宝、粉虱王等防治。

修剪

花期过后，最好将一部分花梗剪除，以减少养分的消耗。

温度

菠萝在白天的最佳生长温度为21℃～32℃，在夜间的最佳生长温度为14℃～18℃，日夜温差最好在6℃以上，若能达到10℃则最好。

冬季，菠萝的温度最好保持在16℃以上，最低不能低于8℃，否则易受冻害。

摆放建议

菠萝喜散射光，忌直射光，所以不能将其放在有烈日暴晒的地方，而要将其放置在有光亮的窗口、室内，比如阳台、客厅、卧室、书房等。

花言草语

菠萝四季常绿，花朵色彩、层次丰富，而且结出的果实酸甜可口，享有“岭南四大名果之一”的美誉。不仅如此，菠萝还有祛病抗癌的功效。1891年，有人从新鲜的菠萝中提炼出一种菠萝酵素，如今已经成为治疗坏血症的良药。新近研究证实，菠萝酵素对心脏疾病、烧伤、脓疮和溃疡等，有着很好的效果。

此外，菠萝的叶片还非常适合用来制作宣纸。

红掌

【花草名片】

◎**学名**：*Anthurium andraeanum*

◎**别名**：花烛、火鹤花、安祖花。

◎**科属**：天南星科花烛属，为多年生附生性常绿草本植物。

◎**原产地**：原产于南美洲的热带雨林中。

◎**习性**：喜欢温暖、潮湿和半阴的环境，不耐阴，喜欢阳光照射但忌阳光直射，不耐寒。

◎**花期**：4～6月。

◎**花色**：粉红色、白色、黄色。

净化功能

红掌可以有效地净化室内的空气，它不仅能有效地吸收空气中的甲苯和二甲苯，对存在于油漆、化纤、溶剂中的氨也有一定的吸收能力，同时对甲醛也有很好的去除功效：在24小时的照明条件下，每平方米的红掌可以吸收1.05毫克的甲醛。

光照

红掌不耐强光，宜在适当遮阴的环境下生长，尤其是在日照强烈的夏季，最好遮去光照的70%。如果阳光直射红掌，会使红掌叶片的温度高于气温，直接导致叶片灼伤、花苞褪色和叶片生长变慢。早晨、傍晚或阴雨天则不用遮光。

择土

红掌适宜在疏松，肥沃，通透性、排水性良好的土壤中生存，不宜栽种在盐碱土壤中。

栽培

❶ 在盆底填充4～5厘米深的颗粒状碎石物，以利于排水。

❷ 撒上深2～3厘米的培养土。

❸ 把植株放在盆中央，扶正，让根系自然展开分布。

❹ 继续撒入培养土直至离盆面还有2～3厘米，注意要露出植株中心的生长点和基部的小叶。

❺ 将培养土轻轻压实，以把植株倒托在手中而土不松散为宜。

❻ 喷洒施菌剂，防止疫霉病和腐霉病的发生。

新手提示：红掌全年都可以种植，但是最好避开过热或过冷的天气，因为刚刚栽种的新苗不能忍受一些极端的气候。

繁殖

红掌常采用分株、扦插和组织培养等方法繁殖。

浇水

❶ 刚刚栽种的红掌，根系不发达，加上在培养土中分布得比较浅，水分不足很容易让根系缺乏营养，所以上盆后最好每天喷2～3次水，以保持培养土的湿润。

❷ 中、大苗期的红掌生长速度快，需水量也相应增多，此时应保证每天都有充足的水分供应。

❸ 夏季可2～3天浇水一次，中午可向叶面喷洒一些清水。

❹ 冬季应在上午9时至下午4时浇水，否则会冻伤根系。

❺ 开花期应适当减少浇水。

选盆

栽种红掌时对花盆没有严格的要求，塑料盆、泥盆、瓷盆、紫砂盆均可。上盆时应选用16×15厘米的盆，随着生长逐渐换入大盆。

新手提示：每1～2年换盆一次。

施肥

❶ 春秋季一周施肥一次，如果气温偏高，则可2～3天施肥一次。

❷ 夏季可两天施肥一次，气温高时可加浇一次清水。

❸ 冬季应少施肥。

❹ 避免施用高氮肥。施肥后最好马上浇水，否则肥料很容易烧伤植株的根系及茎叶。

新手提示：红掌的花、叶表面都有一层蜡质，会阻碍肥料的充分吸收，所以施肥时最好在根部进行。施肥时还要注意不能将肥料直接喷洒在叶片上，否则会阻碍叶面正常的光合作用，损害幼嫩植株的细胞，同时还会弄脏花叶，影响观赏效果。

病虫防治

❶ 红掌常见的病害有细菌性枯萎病、叶斑病和根腐病。细菌性枯萎病可轮换使用72%硫酸链霉素4000倍液与10%溃枯宁可湿性粉剂1000倍液，7～10天喷药一次。叶斑病可用50%百菌清可湿性粉剂300倍液预防，叶斑病已经发生则用70%代森锰锌可湿性粉剂300倍液处理。根腐病可用50%多菌灵可湿性粉剂500倍液来防治。

❷ 主要虫害有蚜虫、红蜘蛛等。蚜虫可采用10%吡虫啉可湿性粉剂2000倍液防治。红蜘蛛可用阿维菌素2000倍液，每隔7～10天喷药一次，连喷2～3次。

温度

红掌最适宜的生长温度为20℃～30℃。若气温低于10℃则随时有发生冻害的可能；若气温高于30℃，会导致植株生长过快，营养消耗过量，影响植株的品质，所以最好使用喷淋系统或雾化系统在植株周围进行喷洒，增加空气的相对湿度，降低周围温度。

修剪

❶ 应及时摘去红掌根部的小细芽，因为小细芽会争夺植株的养分，使植株保持在幼龄状态，影响株形的美观。

❷ 及时剪除枯叶与老花。

❸ 对叶片过多的植株，适当疏叶，防止花蕾过早凋落、枝茎弯曲。

摆放建议

小盆栽种的红掌可放在计算机旁、书桌上，大盆栽种的红掌可放在客厅和卧室。若和其他观花、观叶植物一起摆放，会有更好的观赏效果。

雏菊

【花草名片】

◎学名：*Bellis perennis*

◎别名：长命菊、延命菊、春菊、马兰头花。

◎科属：菊科雏菊属，为多年生草本植物。

◎原产地：原产于欧洲至西亚地区，如今在世界各地都有栽培。

◎习性：喜欢冷凉、湿润的气候，比较耐寒，不耐酷热和严霜。如果在炎热条件下开花，花朵容易枯萎死亡。

◎花期：2～5月。

◎花色：白色、粉红色、玫瑰色和复色。

净化功能

雏菊有很强的蒸散作用，可以净化家电产品和塑料制品所散发出来的有害气体，如甲醛、苯等，尤其是对洗涤剂和黏合剂中的三氯乙烯有较好的吸附作用。花谚说，“雏菊万年青，除污染打先锋”，雏菊净化空气的作用可见一斑。

选盆

栽种雏菊时对花盆的类型没有太多的要求，只要不用塑料盆即可，因为塑料盆的排水性较差。此外，雏菊的根系较为发达，根系分支多，须根数量很多而且也很长，所以盆栽时最好选择直径40～50厘米、深20～30厘米的大盆。

光照

❶ 避免中午前后强光直射，可见早晨或傍晚的斜射光。

❷ 刚刚栽种的植株光照时间不应太长。

❸ 雏菊生长期和开花期喜阳光充足，不耐阴，需要较高的光照强度。充足的光照可促进植株的生长，让叶色浓绿，开花量增加。

❹ 霜冻时期要部分遮阴，避免阳光直射。

栽培

❶ 抖掉植株根须上的泥土，将丛生的植株带根分为单株或双株。

❷ 在盆底填充碎硬的塑料泡沫块，以便于透气排水。

❸ 将2～3株雏菊放进盆中，扶正，填充培养土，并施一些氮磷钾复合肥。

❹ 浇透水，置于半阴处，10天后再转移到日照充足的地方。

新手提示：盆栽雏菊移植的时间一般都选在10月，但10月初移植往往比10月底移植会更好，因为10月底移植可能遭遇霜冻的侵袭，而10月初移植则可躲过这一“劫”，使植株的根系更加牢固。

择土

盆栽雏菊以富含腐殖质、肥沃、排水良好的沙质土壤为宜。

花言草语

不管是欧洲、美洲还是中国，雏菊都是很常见的花。雏菊和中国人喜欢的菊花长得非常像，所以它的中文名字叫“雏菊”。雏菊不同于菊花花瓣纤长、卷曲油亮，它的花瓣短小，更像是未成形的菊花。莎士比亚在《哈姆雷特》中描写丹麦王的儿媳——奥菲利娅发疯投河的那出戏中，奥菲利娅就一边唱着歌谣，一边编织花环，那些花中就有雏菊。由此可见人们对于雏菊的喜爱。

施肥

❶ 施肥不必过勤，每隔2～3周用复合肥溶于水进行浇灌即可。

❷ 2月花开后停止施肥。

❸ 5月花谢后要施一次稀薄的氮肥。

病虫防治

❶ 雏菊的主要病害有菌核病、灰霉病、褐斑病、炭疽病、霜霉病，可用50%百菌清可湿性粉剂800～1000倍液、甲霜灵1000～1500倍液喷洒进行防治。

❷ 雏菊的主要虫害有蚜虫、小绿蚱蜢等，可用50%杀螟松乳油1000倍液喷杀。

浇水

❶ 夏季，早晚各浇水一次，保持盆土的湿润。

❷ 冬季，减少浇水次数，每2～3天浇透水一次。

❸ 浇水时只需浇少量的水，不可过湿。

❹ 多雨天气时要及时将花盆中的积水倒出，否则根须容易被浸烂而致整株死亡。

❺ 雏菊发蕾时应该控水，防止花茎过长。

温度

雏菊生长的最佳温度是18℃～22℃，开花时最适宜的温度是10℃～25℃。若低于10℃，植株的生长速度会变得缓慢，株形减小，开花的时间也会延迟；若低于5℃，就会受到冻害，不能安全越冬。若温度高于25℃，则会使植株叶片增大，花茎拉长，花开的数量减少。

若用雏菊盆栽布置庭院，气温偏低时要将花盆移入室内，以防冻害。当气温逐渐回暖后要打开室内的窗户及时通风，因为雏菊是基叶簇生类的植物，平时若不加强通风，植株基部就容易腐烂，严重者还会感染病菌。

摆放建议

雏菊有小小的花瓣，没有妖娆，没有妩媚，在淡淡的香气中，透着一种淡雅、淳朴的气息，平时若摆放在茶几、书桌、窗台上，自有一番优雅别致的情调，同时雏菊还可以用来布置庭院。

繁殖

雏菊常用播种法进行繁殖，也可以采用扦插和分株繁殖的方法。

景天三七

【花草名片】

◎学名：*Sedum aizoon*

◎别名：土三七、旱三七、墙头三七、见血散、血山草、破血丹、六月淋。

◎科属：景天科景天属，多年生肉质草本植物。

◎原产地：亚洲东部，目前在我国广泛分布与栽培。

◎习性：喜阳光，不耐潮湿，耐寒性强，在华北地区可露天越冬，耐瘠薄土壤。野生的景天三七多生长在石质山坡上、灌木间、林间，或草甸、草甸草原上。

◎花期：7～8月。

◎花色：黄色。

净化功能

景天三七对空气中的有毒气体，如氟化氢、二氧化硫等有较强的抵抗能力。

选盆

景天三七忌水涝，选择排水、透气性能良好的瓦盆即可。

择土

排水性能良好的肥沃沙质土壤最适宜它的生长。此外，可在土壤中拌上少量粗沙以利排水。

栽培

❶ 一般使用分株法或扦插法。

❷ 用分株法种植，一般需要在春季植株发芽前或者秋季10～11月时进行栽种。挖出健康植株的根茎，以每丛带2～4芽从根茎处分开，将其种植到花盆中即可。

❸ 用扦插法种植，最好在植株的生长季节进行栽种。选择健康的景天三七植株，剪取它的地上茎（每段10～15厘米），将其插于准备好的花盆中，保持土壤润湿即可。

温度

景天三七耐寒性强，冬天寒冷季节将其移至屋檐下避开霜雪在0℃左右也不会被冻坏。

新手提示：北方地区，冬天最好将其移至温暖的室内，并在土壤表面覆盖一层稻草或报纸以保暖保湿。

光照

景天三七喜光照，在其生长期最好将植株放置在阳光充足的地方，冬天最好将其放置在背风向阳处。

施肥

景天三七无需经常施肥，一般来说2～3个月施肥一次即可。肥料也不用太过苛求，只要充分腐熟，按1：5加水配比即可。

浇水

景天三七的环境适应能力比较强，不需要经常浇水也能生长茂盛。不过盛夏炎热时，最好每天浇一次水。

病虫防治

景天三七基本无病虫害。

繁殖

景天三七可通过分株、扦插、播种法繁殖。

修剪

景天三七耐修剪，家庭盆栽时除了修剪掉过于浓密的枝叶外，可按照个人喜好修剪成形。

摆放建议

景天三七最好放置在庭院内，或者向阳的阳台、窗台上。

第四篇

21种化毒为宝的“毒花毒草”

现在，尽管越来越多的人认识到花草有净化空气、美化居住环境等功能，但是仍有不少人会走入这样的误区，认为房间里放置的花草数量越多、品种越多、香味越浓郁就越好，而有毒的花草是绝对不能种植的。可是，果真如此吗？

事实上并不是这样的。房间里放置花草的数量要依照房间面积的大小来定，不适宜太多，花草的品种也需搭配适当，且一些香气过度浓郁的花卉也不适宜长期置于房间内。而有的花草虽然有毒，但它们也同时具有良好的杀灭病菌、吸收有毒物质、增加空气中的负离子浓度等作用。如果我们能对这些有毒花草的植物特性有所了解，善加利用，就能化毒为宝，为我们的身心健康保驾护航。

夜来香

【花草名片】

◎学名：*Oenothera odorata*

◎别名：待宵草、月见草、月下香、山芝麻。

◎科属：萝藦科夜来香属，为多年生草本植物。

◎原产地：最初产自北美地区。

◎习性：喜欢温暖、潮湿及光照充足的环境，略能抵御寒冷，比较能忍受干旱，怕积水。

◎花期：7～9月。

◎花色：黄色、浅粉色。

毒性解码

夜来香具有浓郁的香气，夜间会散发出很多刺激嗅觉的微粒，如果闻得时间太长或长期与其共处一室，会令人产生头昏、咳嗽、气喘、失眠的症状，患有高血压或心脏病的人更会觉得憋闷，甚至会导致病情加重。

化毒攻略

夜来香新鲜的花和花蕾可食用，具有清肝明目的功效。家庭栽种夜来香不可将其置于卧室内，白天可以置于房间里通风顺畅的地方，黄昏时分便需移到房间外面，防止其浓郁的香气滞留在室内。

选盆

选用透气性好、排水通畅的泥盆，花盆口径为25厘米左右。

栽培

❶ 当植株生长处于半木质化时，剪下30厘米左右的健康壮实的茎蔓作为插穗，且要含有3～5个节。

❷ 将其插入培养土中，插入深度是插穗总长的1/2或2/3即可。

❸ 插后浇足水并令土壤维持潮湿状态，经过20～30天便可长出新根、萌生新芽。

❹ 移植适宜于5月中旬进行，需尽可能地少损伤根系，在掘出苗木后需马上进行移植。

新手提示：种植的时候要一边栽种一边浇水一边垒土，把根部完全栽进土里，不可露出一点根茎。

温度

夜来香喜欢温暖的环境，略能抵御寒冷，冬天应放在屋内过冬，保持室温即可。

择土

适合种植在土质松散、有肥力且排水通畅的土壤中，种植前要在土壤中施进适量的底肥。

浇水

❶ 平日令盆土维持潮湿状态就可以，不能过于干燥或过于潮湿。

❷ 在植株的生长季节浇水要充足，以满足其生长所需，然而不可积聚太多的水。

❸ 夏天干旱时除了要令盆土维持潮湿状态之外，还要时常朝叶片表面喷洒清水，以增加空气湿度，促进植株生长。

❹ 冬天对植株要适度少浇一些水。

施肥

在植株的生长期内需追施2～3次复合肥，也就是在苗期追施2～3千克的尿素和1.5千克的过磷酸钙，又4～5千克的过磷酸钙。

新手提示：不可对植株追施太多的氮肥，不然容易导致莲座状叶片生长过旺且不抽生茎。

病虫防治

❶ 夜来香经常发生的病害为腐烂病及枯萎病。如果植株发生了腐烂病，可以喷洒75%百菌清可湿性粉剂1000倍液或50%甲基托布津可湿性粉剂1500倍液来治理；如果植株发生了枯萎病，要马上把病株拔掉，并把其四周的土壤翻开撒施生石灰消毒30天后再补种上新苗，也可以喷洒50%甲基多菌灵可湿性粉剂或枯萎立克600～800倍液来治理。

❷ 夜来香经常发生的虫害为介壳虫、蚜虫及螨类危害，喷洒40%氧化乐果乳油或2.5%敌杀死就能有效治理介壳虫和蚜虫，喷洒73%克螨特乳油2000倍液便能杀除螨类。

光照

夜来香喜阳光。盆栽夜来香要求通风条件良好，5月初至9月底宜放在院内阳光充足处或阳台上养护，但在夏季的中午应避免烈日暴晒。

繁殖

夜来香经常采用播种法及扦插法进行繁殖。

修剪

平日要留意尽早将干枯焦黄的叶片剪掉，以降低营养成分的损耗量，促进植株健壮生长及保持优美的植株形态。

摆放建议

家庭栽种的夜来香盆栽一般摆放在客厅窗台、阳台、露台等通风较好的地方，傍晚时移至室外。一般不将夜来香盆栽摆放在卧室。

花言草语

夜来香因其花朵夜里开放，且芳香浓厚，随风带来阵阵芬芳而得此美名。它的花朵可以制取天然香料，茎纤维为造纸的原材料，根可以入药，在治疗风湿病、筋骨疼痛等方面有一定的功效。

水仙

【花草名片】

◎**学名**：*Narcissus tazetta*

◎**别名**：凌波仙子、玉玲珑、中国水仙、金盏银台。

◎**科属**：石蒜科水仙属，为多年生草本植物。

◎**原产地**：最初产自中国。柬埔寨把它定为国花。

◎**习性**：喜欢温暖、潮湿和光照充足的环境，不能抵御寒冷，怕长时间的水涝。水仙花与别的多年生草本植物有些不一样，有秋天开始生长、冬天花朵开放、春天储藏营养成分、夏天休眠的特殊之处。

◎**花期**：1～3月。

◎**花色**：乳白、鹅黄、鲜黄色。

毒性解码

水仙花的全株都有毒，其鳞茎的浆汁中含有拉可丁毒素，毒性比较大，误食之后会产生呕吐、腹部疼痛的症状。

水仙花的叶片及花朵的汁液皆有毒，接触后会导致皮肤红肿，特别需要留意的是不可让这种汁液进入眼睛里。若人们不慎误食它的叶片及花朵的汁液，则会出现呕吐、腹部疼痛、手脚发冷、出冷汗、脉搏快且微弱、呼吸不规律、体温升高、昏睡、虚脱等症状，严重的还会出现痉挛，甚至中枢麻痹而死。

化毒攻略

水仙花除了有比较高的药用价值和观赏价值外，还有净化空气的作用，抵抗空气里的污染物的能力非常强。它可以把一氧化碳、二氧化碳、二氧化硫等吸收掉，还可以把氮氧化物转化成植物细胞蛋白质，并被其自身所用。此外，水仙花清淡的花香可以调节情绪，使人精神愉悦，并可以减少房间里的异味。在种植期间，要尽可能地防止过多接触，在接触水仙花后需马上清洗双手。家里有儿童的更要多加留意，防止其不小心误食。

施肥

用水栽法种植的水仙花，通常不用施用肥料，如果条件允许，也可以在花期内略施用适量的速效磷肥，以令花朵开得更加硕大、花色更加娇艳。

择土

喜欢在土层较厚、土质松散、保持水分的能力强、排水通畅的土壤中或冲积土中生长。用水栽法种植的时候最适宜用雨水或池塘水，若用自来水，则要储存一天再用。

选盆

各种盆皆可，不漏水即可。花盆的大小根据种植的球茎数来定，比如16厘米口径的一般可放2~3个球茎。

病虫防治

水仙花经常发生的病害为线虫病、叶枯病及褐斑病等。

❶ 在种植前用40℃的0.5%福尔马林液将鳞茎浸泡3~4小时就能预防线虫病的发生。

❷ 叶枯病在发病之初，用60%代森锌可湿性粉剂1500倍水溶液喷施就能进行治理。

❸ 在褐斑病发病之初可以用75%百菌清可湿性粉剂600~700倍液进行喷施，每隔5~7天喷施一次，接连喷施几次就能有效治理。

新手提示：在种植前将膜质的鳞片剥掉，把鳞茎放进0.5%福尔马林溶液里或50%多菌灵可湿性粉剂500倍水溶液里浸泡半个小时，也能避免发生褐斑病。

温度

水仙花在生长的前一个阶段喜欢凉爽的气候，在生长的后一个阶段喜欢温暖的气候，其生长适宜温度是10℃~20℃，能够忍受0℃的低温。

浇水

❶ 在刚上盆之后适宜每日更换新水。

❷ 在花苞长出来后可以每周更换一次水，而且需保证水质洁净，不可使用不干净的水、硬水或杂有油质的水，避免由于水变质而导致植株的根系腐烂，而且还可以令生长出来的根系纯白洁净，观赏价值更高。

修剪

在阉割鳞茎的时候，如果有还没有剥除干净的侧芽萌生出来，要马上采取1~2次拔芽的措施。

光照

水仙花为短日照植物，每日仅需接受6小时的阳光照射便可正常生长和发育。在种植水仙花期间，可以把其长时间摆放在房间里光照充足的地方料理，夏天阳光比较强烈的时候则需为其适度遮蔽阳光。

繁殖

水仙花一般用侧球、侧芽及双鳞片进行繁殖。

栽培

❶ 把老茎片与老根剥除干净，之后放到花盆里，加入水到水仙头下鳞茎约1厘米处。

❷ 盆里要用鹅卵石、石英砂等把鳞茎固定好。

❸ 放在背阴、凉爽的地方料理，当鳞茎盘生出新的根系后再移至有阳光照射的地方，直到植株开花。

新手提示：由于水仙花的叶片是朝两侧扩展的，因此在栽种的时候要留意查看叶片的生长方向，按照以后叶片一致朝行间扩展的要求栽种，以令其有足够的生长空间。

摆放建议

水仙花清香怡人，一般水养栽培，可以摆放在客厅、餐厅或书房的桌案上。

马蹄莲

【花草名片】

◎学名：*Zantedeschia aethiopica*

◎别名：观音莲、水芋马、慈菇花。

◎科属：天南星科马蹄莲属，为多年生宿根草本植物。

◎原产地：最初产自非洲南部的河流或沼泽地里。

◎习性：喜欢温暖和光照充足的环境，不能抵御寒冷，也不能忍受较高的温度，略能忍受荫蔽，常在温室内用花盆种植。喜欢潮湿，不能忍受干旱，然而也不能忍受长时间的水涝。在冬天不寒冷、夏天不酷热的区域，能一年四季开花。

◎花期：11月～次年6月

◎花色：白、黄、粉、红、紫等颜色。

毒性解码

马蹄莲的块茎、佛焰苞和肉穗花序都有毒，里面含有很多草本钙结晶及生物碱等，不慎误食后就会出现舌喉烧伤、恶心、呕吐、昏迷和感觉神经功能障碍等中毒的症状。

温度

马蹄莲的生长适宜温度是20℃上下，晚上温度高于10℃的时候生长和开花都会较好，也能忍受4℃的低温，然而当温度降低到0℃的时候就会令其根茎受到冻害死去。

化毒攻略

马蹄莲的颜色繁多艳丽，造型独特，为居家花卉的首要选择，十分适宜用花盆种植。它是装扮家居的优良花卉品种，也可以作为切花瓶插于餐桌上供欣赏。家庭栽植的时候不可损伤马蹄莲的植株，也不可随意触碰花茎的切口，更不可让儿童触碰马蹄莲的花，以免其毒素经由被污染的手进入口中造成中毒。

选盆

可选用泥盆、塑料盆、瓷盆、陶盆，花盆口径23～33厘米，盆体应较深。

择土

马蹄莲喜欢在土质松散、有肥力、腐殖质丰富、排水通畅的沙质土壤及黏重土壤中生长。

新手提示：盆土经常用2份园土、1份砻糠灰再加上适量的骨粉或有机肥来混合调配，也可以用2份细碎的塘泥、1份腐叶土再加上适量的过磷酸钙及腐熟的牛粪来混合调配。

施肥

马蹄莲比较嗜肥，在生长季节，可以每隔10～15天施用腐熟的液肥一次。在开花之前，主要施用磷肥。

新手提示：不可施用太多氮肥，不然容易使植株发生病害。在施用肥料的时候不可让肥水流进叶柄里，以防止植株烂掉。

病虫防治

❶ 马蹄莲经常发生的病害是软腐病。发生病害时，要马上把病株拔掉，并喷施波尔多液。

❷ 马蹄莲它的虫害主要是红蜘蛛危害，用三硫磷3000倍液喷施就能杀除。

浇水

❶ 在植株抽芽之前要令盆土维持潮湿状态，浇水量要随着叶片逐渐变多而渐渐加大。

❷ 在植株的生长季节，浇水一定要充足，要令盆土维持潮湿状态，并要时常朝叶片表面和植株四周地面喷洒清水。

❸ 5月下旬天气变热之后，要少浇一些水。

栽培

❶ 种植时间最好是在8月下旬到9月上旬，种植前用蒸汽法对土壤消毒，并使用杀菌剂对土壤进行处理。

❷ 每一盆可以栽种2～3个大球，1～2个小球，需留意不可种植得过浅，移植的时候尽可能地不伤害植株及块茎。

❸ 种好后浇足水并放在半荫蔽的地方料理，等到发芽后再搬到阳光下面进行正常料理。

新手提示：马蹄莲容易受到烟害，如果经常受到烟熏叶片就会变黄，不易开花，所以在种植期间要留意保证空气流通顺畅，避免烟熏。

光照

马蹄莲在冬天要接受充足的阳光照射，如果阳光充足就会花多色艳。在夏天阳光过于强烈的时候，要适度遮蔽阳光，防止阳光直射久晒，灼伤植株。

繁殖

马蹄莲主要采用分株法进行繁殖，也可以采用播种法来繁殖。

修剪

在植株的生长季节，要尽早把外部衰老的叶片摘掉，促使其尽快抽生出花梗。

摆放建议

盆栽马蹄莲可摆放在阳台、客厅和卧室。马蹄莲还可以作为切花装饰餐桌、茶几、窗台。

百合

【花草名片】

◎学名：*Lilium brownii* var. *viridulum*

◎别名：强瞿、番韭、山丹、倒仙。

◎科属：百合科百合属，为多年生球根草本植物。

◎原产地：最初产自中国、欧洲和北美等地区，日本亦有分布。梵蒂冈把它定为国花。

◎习性：喜欢温暖、潮湿及光照充足的环境，比较能抵御寒冷，不能忍受较高的温度和酷热，畏水涝，能忍受半荫蔽。

◎花期：5～8月。

◎花色：白、粉、红、黄、橙和复色等。

毒性解码

百合所释放出来的芳香比较浓厚，若闻的时间太长，会令人的中枢神经过于兴奋，从而导致失眠。

化毒攻略

百合有明显的消除有害气体的功能，可以将空气里的一氧化碳及二氧化硫消除掉。此外，它所散发出来的挥发性油类，还有明显的杀死细菌和消毒的作用。家庭栽种百合花，不可将其置于卧室内，白天可以将其置于房间里通风顺畅的地方，黄昏时分则要搬到房间外面。

选盆

泥盆、塑料盆、瓷盆、陶土盆皆可，一般选用筒深为12～15厘米的花盆，每一盆可以栽种1个鳞茎，或用筒深为15～18厘米的花盆，每一盆栽种3个鳞茎。

施肥

在植株的生长季节可以追施1～2次磷肥和钾肥，少施用氮肥。从植株分化花芽至现蕾开花，除了要施用氮肥之外，还要补施磷肥和钾肥，可以每隔10～15天施用一次。在植株开花之后则要少施用肥料。

择土

百合喜欢通风顺畅的环境，畏连作。喜欢在土质松散、有肥力、腐殖质丰富、排水通畅的沙质土壤、中性土壤或偏酸性土壤中生长，土壤酸碱度最好在5.5～6.5范围内，不能在黏土及石灰土中生长。

新手提示：栽培土壤适宜用培养土、腐叶土及粗沙的混合土。

温度

百合喜欢温暖，生长适宜温度是15℃～25℃，在生长期间，以白天温度在21℃～23℃、夜间温度在15℃～17℃最合适。冬天要把植株搬进房间里过冬。

花言草语

百合花端正庄重、素雅大方、形姿美丽，向来有“云裳仙子”的美称，其花语是“纯洁”。12世纪的时候，智利及法国都把百合花作为国徽的图样。百合花与“百年好合”“百事合意”谐音，在婚礼上经常被用来作为新娘的捧花。

另外，百合还有比较高的药用价值，具润肺止咳、安定心神、补中益气的功用，为滋养补益的上好物品。

光照

百合喜欢温和的阳光照射，也能忍受半阴蔽，畏强烈的阳光直接照射。夏天阳光比较强烈的时候要留意遮蔽阳光，防止强烈的阳光久晒，遮蔽50%的阳光就可以。

新手提示：不能过于荫蔽，不然会导致花茎徒长及花蕾脱落。

修剪

常修剪干枯焦黄的叶片。为了避免植株歪倒，通常要在植株生长至60厘米高的时候搭设支架或拉网来支撑茎的生长。

繁殖

百合经常采用播种法、扦插法及分株法进行繁殖。

病虫防治

❶ 百合经常发生的病害为灰霉病、锈病及黑斑病，用25%多菌灵可湿性粉剂500倍液喷施就能有效预防和治理。

❷ 百合经常发生的虫害主要是蚜虫和蛴螬危害，用50%敌敌畏乳油1000倍液喷施便可杀除。

栽培

❶ 将成熟茎切为小段，埋进培养土中，令叶面露在土壤外面。

❷ 经过30天便会由叶腋间生出球芽来，经过培育就可以生长为小的鳞茎，此后便可上盆。

❸ 上盆时，花盆底部要多铺放一些碎小的瓦片，以便于排水通畅，之后加入土壤，令鳞茎的顶芽距离盆口2厘米，顶芽上盖上厚约1厘米的土。

❹ 一般于秋天进行种植，每3～4年可以分栽一次。

浇水

❶ 百合喜欢潮湿，在生长期间要令盆土维持潮湿状态，浇水量要随着植株的生长而渐渐加大。

❷ 在春天发芽期、植株的生长期、花莛抽生期及开花期内，皆要为植株供给足够的水分。

❸ 在植株开花之后要少浇一些水，当地上部分干枯萎缩后则不要再浇水。

摆放建议

百合可以地栽在庭院中观赏，也可以盆栽或作切花装饰客厅、书房。但百合花散发的香味会使人的中枢神经过度兴奋而导致失眠，所以尽量不要把百合摆放在卧室内。

夹竹桃

【花草名片】

◎学名：*Nerium indicum*

◎别名：红花夹竹桃、柳叶桃、半年红、柳桃。

◎科属：夹竹桃科夹竹桃属，为常绿大灌木或小乔木。

◎原产地：最初产自印度、伊朗及阿富汗，分布在全世界热带和亚热带区域，在温带区域亦有少量分布。

◎习性：喜欢温暖、潮湿和阳光充足的环境，略能抵御寒冷，具一定程度的抵抗干旱的能力，不能忍受积水，能忍受半荫蔽。

◎花期：6~10月。

◎花色：桃红、粉红、白色。

毒性解码

夹竹桃的植株中含有很多种强心苷，整株皆有毒。它的毒性主要存在于其树皮、叶片、根、茎、花和伤口淌出的汁液里，其中新鲜的树皮所含有的毒性比叶片所含有的毒性强，干燥后其毒性就会变弱，花朵的毒性则比较弱，如果人们不小心误食以上物质后就会造成中毒。人在中毒之后就会出现缺乏食欲、恶心、呕吐、腹泻、腹部疼痛、心悸、脉搏细弱且不齐、流涎不收、头晕目眩、嗜睡、四肢麻木等症状，严重的则会导致瞳孔散大、抽搐、休克，甚至死亡。

化毒攻略

夹竹桃抵抗二氧化碳、二氧化硫、氯气及氟化氢等有害气体的能力非常强，还可以吸纳、滞留烟雾和尘埃，被叫作“环保卫士”，尤其适合作为抵抗污染的树种栽种在工矿区。尽量不要在房间里栽种夹竹桃，也不要在牧场边、鱼塘边、井边和饮水池周围栽种，而适合栽种在公园中、绿地上、道路旁和草坪边缘等地方。若不慎误食或用药不恰当而出现中毒的症状，可以用15克甘草和30克绿豆水煎，分为两次服下，或用9克人参、9克麦冬和6克五味子水煎2次，混合之后再分2次服下解毒。

选盆

选用透气性好、排水良好的泥盆，盆体稍深为好，花盆口径为25~34厘米。

择土

夹竹桃生命力旺盛，对土壤没有严格的要求，然而在土质松散、有肥力且排水通畅的土壤中长得最好。

温度

夹竹桃喜欢温暖，略能抵御寒冷，在我国北方家庭用花盆种植的时候，要于11月将其搬进房间里，温度控制在5℃以上就能顺利过冬，次年春天3月方可搬到室外。

新手提示：当气温高于15℃的时候，植株能接连开花。

施肥

夹竹桃比较嗜肥，在开花之前要大约每隔15天进行一次追肥。冬天要对植株施用1～2次肥料。

病虫防治

夹竹桃的病虫害比较少，常见的为介壳虫及蚜虫危害，平日要留意保证通风顺畅，一旦发生虫害就要马上用刷子刷掉，并用40%氧化乐果乳油1000～1500倍液喷施来治理。

浇水

❶ 在植株的生长季节令土壤维持潮湿状态就可以，浇水太多或太少皆会令叶片发黄、凋落。

❷ 在夏天气候干燥的时候，浇水可以适度勤一些，且每次可以多浇一些水，并要时常朝叶片表面喷洒清水，以降低温度和保持一定的湿度，促使植株健壮生长，也能令叶片保持洁净而有光泽。

❸ 冬天少浇，只要保持土壤湿润偏干即可。

栽培

❶ 春天或夏天时，剪下长约15～20厘米的枝条作为插穗。

❷ 把枝条的基部在清澈的水里浸泡10～20天，时常更换新水以维持水质洁净。

❸ 等到切口发黏的时候再取出来插到培养土中，或等到长出新根后再取出来进行扦插，皆比较容易存活。

❹ 在盆土里施入充足的底肥，以促使植株健壮生长。

❺ 移植后要一次浇足定根水，忌水涝。

新手提示：移植最好在春天植株刚萌动时进行，如果在秋天或冬天移植则要带着土坨，并要修剪掉一些枝叶，以便于存活。

光照

夹竹桃喜欢光照充足的环境，也能忍受半荫蔽，可以种植在室外朝阳的地方，也可以置于房间里光照充足的地方。夏天阳光比较强烈的时候要为植株适度遮蔽阳光，防止久晒。

繁殖

夹竹桃主要采用扦插法进行繁殖，也可以采用播种法和压条法进行繁殖。

修剪

平日要留意疏除枝孽，尽早把干枯枝、朽烂枝、稠密枝、徒长枝、纤弱枝及病虫枝剪掉，以改善通风透光效果，降低营养的损耗量，维持优美的植株形态。

摆放建议

南方多露地栽种在庭院里，北方则多栽种在大型花盆里装饰客厅、阳台，也可以瓶插摆放在桌案、书架上。

长春花

【花草名片】

◎**学名**：*Catharanthus roseus*

◎**别名**：三万花、四时春、雁来红、五瓣梅。

◎**科属**：夹竹桃科长春花属，为多年生常绿宿根草本植物。

◎**原产地**：最初产自非洲东部地区。

◎**习性**：喜欢温暖、略干燥和光照充足的环境，不能抵御寒冷，不能忍受潮湿和水涝，稍能忍受荫蔽。

◎**花期**：5～11月。

◎**花色**：紫红、深桃红、桃红、粉红、黄、白或白花红心。

毒性解码

长春花的毒性成分为吲哚类生物碱，现在已经从其整株里发现70余种生物碱，主要是长春花碱、长春新碱和异长春碱。长春花碱能压制白细胞，令白细胞变少；长春新碱能毒害神经系统，导致四肢麻痹、没有力气等中毒症状；异长春碱则具诱变及导致胎儿畸形的作用。在以上所提到的生物碱中，以花朵中的含量比较多，因此毒性最强，如果不小心误食就会出现肌肉萎缩、白血球变少、血小板减少、肌肉无力及四肢麻痹等中毒症状。

化毒攻略

长春花整株都能入药，大部分中毒是由于药用的时候服用的剂量太大而导致的，因此药用的时候要遵从医生的指示和要求。此花放在房间里观赏的时候，尽可能地不让儿童触碰到，以防止误食。

选盆

可使用泥盆、塑料盆、瓷盆、陶土盆，花盆口径以10厘米为宜。

择土

盆土适宜选择使用土质松散、透气性好、富含腐殖质且排水通畅的沙质土壤，并施进适量的底肥。

温度

长春花喜欢温暖，生长适宜温度在3～9月是18℃～24℃，在9月～次年3月期间是13℃～18℃，萌芽的适宜温度是20℃～25℃。冬天要把它搬进房间里料理，房间里的温度不可在10℃以下。

施肥

在植株的生长季节可以每半个月施用一次肥料，要多施用氮肥。在孕蕾期内则要加施磷肥和钾肥，可以促使植株开花繁多，令花朵颜色纯正而艳丽。

新手提示：如果时常朝叶片表面喷洒0.5%磷酸二氢钾液，能令叶片颜色更深绿且具光亮。

病虫防治

❶ 长春花经常发生的病害为锈病及叶腐病，用50%萎锈灵可湿性粉剂2000倍液喷施能有效预防和治理锈病，用65%代森锌可湿性粉剂500倍液喷施则能治理叶腐病。

❷ 长春花的虫害主要是根疣线虫危害，用80%二溴氯丙烷乳油50倍液喷施即可杀除。

浇水

❶ 平日不宜对植株浇太多的水，令盆土维持潮湿或略干燥状态就可以。

❷ 夏天温度较高和干旱的时候，可以适度增加浇水的量和次数，但在雨季要留意排除积水。

❸ 冬天将植株搬进室内后要控制浇水的量和次数，盆土宜保持偏干的状态，否则容易遭受冻害。

栽培

❶ 一般于春天4月播种。

❷ 播完后要覆盖上一层较薄的细土，并令土壤维持潮湿状态，经过10～20天左右就能萌芽。

❸ 当小苗生长出3～4枚真叶的时候即可移植上盆，每一盆可以栽种3株，以便于存活及观赏。

❹ 定植之后浇水不宜太多。

❺ 栽后通常每2年要更换一次花盆，以在春天进行为宜。

新手提示：种植前宜在花盆底部垫放一些碎小的砖瓦块，以便于排水通畅。

繁殖

长春花经常采用播种法及扦插法进行繁殖。

光照

在生长季节，植株要获得足够的阳光照射，这样能令叶片碧绿且具光亮，花朵颜色鲜艳。夏天阳光比较强烈的时候可以为植株适度遮蔽阳光，不可长时间放置在荫蔽的地方。

修剪

当小苗生长至7～8厘米高的时候可以进行一次摘心，此后可以再进行2次摘心，以促使其多萌生新枝和开花繁多。

新手提示：在开花期间要及时把未落尽的花摘掉，以防止其霉烂，对植株的生长发育及欣赏造成不利影响。

摆放建议

长春花既适合在庭院里栽种也适合盆栽摆放在室内观赏，但要注意不要放在儿童容易接触的地方，防止儿童误食中毒。

凤仙花

【花草名片】

◎**学名**：*Impatiens balsamina*

◎**别名**：金凤花、指甲花、好女儿花。

◎**科属**：凤仙花科凤仙花属，为一年生草本植物。

◎**原产地**：最初产自印度、中国南部和马来西亚地区。如今世界各个地区皆广泛栽植。

◎**习性**：喜欢温暖、潮湿和光照充足的环境，能忍受盛夏时炎热的气候，不能抵御寒冷，不能忍受干旱，也怕水涝，略能忍受荫蔽。具有比较强的适应能力，生长得很快。

◎**花期**：6~10月。

◎**花色**：白、粉、水红、玫瑰红、大红、洋红、茄紫、紫、黄等色。

花言草语

凤仙花具有很强的适应能力，栽植简单容易，花朵颜色鲜艳美丽，花形繁多，可以种植在花坛中、花径上和花篱旁，也可以用花盆种植观赏，为中国民间最受喜爱的草花中的一种。

凤仙花被通俗地叫作“指甲花”，这是由于把红色的凤仙花瓣捣烂之后再加上少许明矾，便可用于染指甲，颜色能几个月不变淡。元朝的杨维桢在一首名为《凤仙花》的诗里有“弹筝乱落桃花瓣”的诗句，就是形容染着红指甲的女子弹奏筝的时候，其手指上下拨动，好似纷纷随风而落的桃花瓣。

毒性解码

尽管凤仙花的花粉中所含的促癌物质不会直接导致人患上癌症，但会增加人罹患癌症的风险。另外，虽然凤仙花的花粉里所含的促癌物质不会直接散发出来，但这种物质会逐渐渗进土壤里。所以，长期食用栽种在这种土壤里的蔬菜瓜果也是非常危险的。

化毒攻略

家庭栽种凤仙花，不可将其置于密不通风的房间里，也不可长期与其共处一室，以减轻其花粉对人体的伤害。可把凤仙花种植在花坛中或草坪里，但如果家里有癌症患者，则不适宜种植此花。

选盆

可选用泥盆、塑料盆、瓷盆、陶土盆，花盆口径为20厘米。

择土

凤仙花喜欢在土层较厚、有肥力、土质松散且排水通畅的微酸性土壤中生长，在比较瘠薄的土壤中也可以生长。

新手提示：盆中的营养土可用沙和土的混合土，并在其中掺入一些骨粉等石灰质材料。

病虫防治

❶ 凤仙花经常发生的病害为叶斑病。如果发病，可以用50%多菌灵可湿性粉剂500倍液喷施来治理。

❷ 凤仙花的虫害主要为红天蛾危害，只要看到害虫，就要马上人工捕杀，或用40%氧化乐果乳油2000倍液喷施进行杀除。

浇水

❶ 凤仙花喜欢潮湿，不能忍受干旱，然而也怕水涝，平日令土壤维持潮湿状态就可以。

❷ 夏天气候干燥的时候可以适度多浇一些水，并要时常朝植株的叶片表面喷洒清水。

❸ 在雨季要留意尽早排除积水，防止植株遭受涝害，并增强通风效果，以免发生病虫害。

温度

凤仙花喜欢温暖，不能抵御寒冷，生长的适宜温度是15℃～32℃，萌芽的适宜温度是22℃～30℃，冬天要进入房间里过冬，房间里的温度适宜控制在10℃～15℃。

修剪

定植之后当植株生长至约10厘米高的时候，要及时对主茎采取打顶措施，以促使其萌生新的枝条。

新手提示：在植株开花期间要及时把基部的花朵摘掉，以使各个枝条顶端能够相继开花。

施肥

凤仙花的料理比较粗疏，在移植后约10天要对其施用液肥一次，此后每隔一周施用液肥一次就可以。

光照

凤仙花喜欢阳光充足的环境，也略能忍受荫蔽，夏天阳光太强烈的时候要为其适度遮蔽阳光，防止日光直射久晒。

栽培

❶ 4月间播种。

❷ 播种后适宜先盖上厚3～4毫米的土后再浇水，留意遮蔽阳光，约经过10天就能长出幼苗。

❸ 当幼苗生长出3～4枚叶片之后便可进行移植。

❹ 种植前要在土壤里施进合适量的底肥，以促使植株健壮生长。

❺ 通常要于每年春天更换一次花盆。

新手提示：播种之前先对土壤浇足水，以令其维持潮湿状态，便于种子萌芽。

摆放建议

凤仙花盆栽可摆放在阳台、窗台、露台等通风处，也可作为切花制成瓶插装饰客厅、书房、餐厅。

郁金香

【花草名片】

◎学名：*Tulipa gesneriana*

◎别名：郁香、金香、草麝香、洋荷花。

◎科属：百合科郁金香属，为多年生草本植物。

◎原产地：最初产自伊朗及土耳其的高山地带，以及地中海沿岸和中国新疆等地区。荷兰把它定为国花。

◎习性：喜欢冬天不冷不热且潮湿、夏天凉快且干燥的气候，抵御寒冷的能力非常强，不能忍受炎热。喜欢光照充足的环境，也能忍受半荫蔽。鳞茎的寿命只有一年，在当年开完花且分生出新球和子球之后就会渐渐干枯死去。

◎花期：3～5月。

◎花色：白、红、粉红、洋红、紫、褐、黄、橙、粉等颜色，单色、复色均有，有的时候花瓣上带有黄色的条纹或斑点，基部经常是黑紫色的。

毒性解码

郁金香的花朵中含毒碱，若人或动物在郁金香花丛里连续待上两三个小时，便会出现头脑眩晕、昏沉发胀等中毒的症状，其散播出来的微粒还有可能引起皮肤过敏、发痒，严重的则会造成毛发脱掉。

郁金香的鳞茎也具一定程度的毒性，若不慎误食，就会出现呕吐、腹泻等中毒症状。如果接触郁金香的叶片，也有可能会使一部分人出现皮肤过敏的症状。

化毒攻略

郁金香能够检测出环境中是否有氟化氢，若有氟化氢，其花朵就会枯萎，叶片就会发黄。在卧室里不宜种植郁金香，鲜切花也尽量不要置于卧室中，以减少接触的机会，防止中毒。

选盆

可选用泥盆、塑料盆、瓷盆、陶土盆，花盆口径为30厘米，一个盆可栽种3～5个鳞茎。

择土

郁金香喜欢在土层较厚、腐殖质丰富、排水通畅的沙质土壤中生长。

温度

郁金香在生长季节的适宜温度是8℃～20℃，最适宜的温度是15℃～18℃，分化花芽时的适宜温度是17℃～23℃。

新手提示：冬天如果温度控制在10℃～25℃，则可以促使植株加快生长，令花期提前。

繁殖

郁金香经常采用播种法及分球法进行繁殖。

施肥

在鳞茎萌生出2枚叶片后，要及时对其追施1～2次浓度较低的液肥。在植株的生长旺盛期，则要每月施用3～4次氮、磷、钾平衡的复合肥，需留意不可施用太多氮肥。在植株开花期间不要施用肥料。

新手提示：在植株现蕾到开花之前，可以每隔10天喷洒浓度2‰～3‰的磷酸二氢钾液一次，以令花朵硕大、花色艳丽、花茎直竖且健壮结实。

病虫防治

❶ 郁金香经常发生的病害为灰霉病、碎色花瓣病及腐朽菌核病。一旦发现病害就要马上将染病的鳞茎和植株烧毁，之后每隔15天用50%苯来特可湿性粉剂2500倍液喷洒一次，连喷几次就能有效治理。

❷ 郁金香经常发生的虫害为蚜虫及根螨危害，蚜虫可以用40%氧化乐果乳油1000倍液喷洒来预防和治理，根螨则可以用40%三氯杀螨醇乳油1000倍液喷洒鳞茎来预防和治理。

浇水

❶ 在种植后要浇足水，以令土壤与鳞茎充分密切结合，便于萌生新根。

❷ 在萌芽后要适当少浇水，然而也不能过度干旱。

❸ 在植株的生长季节要令土壤维持潮湿状态。

❹ 在抽生花莛期及现蕾期内要为植株供给足够的水分，但忌水涝。

❺ 冬天可以对植株少浇一些水或不浇水。

修剪

要尽早把干枯焦黄的叶片剪掉，以降低营养的损耗量，维持优美的植株形态。

光照

郁金香为长日照植物，喜欢接受充足的阳光照射。

新手提示：对新种植上盆的植株，要为其适度遮阴约半个月，以便于鳞茎萌生新的根系。

栽培

❶ 将栽培一年的母球鳞茎基部的小球掘出来，剔除泥土并晾干。

❷ 将子球放在温度为5℃～10℃的干燥且通风顺畅的地方储藏。

❸ 等到秋天9～10月的时候再种植，种植后盖上厚5～7厘米的土，浇足水并令土壤维持潮湿状态，次年春天开始进行正常的肥水料理，栽培2～3年便能开花。

摆放建议

郁金香适合地栽和盆栽，盆栽可摆放在客厅、阳台，也可以制作成盆景或瓶插装点居室。但要注意不要在卧室内摆放郁金香，以免引起中毒。

珊瑚樱

【花草名片】

◎**学名：** *Solanum pseudocapsicum*

◎**别名：** 红珊瑚、龙葵、四季果、看果、吉庆果、珊瑚子、玉珊瑚、野辣茄、野海椒。

◎**科属：** 茄科茄属，常绿亚灌木，常作一二年生。

◎**原产地：** 南美洲。

◎**习性：** 喜欢温暖、有阳光的环境，半阴处也能生长，较耐寒。

◎**花期：** 7～8月。

◎**花色：** 白色。

毒性解码

珊瑚樱全株有毒，叶比果毒性更大。人畜误食会引起头晕、恶心、思睡、剧烈腹痛、瞳孔散大等中毒症状。但其根可供药用。

化毒攻略

因珊瑚樱全株有毒，所以应将其放在儿童和动物不宜接触的地方，严防小孩和动物误食。

选盆

栽种珊瑚樱宜选用透气良好且体型较大的泥盆。

择土

土壤要求为排水良好、肥沃疏松、富含有机质的沙壤土。

新手提示： 可选用腐叶土、园土加少量泥沙配制的培养土。

温度

珊瑚樱的最佳适宜生长温度为18℃～25℃。

新手提示： 10月下旬需将植株移至屋内，并保持室温不低于5℃，以利其安全越冬。

繁殖

可采用播种或扦插繁殖。播种繁殖适宜时间为春季3～4月；扦插繁殖适宜在春秋季进行。

病虫防治

❶ 盆栽的珊瑚樱在夏季高温时易感染炭疽病，主要危害叶片和茎部，发病初期应及时剪除病叶并及时烧毁，防止病菌扩展蔓延，同时不要让植株枝干、叶茎过密，注意保持通风透光，并喷洒50％多菌灵可湿性粉剂700～800倍液或75％百菌清可湿性粉剂500倍液进行处理。

❷ 珊瑚樱也易感染体积很小的绿色或黑色的蚜虫，这种寄生虫常群集在花卉嫩枝叶上刺吸营养。发病期间可以用40％氧化乐果乳油2000倍液或50％敌敌畏乳油1500～2000倍液进行喷杀。

摆放建议

可以栽在庭院中观赏，也适宜放在光线良好的室内，如明亮的东南窗前当盆栽欣赏。

施肥

❶ 生长期每两周施一次稀释液肥。

❷ 开花前施用含磷肥料追肥。

❸ 植株进入孕蕾期，施用加入0.2%的磷酸二氢钾的有机肥液，可促成其孕蕾开花的数目。

❹ 开花期间暂停施肥，当其果实长至绿豆大小时，可恢复施饼肥。

❺ 从坐果到果实现色前，应追施2～3次0.2%的磷酸二氢钾溶液的速效性磷肥，可促其果实增艳。

浇水

珊瑚樱比较耐干旱，但忌积水，否则易导致植株烂根、落叶或掉花。

❶ 生长期浇水要适量，以盆土不干为宜，盆土过干易引起植株根系萎缩，植株枯萎落叶，难以正常开花、结果。

❷ 开花期要严格控制浇水量，忌盆土干湿无常，否则易导致植株只开花不挂果或光开花少结果的现象。

❸ 等到花大量开放，枝头挂果时，可增加浇水量，以促进果实的成长发育。

新手提示：盛夏每天可浇水两次，忌雷阵雨淋浇，否则植株易发生炭疽病而萎缩死亡。入冬后应减少浇水量，这样做可以延长挂果期。

修剪

当植株上的果实过分密集时，应适当摘除小果，同时应及时摘去病虫果，这样做可以使盆栽植株上的果实分布均匀、大小匀称，从而提高盆栽植株的观赏价值。

如把植株当二年生栽培，第二年春季换盆时，为控制植株高度和保持植株内部通风透光，应从植株内剪去一部分枝条。

光照

珊瑚樱喜阳光，不需遮阴，每天至少接受4小时直射光。

栽培

❶ 栽培可于夏秋季进行，此时栽培的植株具有较高的成活率。

❷ 剪取长8～10厘米带有顶芽的生长枝条（如有花蕾应将其摘除）作为插穗。

❸ 在盆土里施入充足的底肥，将插穗插入培养土中，插入深度是插穗总长的1/2或2/3即可。

❹ 插后浇足水并令土壤保持潮湿状态，定期向插穗的顶芽、顶叶喷洒水雾。

❺ 气温保持在18℃～28℃，约经10天就可成活。

❻ 生长期间，应摘心1～2次，以促使其多分枝。

❼ 每隔2年换一次花盆即可。

滴水观音

【花草名片】

◎学名：*Alocasia macrorrhiza*

◎别名：海芋、广东狼毒、老虎芋、滴水莲。

◎科属：天南星科海芋属，为多年生常绿草本植物。

◎原产地：最初产自中国南部及西南部地区。

◎习性：喜欢温暖、潮湿和半荫蔽的环境，不能抵御寒冷，略能忍受干旱，开花期间需接受足够的阳光照射，夏天不能忍受强烈的阳光久晒。在温暖、湿润及土壤中的水分足够的环境条件下，会由叶片的尖部或边缘朝下滴水；如果空气湿度比较小，则水分会立刻被蒸发完，因此通常水滴皆是在清晨的时候比较多，被叫作“吐水”现象。

◎花期：4～7月。

◎花色：粉绿、绿黄色。

毒性解码

滴水观音的整株皆有毒，根叶有强烈的毒性，滴下来的水也有毒。如果皮肤接触它的汁液会引起瘙痒或强烈的刺激，眼睛接触后则会造成严重的结膜炎或失明；如果不慎误食它的茎或叶片，则会出现喉舌发痒、肿胀、流涎不收、恶心、呕吐、肠胃烧痛、腹泻、出汗及惊厥等中毒的症状，严重的还会导致呼吸困难甚至停止，使心脏麻痹而死亡。

化毒攻略

滴水观音的根状茎有杀虫、解毒、祛风的作用。但接触、误食或入药时服用的剂量太大皆会导致中毒，所以在对其进行采摘、加工、更换花盆或分株的时候要戴上手套进行操作，防止接触根叶里的汁液，与此同时还要防止误食，家里有儿童的需格外留意防备，以不栽植为宜。

选盆

可选用泥盆、塑料盆、瓷盆、陶土盆，口径为20厘米左右。

择土

滴水观音对土壤没有严格的要求，然而在有肥力、腐殖质丰富、土质松散且排水通畅的沙质土壤中长得最好。

新手提示：可以用有肥力的园土作为培养土，也可以用泥炭土、腐叶土、河沙再加上少许沤透的饼肥来混合调配。

温度

滴水观音的生长适宜温度是20℃～30℃，能够忍受的最低温度是8℃，冬天要把其搬进房间里过冬，房间里的温度以控制在高于15℃为宜。

病虫防治

❶ 滴水观音的病害主要是叶斑病，叶斑病可用百菌清可湿性粉剂或多菌灵可湿性粉剂800倍液叶面喷雾，连续2～3次即可，每次隔7天。

❷ 滴水观音的虫害主要是螨虫，可用40％三氯杀螨醇乳油1000倍液喷洒来防治。

繁殖

滴水观音常采用播种法、扦插法及分株法进行繁殖。

施肥

滴水观音长得比较迅速，在生长季节要每月施用1~2次含有氮、磷、钾的稀释的液肥。当温度在15℃以下的时候，则不要再对植株施用肥料。

浇水

❶ 在植株的生长期内，要令盆土维持潮湿状态，而且空气湿度最好不要在60%以下。

❷ 夏天温度较高、气候干旱的时候，除了需令盆土维持潮湿之外，还需时常朝叶片表面和植株四周喷洒清水，忌水涝。

❸ 当冬天室内温度在15℃以下的时候，要注意掌控浇水的量和次数，可以每周朝植株适量喷洒一次与室温相近的水。

修剪

要及时把干枯的、老化的或变黄的叶片剪掉。当栽植数年的植株丧失顶端优势的时候，要从植株基部距离出土面5厘米左右的地方采取截干措施，以令营养积聚在基部，促进根部和茎基尽快萌发新芽，令植株获得更新。

光照

滴水观音喜欢半荫蔽的环境，可以摆放在遮蔽阳光、通风顺畅的环境中，在花期内则要获得足够的阳光照射。

新手提示：在6~9月阳光比较强烈的时候，要防止强烈的阳光久晒，不然会令植株被烧伤。

摆放建议

滴水观音形态优美，是典型的观叶类植物，可以盆栽摆放在客厅、书房，也可以直接栽种在庭院里观赏。但是有小孩的家庭慎选，因为滴水观音开花后结出的红果颜色鲜艳，容易引起儿童误食中毒。

栽培

❶ 在春天、夏天和秋天时截下长约15厘米的茎干作为插穗，扦插到由6份沙土和4份园土混合成的基质土上。

❷ 插完后需留意令基质维持潮湿状态并提高空气湿度，经过7~10天便可长出根来。

❸ 之后分苗上盆，在上盆的时候，要在花盆底部铺放一层粗沙等作为排水层，以便于排水通畅。

❹ 通常每年春天更换一次花盆。

新手提示：栽种存活后，要每月翻松一次盆土，以令盆土维持良好的通透性，促进植株健壮生长。

紫荆花

【花草名片】

◎学名：*Cercis chinensis*

◎别名：紫荆、紫珠、满条红。

◎科属：豆科紫荆属，为落叶灌木或小乔木。

◎原产地：最初产自中国，印度、越南亦有分布。

◎习性：喜欢温暖、潮湿的气候，能忍受炎热，也略能抵御寒冷，能忍受干旱，怕积水。喜欢光照充足的环境，略能忍受荫蔽。生命力强，易于存活，长得比较迅速，耐修剪。

◎花期：4~5月。

◎花色：紫红、红、粉红色。

化毒攻略

紫荆花能够较好地抵抗二氧化硫、氯气、氟化氢、烟雾和尘埃，对净化空气、优化环境都很有效果。家庭不宜将紫荆花摆放在卧室中，以防止紫荆花粉对人体健康造成不良影响。可以将紫荆花种植在庭院中、绿地上或道路两边。

选盆

一般选用较深的釉陶盆或紫砂陶盆，以正方形、圆形和椭圆形较为常见，有时也用较浅的长方形盆。盆的色彩以浅黄或青色为佳，以映衬满枝紫红色的花朵。

择土

紫荆花喜欢在土质松散、有肥力、排水通畅的酸性土壤中生长，能忍受贫瘠，在轻度盐碱土壤中也可以生长。

新手提示：盆栽宜用肥沃疏松、透水性好的腐叶土或塘河泥风化后掺拌沙土及糠灰培养。

温度

紫荆花耐暑热，秋、冬季稍干燥，越冬温度不宜低于10℃。适宜生长温度为25℃左右。

繁殖

紫荆花可采用播种法、扦插法、分株法及压条法进行繁殖，主要采用的是播种法及扦插法。

毒性解码

紫荆花所释放出来的花粉，若人接触时间太长，则会导致哮喘或令咳嗽症状变得更加严重。

施肥

在植株的生长季节要追施1~2次浓度较低的液肥，在开花之后则可以对其补施液肥一次。

栽培

❶ 在春末或夏初，剪下长约10厘米的1～2年生健康壮实的枝条作为插穗，下口需斜着剪，上口需剪得平正整齐，并把枝条上的小花除掉。

❷ 将插穗插在培养土中，插后浇足水并令基质维持潮湿状态，温度控制在20℃～25℃，放在半荫蔽的地方料理，非常容易长出根来。

❸ 移植时要适度带上土坨，以便于存活。

❹ 种植前要在土壤里施进适量的底肥，种好后要及时浇水。

新手提示：紫荆花的根系比较柔韧，而且生长得不太旺盛，有比较多的长根，在掘苗的时候要留意将根系保护好，尽量不要造成损伤。

花言草语

在我国古代，紫荆花经常被用于比拟亲情，是兄弟融洽友好、家产繁荣兴盛的象征。在抒发和描写兄弟亲情的诗歌里，紫荆花就代表着想念亲人之意。例如，唐代著名诗人杜甫在《得舍弟消息》一诗中写道：“风吹紫荆树，色与春庭暮。花落辞故枝，风回返无处。骨肉恩书重，漂泊难相遇。犹有泪成河，经天复东注。”通过此诗，诗人抒发了对亲人的想念、牵挂之情。被选为香港特别行政区区花的紫荆花和此处所提及的紫荆花不一样，而是人们经常所说的“洋紫荆”，其图样已经被印在香港区徽、区旗和硬币上面。

病虫防治

紫荆花的幼苗容易患立枯病，用硫酸铜液喷洒就能有效预防和治理。

修剪

定植之后，在春天植株发芽之前可以适度进行修剪。夏天要及时对侧枝采取摘心整形措施，以令植株形态不松散。在植株开花之后可以进行轻度修剪，修整植株形态，剪掉一些枯老的枝条，以促使其尽快分化花芽。

光照

紫荆花喜光照。在植株的生长季节，要令其获得足够的阳光照射，在夏天阳光过于强烈的时候则可以适度遮蔽阳光。

浇水

❶ 新种植的植株存活之后，在5～7月气候干旱的时候要对其浇2～3次水。

❷ 秋天要控制浇水的量和次数。

❸ 在雨季要留意尽早排除积水，防止植株遭受涝害。

摆放建议

紫荆花具有比较顽强的生命力，既可地栽也可盆栽。盆栽紫荆花一般摆放在书房、客厅和门厅等处。但要注意紫荆花的花粉会诱发或加重哮喘症，所以紫荆花不宜摆放在卧室，有哮喘病患者的家庭需慎养。

霸王鞭

【花草名片】

◎**学名：** *Euphorbia antiquorum*

◎**别名：** 金刚纂、金刚杵、刺金刚、冷水金丹。

◎**科属：** 大戟科大戟属，为多年生常绿肉质植物。

◎**原产地：** 最初产自印度东部地区。

◎**习性：** 喜欢温暖、干燥和光照充足的环境，不能抵御寒冷，能忍受较高的温度及干旱，怕水涝。

◎**花期：** 春天和夏天。

◎**花色：** 黄色。

花言草语

霸王鞭在中医里还是一味良药。根据《全国中草药汇编》记载，霸王鞭具有祛风消炎的作用。但它的毒性剧烈，用时宜慎。《昆明民间常用草药》也有记载：“霸王鞭，全株有毒，供外用，忌内服。”

毒性解码

霸王鞭的肉质茎上具尖锐的刺，茎中所含的白色乳状汁液有毒，接触之后会令皮肤发炎、起水泡，如果不小心进入眼睛里，则会令眼睛发红肿胀；如果不慎误食，则会导致口和喉咙不舒服，严重的时候还会引起腹泻。

化毒攻略

霸王鞭多为盆栽，用于室内观赏。家庭种植霸王鞭的时候要把它置于孩童及老人不容易碰到的地方，以防止他们被尖锐的刺扎伤而导致中毒。

择土

霸王鞭喜欢在土质松散、有肥力且排水通畅的沙质土壤中生长。

浇水

❶ 在植株的生长季节不宜浇太多的水，千万不可令盆土过于潮湿。春天和秋天对植株浇水时，要做到“见干见湿”。

❷ 夏天气候干旱时可以适度加大浇水量，令盆土维持潮湿状态便可。

❸ 冬天要注意控制浇水的量和次数，令盆土保持稍干燥状态就可以。

新手提示： 雨季要留意尽早排除积水，防止发生涝害，如果积聚太多的水则容易导致植株的根系腐烂或令全株死去。

光照

夏天阳光比较强烈的时候要为植株适度遮蔽阳光，防止阳光直接照射久晒。春天和秋天则可以让植株获得直接的阳光照射，不用为其遮蔽阳光。

繁殖

霸王鞭用扦插法来繁殖，在春天、夏天和秋天都能进行，其中以夏天5～6月进行最容易存活。

施肥

在植株的生长季节可以每隔2周施用经过腐熟发酵的麻酱渣水一次，在秋末及冬天则可以不必施用肥料。

栽培

❶ 剪下长约10厘米的当年生健壮的霸王鞭茎段，用草木灰涂在剪口上，以免乳状汁液流出来。

❷ 茎段的剪口略干燥后，将其插到素沙土上，插后放在半荫蔽的地方料理，时常喷雾以令沙土维持潮湿状态。

❸ 一周之后可以浇少许水，使温度保持在20℃～25℃，经过40～50天便可长出根来。

❹ 茎段长出根后即可移栽入盆，为了便于排水通畅，宜在花盆底部铺放一些碎小的砖瓦片等作为排水层。

新手提示： 移栽前要在盆土内施进适量的底肥，以促使植株健壮生长。

病虫防治

霸王鞭经常发生的虫害是介壳虫及红蜘蛛危害，害虫比较少、虫害比较轻的时候可以用清澈的水冲掉或用毛刷刷掉，害虫比较多、虫害比较严重的时候则可以用40%氧化乐果乳油2000倍液喷洒来杀除。

选盆

栽种霸王鞭适宜使用透气性比较好的土瓦盆。

温度

当大气温度降至15℃以下的时候，要把盆花移到房间里朝阳的地方料理。冬天房间里的温度不可在10℃以下，如果房间里的温度太低则容易令叶片凋落、主茎烂掉，等到春天大气温度稳定之后再把它移到房间外面。

摆放建议

盆栽霸王鞭可摆放在窗台、书柜、案几上，但应注意避免儿童触碰，防止刺伤。

修剪

❶ 更换花盆的时候要把干枯老化的根系及茎干剪掉，以促使植株萌生新根系、新茎干。

❷ 当植株生长至约50厘米高的时候，要尽早搭设支架进行绑扎，以免发生歪倒，影响植株形态。

五色梅

【花草名片】

◎学名：*Lantana camara*

◎别名：七变花、马缨丹、如意花、红彩花。

◎科属：马鞭草科马缨丹属，为常绿半藤本灌木。

◎原产地：最初产自美洲热带区域。

◎习性：喜欢温暖、潮湿和光照充足的环境，能忍受较高的温度及干燥炎热的气候，不能抵御寒冷，不能忍受冰雪，能忍受干旱。具有很强的萌生新芽的能力，长得很快。

◎花期：5～10月。

◎花色：最初开放的时候是黄色或粉红色的，然后变成橘黄色或橘红色的，最后则会变成红色或白色的，在同一个花序里经常会红黄相间。

花言草语

五色梅为良好的赏花灌木，其开花时间比较长，花朵颜色丰富且鲜艳美丽。与此同时，它还有比较强的抵抗粉尘和污染的能力，在我国华南区域可以种植在公园里或庭院内做花篱、花丛，也可以作为绿化覆盖植被种植在道路两边或空旷的原野上，在北方区域则通常用花盆种植，也可以制成花坛供人们观赏。

选盆

选用泥盆为佳，盆的大小根据植株大小来确定。

毒性解码

五色梅的花朵及叶片皆含有较低的毒性，不小心误食后就会出现腹泻、发烧等中毒症状。另外，有一部分人还会对五色梅产生过敏反应。

化毒攻略

五色梅花色美丽，观花期长，嫩枝柔软，适合制作多种形式的盆景。在栽植期间要留意进行自我保护，并防止误食，尤其是有小孩的家庭更要格外防备。对五色梅会产生过敏反应的人，则不适宜在家里种植这种花。

择土

五色梅对土壤没有严格的要求，具有很强的适应能力，能忍受贫瘠，然而在有肥力、土质松散且排水通畅的沙质土壤中长得最为良好。

新手提示：培养土通常用腐叶土来调配，并要施进合适量的有机肥作为底肥。

温度

五色梅的生长适宜温度是20℃～25℃。

新手提示：在北方种植的时候要于10月末把盆花搬到房间里朝阳的地方料理。

繁殖

五色梅可采用播种法、扦插法及压条法进行繁殖，而主要是采用扦插法来繁殖。

栽培

❶ 5月的时候，剪下一年生的健康壮实的枝条作为插穗，使每一段含有两节，留下上部一节的两片叶子，并把叶子剪掉一半。

❷ 把下部一节插进素沙土里，插好后浇足水，并留意遮蔽阳光、保持温度和一定的湿度，插后大约经过30天便可长出新根及萌生新枝。

❸ 种好后要留意及时浇水，以促使植株生长，等到存活且生长势头变强之后，则可以少浇一些水。

❹ 每年4月中、下旬更换一次花盆和盆土。

病虫防治

❶ 五色梅容易患灰霉病，在植株发病之初，可以每两周用50%速克灵可湿性粉剂2000倍液喷洒一次，接连喷洒2～3次就能有效治理，并留意增强通风效果，使空气湿度下降。

❷ 五色梅经常发生的虫害为叶枯线虫危害，在危害期间用50%杀螟松乳油1000倍液朝植株的叶片表面喷洒便可治理。

浇水

❶ 在植株的生长季节要令盆土维持潮湿状态，防止过度干燥，特别是在花期内，不然容易令茎叶出现萎缩现象，不利于开花。

❷ 夏天除了要每日浇水之外，还要时常朝叶片表面喷洒清水，以增加空气湿度，促使植株健壮生长。

❸ 冬天植株进入室内后要注意掌控浇水的量和次数，令盆土维持稍干燥状态就可以。

摆放建议

五色梅花姿柔美，可露地种植，矮性品种多作盆栽或盆景，可以摆放在书房、客厅、书房等处。但要注意避免儿童触碰误食。

光照

五色梅喜欢光照充足的环境，从春天至秋天皆可放在房间外面朝阳的地方料理，在炎夏也不用遮蔽阳光，但要保证通风顺畅。

新手提示：如果阳光不充足则会造成植株徒长，令茎枝纤长柔弱、开花很少。

施肥

在植株的生长季节要每隔7～10天施用饼肥水或人粪尿稀释液一次，以令枝叶茂盛、花朵繁多、花色艳丽。在开花之前大约每15天施用以磷肥和钾肥为主的稀释液肥一次，能令植株开花更加繁多。

新手提示：在开花之后马上追施肥料，则能令植株连续开花。

修剪

当小苗生长至约10厘米时要进行摘心处理，仅留下3～5个枝条作为主枝，当主枝生长至一定长度的时候再进行摘心处理，以令主枝生长平衡。植株定型之后，要时常疏剪枝条及短截。

虎刺梅

【花草名片】

◎学名：*Euphorbia milii*

◎别名：虎刺、麒麟刺、麒麟花、铁海棠。

◎科属：大戟科大戟属，为多年生常绿灌木状多浆植物。

◎原产地：最初产自非洲的马达加斯加岛，如今世界各个国家都有栽植。

◎习性：喜欢温暖、潮湿和光照充足的环境，能忍受较高的温度，不能抵御寒冷，能忍受干旱，畏积水。生长得较为缓慢，每年仅生长约10厘米，然而寿命很长，用花盆种植时可以超过30年。

◎花期：自然开花时间是冬天和春天，如果光照和温度都合适，能一年四季开花。

◎花色：红色、黄色。

化毒攻略

虎刺梅所含的有毒成分是苷类，主要散布于根、茎、叶片及汁液内，毒性比较小。由于它的整株都披生着浓密的利刺，被误食的概率非常小，如果偶尔不慎被其刺到，通常也不会导致中毒，大多是在操作过程中皮肤触及汁液而造成中毒。因此，若家庭中有儿童及癌症患者则不适宜种植这种花。如果在家里种植，也要置于孩童不容易碰到的地方，宜置于房间外面，以避免孩童被利刺扎到或中毒。

毒性解码

虎刺梅整株都生有尖锐的刺，茎中所含的白色乳状汁液有毒，会对人的皮肤和黏膜产生刺激作用，皮肤接触后会造成发红肿胀、发痒难受，不小心误食后会出现恶心、呕吐、腹泻、眩晕等中毒症状，如果不小心进入眼睛，情况严重的则会造成失明。另外，有研究显示，虎刺梅的乳状汁液中含有促癌的物质，如果长时间触及其汁液，则有可能会导致细胞发生癌变。

择土

虎刺梅对土壤没有严格的要求，能忍受贫瘠，然而在有肥力、土质松散、排水通畅的腐叶土或沙质土壤中长得最好。

新手提示：培养土可以用相同量的园土、腐叶土和河沙来混合调配，也可以用3份草炭土和2份细沙来混合调配。

温度

虎刺梅喜欢温暖，不能抵御寒冷，生长适宜温度是18℃～25℃，当白天温度在22℃上下，晚上温度在15℃上下的时候长得最好。

新手提示：如果温度控制在15℃～20℃，则植株能全年连续开花。

栽培

1. 剪下长6～10厘米的上一年发育良好的顶部侧枝作为插穗，用温水冲洗剪口部位后晾干或涂抹上草木灰晾干。
2. 把插穗叶片及顶端的花朵摘掉，之后插到培养土中，插后浇足水并放在荫蔽的地方料理，经过30～60天左右便可长出根来。
3. 每年春天更换一次花盆和盆土。

新手提示：种植前要在培养土里加上合适量的蹄角片作为底肥，以促进植株生长。

选盆

各种盆皆可，盆的口径以25～35厘米为宜。

病虫防治

❶ 虎刺梅经常发生的病害为腐烂病及茎枯病，每半月用50%克菌丹可湿性粉剂800倍液喷施一次就能有效预防和治理。

❷ 虎刺梅经常发生的虫害为介壳虫及粉虱危害，可以用50%杀螟松乳油1500倍液喷施来杀除。

繁殖

虎刺梅经常采用扦插法进行繁殖，在全部生长期内皆可进行，其中以5～6月扦插比较容易存活。

浇水

❶ 虎刺梅比较能忍受干旱，在春天和秋天浇水要做到“见干见湿”。

❷ 夏天可以每日浇一次水，令盆土维持潮湿状态，然而不能积聚太多的水。

❸ 在植株开花期间要注意控制浇水的量和次数。

❹ 冬天植株会步入休眠状态，浇水宜“不干不浇”，令盆土维持略干燥状态就可以。

新手提示：雨季要留意尽早排除积水，防止植株遭受涝害。

光照

虎刺梅喜欢阳光充足的环境，不畏炎热和强烈的阳光，一年四季皆要使其接受足够的阳光照射。

新手提示：在开花之前如果让植株接受足够的阳光照射，能令花朵颜色更鲜艳美丽，开花时间更长。

施肥

在植株的生长季节要每隔半个月追肥一次，施用复合化肥或有机液肥皆可，然而不可施用带有油脂的肥料，不然会令根系腐烂。在秋后则不要再对植株施用肥料。

修剪

在植株开花之后或春天萌生新的叶片之前要尽早把稠密枝、纤弱枝、枯老枝和病虫枝等剪掉，并对枝条顶端采取修剪整形措施。

摆放建议

虎刺梅花期长，花色艳丽，适合盆栽摆放在窗台、阳台、案几、书桌、花架上观赏，也可以栽植在庭院中观赏。但因其全身长有利刺，为防止孩童误伤，宜放置在儿童接触不到的地方。

含羞草

【花草名片】

◎学名：*Mimosa pudica*

◎别名：感应草、知羞草、怕痒花、见笑草。

◎科属：豆科含羞草属，为多年生披散状亚灌木草本植物。

◎原产地：最初产自南美洲热带及亚热带区域。

◎习性：喜欢温暖、潮湿和光照充足的环境，不能抵御寒冷，稍能忍受半荫蔽。具有很强的适应能力，生长得强壮健康，长得很快。

◎花期：3～10月。

◎花色：浅红、粉红、桃红色。

化毒攻略

含羞草除可供观赏外，还可入药，科学利用可达到清热利尿、化痰止咳、安神止痛、解毒散瘀、止血收敛等功效。有关研究证明，当人体口服含羞草干品超过30克的时候才会出现中毒症状。因此，在栽植期间不可时常用手触碰或摆弄含羞草，更要防止误食，以避免中毒。

选盆

可使用泥盆、塑料盆、瓷盆、陶土盆，定植花盆为15～20厘米口径的中型花盆。

毒性解码

含羞草的整株皆有毒，其体内含有含羞草碱，为一种有毒的氨基酸，毒性比较小，然而如果人体触及太多则会令人的眉毛变稀、毛发发黄，情况严重的则会令头发脱掉或引起全身不舒服等中毒症状。马、驴等动物如果食用过多含羞草，则会令其生长停止和掉毛，严重的还会得白内障。

择土

含羞草对土壤没有严格的要求，但在土层较厚、土质松散、有肥力且排水通畅的土壤中生长得最好。

新手提示：培养土可以用5份细黄沙、3份园土和2份腐叶土过筛之后来混合调配，并加进适量的底肥。

温度

含羞草喜欢温暖，不能抵御寒冷，生长适宜温度是20℃～28℃。冬天要把它搬进房间里养护，房间里的温度控制在高于10℃便可顺利过冬。

繁殖

含羞草用播种法进行繁殖，在春天和秋天均可进行。

光照

它喜欢光照充足的环境，也略能忍受半荫蔽，在生长季节可以置于阳台上或院落中，冬天则要放在房间里朝阳的地方。

病虫防治

含羞草的病虫害非常少，如果发生蛞蝓危害，可以在清晨撒施新鲜的石灰粉来治理。

栽培

❶ 播种前宜先用温度为35℃的水将种子浸泡24小时，之后再进行播种，以便于萌芽。

❷ 如果在小号花盆内直接播种，每一盆可以播入1～2颗种子，播完后盖上厚1.5～2厘米的土。

❸ 播种后要令盆土维持潮湿状态，温度控制在15℃～20℃，经过7～10天便可萌芽长出幼苗。

❹ 小苗生长至3厘米高的时候，带上土坨移植到中型花盆中。

新手提示：新种植上盆的小苗在浇足水后，需先放在半荫蔽的地方料理，等到其恢复生长势头后再搬至光照充足的地方料理。

浇水

❶ 在阳光充足的环境中，要每日浇水。

❷ 夏天酷热干旱的时候则要于每日清晨和傍晚分别浇水一次，如果缺少水分就会令叶片向下低垂或变黄，受到触碰的时候也不会再闭合，然而也不可积聚太多的水。

摆放建议

含羞草适合盆栽摆放在案头、窗台、桌几上观赏，但要避免经常用手触碰玩弄其叶片，以防中毒。

施肥

当小苗生长出4枚叶片的时候要开始对其施用液肥，通常每7～10天施用腐熟的且浓度较低的液肥一次就可以。

新手提示：需留意肥料不适宜施用太多，不然容易导致植株徒长。

修剪

平日要尽早将干枯焦黄的枝叶剪掉，更换花盆的时候要留意适度修剪干枯老化的根系，以促进植株生长和保持株形美观。

花言草语

含羞草又叫作“感应草”，只要轻轻地触碰一下，其羽状的小叶便会立刻左右闭合，如果力量略大一些，则整个羽片及叶柄皆会向下悬垂，仿佛一位低首不语、妩媚含羞的少女。在植物学上，含羞草的这种特殊反应被叫作“感震运动”，其产生有一定的原因。

含羞草最初产自南美洲热带及亚热带区域，那里经常有暴风骤雨，每当雨水滴溅在小叶片上或暴风刮动小叶片的时候其便会马上把叶片闭合起来，以免遭受风雨的侵害。这是含羞草对外部环境条件发生改变时的一种适应，是其自我护卫能力的一种表现。

一品红

【花草名片】

◎**学名：** *Euphorbia pulcherrima*

◎**别名：** 圣诞花、象牙红、老来娇、猩猩木。

◎**科属：** 大戟科大戟属，为多年生常绿或半常绿灌木。

◎**原产地：** 最初产自墨西哥及中美洲地区。

◎**习性：** 喜欢温暖、潮湿和光照充足的环境，不能抵御寒冷，不能忍受干旱，也不能忍受水涝。为典型的短日照植物，强烈的阳光直接照射和阳光不充足都会影响正常生长。

◎**花期：** 11月～次年3月。

◎**花色：** 黄色。

化毒攻略

一品红花期长，盆栽可用于美化室内环境。其性凉，有调经止血、活血化炎、接骨消肿的药用价值。在栽植培育一品红期间，要防止一品红的枝条和叶片发生断裂，在采取摘心、扦插等操作的时候务必不要触及其汁液，也尽可能地别触及残破损坏的一品红，以防止使皮肤出现不适或造成中毒。家庭栽植的时候，只要格外留意，通常不会损害人们的身体健康，但有儿童的家庭要倍加留意，不可让其摆弄或误食一品红的茎和叶片。

温度

一品红喜欢温暖，不能抵御寒冷，生长适宜温度是18℃～25℃，其中在4～9月期间是18℃～25℃，在9月到次年4月期间是13℃～16℃。

病虫防治

❶ 一品经常发生的病害为茎腐病、叶斑病及灰霉病，可以喷施70%甲基托布津可湿性粉剂1000倍液来预防和治理。

❷ 一品红常发生的虫害为介壳虫。可用90%敌百虫乳油或20%菌杀乳油2500倍液喷洒来预防和治理。

毒性解码

一品红整株皆有毒，其根、茎及叶片断裂后流出的白色乳状汁液含有毒，人体触及后就会对皮肤产生刺激作用，令皮肤发红肿胀，出现过敏反应；如果人们不小心误食它的茎和叶片，则会呈现口舌灼烧、呕吐、腹部疼痛、下泻等中毒症状，严重的还会导致死亡。

选盆

宜选用不透明塑料盆、瓷盆、陶土盆，花盆口径为18～22厘米。

择土

一品红对土壤没有严格的要求，能忍受贫瘠，然而喜欢在土质松散、有肥力、排水通畅的沙壤土或微酸性土壤中生长，土壤酸碱度在5.5～6范围内最为适宜。

新手提示： 培养土可以用3份菜园土、3份腐叶土、3份腐殖土和1份腐熟的饼肥，再加上少许炉渣来混合调配。

栽培

❶ 选取一年生健康壮实的木质化或半木质化枝条，剪下长约8～12厘米的一段作为插穗。

❷ 把插穗下端的叶片剪掉2～3枚，留下上端的2～3枚，并将草木灰涂抹到剪口上，以防止汁液流出来。

❸ 等到插穗略晾干之后插到培养土中，插入深度为4～5厘米即可，插好后浇足水，令基质维持潮湿状态并适度遮蔽阳光，温度控制在18℃～25℃，经过15～30天便可长出根来，再经过约15天便可上盆栽植。

❹ 当小苗生长至10～12厘米高的时候便能移植上盆，当年冬天即可开花。

❺ 通常在每年春天更换一次花盆和盆土。

光照

一品红属典型的短日照植物，在短日照条件下方可分化花芽，全年皆要获得足够的阳光照射，在苞片变色期间、分化花芽期间和开花期间更要获得足够的阳光照射。

新手提示：如果长时摆放在昏暗的地方，则会导致植株不能开花，或令叶片脱落。

繁殖

一品红经常采用扦插法进行繁殖，用嫩枝扦插或休眠枝扦插皆可，可于春分之后进行。

施肥

在生长鼎盛的4～9月期间，要每隔7～10天对其施用腐熟的且浓度较低的液肥一次，注意不可施用过浓的肥料。在植株现蕾之后到开花之前要每周加施磷肥和钾肥一次，连施3～4次。

摆放建议

一品红适合种植在庭院中观赏，也可以盆栽摆放在客厅、书房、卧室、餐厅的桌案、窗台上，注意摆放时远离儿童活动区域，防止其汁液接触儿童皮肤引起不适。

修剪

在植株的生长季节，可以在6月下旬及8月中旬分别摘心一次。每年开花之后要采取短剪措施。

新手提示：当枝条生长至20～30厘米长的时候可以对其进行绑缚作弯处理，以令枝条高低协调、分布匀称，维持优美的植株形态。

浇水

❶ 一品红对水分的反应较为灵敏，既不能忍受干旱，又不能忍受积水。

❷ 在植株的生长季节，浇水一定要充足，要令土壤时常维持潮湿而润泽的状态。

❸ 夏天气候干旱的时候，要适度加大浇水的量，然而不可积聚太多的水。

❹ 在植株的开花繁盛期和开花之后则要少浇一些水。

新手提示：雨季要留意尽早清除积聚的水，防止植株遭受涝害。

石蒜

【花草名片】

◎**学名**：*Lycoris radiata*

◎**别名**：蟑螂花、龙爪花、彼岸花、曼珠沙华。

◎**科属**：石蒜科石蒜属，为多年生草本植物。

◎**原产地**：最初产自中国，分布在长江流域和西南各个省。

◎**习性**：喜欢光照充足的环境，能忍受半荫蔽，也能忍受强烈的阳光久晒。喜欢潮湿，也能忍受干旱，略能抵御寒冷。抗逆性比较强，长得健康壮实。

◎**花期**：8～9月。

◎**花色**：鲜红色或具白色的边缘、白、黄等色。

毒性解码

石蒜的体内含石蒜生物碱，整株皆有毒，而以花朵的毒性比较大，鳞茎次之。如果不小心误食后，经常会出现恶心、呕吐、心情烦躁、眩晕、下泻、舌硬直、手脚发冷、心跳过缓、惊厥及血压降低等症状，严重的还会造成中枢神经系统麻痹，出现语言障碍、口鼻出血、四肢乏力、虚脱等中毒症状，甚至死亡。

化毒攻略

石蒜的鳞茎可以用作药物。如今，石蒜中毒大多是因误食或药用时服用的剂量太大而造成的。所以必须特别留意，家庭中有儿童的更要格外防备，要将石蒜的鳞茎及花朵收藏好，防止其误食。

择土

石蒜对土壤没有严格的要求，能忍受轻度碱性土壤，然而在有肥力、腐殖质丰富、土质松散、排水通畅的石灰质和沙质土壤中长得最为良好。

选盆

可使用泥盆、塑料盆、瓷盆、陶土盆，花盆口径为16～24厘米。

温度

石蒜能够忍受的最高温度是日平均温度为24℃。它略能抵御寒冷，冬天要搬入房中过冬。

病虫防治

❶ 石蒜常见病害有炭疽病和细菌性软腐病，鳞茎栽植前用0.3%硫酸铜液浸泡30分钟，用水洗净，晾干后种植。每隔半月喷50%多菌灵可湿性粉剂500倍液防治。发病初期用50%苯来特可湿性粉剂2500倍液喷洒。

❷ 石蒜常见的害虫为斜纹夜盗蛾，主要以幼虫危害叶子、花蕾、果实，啃食叶肉，咬蛀花莛、种子，一般在从春末到11月危害，可用5%锐劲特悬浮剂2500倍液，万灵1000倍液防治。

繁殖

石蒜经常采用分球法进行繁殖，在春天和秋天皆可进行。

栽培

❶ 在春天植株的叶片刚干枯萎缩后或秋天开花之后将鳞茎掘出来，把小鳞茎分离开另外栽种就可以。

❷ 种植的时候种植深度以土壤把球顶部覆盖住为度。

❸ 通常栽种后每隔3～4年便可再进行分球。

光照

石蒜喜欢光照充足的环境，也能忍受半荫蔽，不畏强烈的阳光久晒，可以长期放在光照充足的地方料理。

新手提示：不能长时间放在过度荫蔽的地方，不然容易导致生长不好。

摆放建议

石蒜花型似龙爪，花色鲜艳，适合盆栽装饰客厅、阳台、天台、庭院，要注意石蒜结实后避免儿童接触鳞茎，避免引起误食中毒。

修剪

在栽植期间，要尽早把干枯焦黄的叶片剪掉，以防止影响植株的生长发育及优美的形态。

浇水

❶ 平日要令土壤维持潮湿状态，要做到“见干见湿”。

❷ 夏天植株开花前如果土壤过于干燥，则要浇入足够的水，以便于抽生出花茎。

❸ 当植株临近休眠期的时候，则要渐渐减少浇水的量和次数。

施肥

在植株的生长季节要施用2～3次浓度较低的液肥。

新手提示：在植株抽生花茎之前要施用一次追肥，在秋天嫩叶萌生出来后还要再施用一次肥料，这样能令叶丛更齐整碧绿。

曼陀罗

【花草名片】

◎学名：*Datura stramonium*

◎别名：醉心花、风茄儿、闹羊花。

◎科属：茄科曼陀罗属，为一年生草本植物，在低纬度区域可以生长为亚灌木。

◎原产地：最初产自印度。

◎习性：喜欢温暖、潮湿和光照充足的环境，不能抵御寒冷，不能忍受水涝。

◎花期：6～10月。

◎花色：最初为白色，之后渐渐变成黄色，偶尔为紫色或浅黄色。

化毒攻略

曼陀罗可供药用，但在家庭里最好不要种植这种花。如果不小心中毒，要马上把病人送到医院里接受治疗，在具有经验的急诊或毒物科医师的监测及控制下使用解毒剂解毒。

浇水

❶ 曼陀罗喜欢潮湿而润泽的环境，不能忍受积水，平日令土壤维持潮湿状态就可以。

❷ 夏天气候干旱的时候，可以适度加大对植株的浇水量。

❸ 在雨季要留意尽早排除积水，防止植株遭受涝害。

毒性解码

曼陀罗的整株皆有毒，而以果实及种子的毒性最厉害，干叶片的毒性比新鲜叶片的毒性要轻一些。如果人们不小心误食，会出现口舌干燥、瞳孔放大、心跳加速、周身潮红燥热、视线模糊不清、嗜睡、头脑昏沉、产生幻觉及神志错乱等中毒症状，情况严重的则会令神经中枢过于兴奋而忽然逆转成抑制作用令机体机能突然降低，造成呼吸停止而死去。

另外，外敷曼陀罗也会出现周身性的中毒症状。

择土

曼陀罗具有比较强的适应能力，对土壤没有严格的要求，普通土壤皆可栽植，然而在有肥力、腐殖质丰富、土质松散、排水通畅的沙质土壤中长得最好。

温度

曼陀罗喜欢温暖的环境，不能忍受极度的寒冷，萌芽的适宜温度在15℃左右，霜后其地上部会干枯萎缩。

新手提示：当温度低于2℃～3℃的时候，植株就会死掉。

施肥

在植株生长的鼎盛期，要适度施用2～3次过磷酸钙或钾肥。

新手提示：在植株开花之前追施一次肥料，能令花朵硕大、花色纯正。

光照

在植株的生长季节，要使其接受足够的阳光照射，以令其生长得健康壮实，如果阳光不充足则会导致生长不好，不利于观赏。

病虫防治

❶ 曼陀罗经常发生的病害是黑斑病。在发病之初可以喷洒50%退菌特可湿性粉剂1000倍液或65%代森锌可湿性粉剂500倍液，每周喷洒一次，接连喷洒3～4次就能有效治理。

❷ 曼陀罗经常发生的虫害是蚜虫。发生蚜虫危害时，可以用40%氧化乐果乳油2000倍液喷洒来杀除。

摆放建议

曼陀罗作为观花植物可盆栽摆放在窗台、阳台、案几、花架上，但应注意远离儿童，防止其误食中毒。

修剪

在植株的生长季节，要尽早把干枯焦黄的枝条和叶片剪掉，以降低营养的损耗量，维持优美的植株形态。

栽培

❶ 于春天3月下旬到4月中旬进行直接播种。

❷ 播完后盖上厚约1厘米的土，略镇压紧实，并留意使土壤维持潮湿状态，比较容易萌芽。

❸ 当小苗生长至8～10厘米高的时候采取间苗措施，把纤弱的小苗除去，令每盆仅留下2株。

❹ 当植株约生长至15厘米高的时候进行分盆定苗。

选盆

各种材质的花盆皆可，中型花盆为佳。

繁殖

曼陀罗采用播种法进行繁殖。

醉鱼草

【花草名片】

◎学名：*Buddleja lindleyana*

◎别名：鱼尾草、槐木、闹鱼花、痒见消、光子、四方麻、鱼鳞子、药杆子、驴尾草、毒鱼藤、野巴豆、土蒙花、花玉成、红鱼波、四季青、鱼泡草等。

◎科属：玄参科醉鱼草属，为多年生落叶小灌木。

◎原产地：热带和亚热带地区。

◎习性：喜欢温暖、湿润的环境，适应性强，喜光，耐修剪，稍耐寒，耐阴，耐旱，但不耐水湿。

◎花期：6~8月。

◎花色：紫色、白色、黄色或橙色。

化毒攻略

远离鱼缸放置。防止枝叶浸入水中，毒害鱼类。也应将其放在儿童和动物不宜接触的地方，严防小孩和动物误食。一旦误食醉鱼草，可采用洗胃、导泻、服大量糖水或静脉注射葡萄糖盐水、肌注维生素B_1等方式解除中毒症状。

毒性解码

醉鱼草叶含醉鱼草苷等多种黄酮类，含有的醉鱼草黄酮苷及醉鱼草糖苷对鱼类有毒害作用，人畜误食过多将会引起呕吐、呼吸困难、四肢震颤等中毒症状。

择土

醉鱼草具有很强的适应能力，对土壤没有严格的要求，在沙质土壤、轻碱性土壤及经过改良的盐碱地中都可长得较好，然而在排水良好、润湿肥沃的土壤上生长最为旺盛，开花最为繁茂。

选盆

适宜选择透气性较好的泥盆或缸瓦盆。

浇水

❶ 醉鱼草喜欢潮湿，同时也畏积水，在生长季节要令盆土保持潮湿状态。

❷ 在夏天和气候干燥时，除了每日浇水之外，还要每日朝枝叶喷洒1~2次清水，以保持比较大的空气湿度，并加强通风、降低温度。

❸ 冬天需注意浇水量，并需时常用水温和室温相近的清澈水喷洒、冲洗植株的枝叶，以免灰尘污染枝叶表面，影响观赏。

温度

醉鱼草生长最佳适宜温度为25℃~30℃，也可耐39℃的高温。

光照

醉鱼草喜欢充足的阳光，可将其放置在光线良好的场所，每日让它接受足够的阳光照射。

病虫防治

醉鱼草易得的病虫害为锈病、白粉虱和蚜虫。

❶ 一旦感染锈病，发病初期可用40%氟硅唑乳油8000倍或25%粉锈宁可湿性粉剂1000～1500倍、天达裕丰2000～2500倍液、天达2116粮食专用型600倍液混合喷杀，连续喷2次，每次间隔5～7天。

❷ 虫害可用10%吡虫啉可湿性粉剂4000～6000倍液喷雾，或用5%吡虫啉乳油2000～3000倍液喷雾进行防治。

繁殖

繁殖方式主要有播种、分株、扦插、压条几种。

花言草语

醉鱼草常见的品种有大叶醉鱼草和互叶醉鱼草。大叶醉鱼草，高可达5米，花色丰富，花味芬芳；互叶醉鱼草，高可达3米，枝条细弱，披散下垂，花冠紫蓝色，花味芬芳。在我国山西、河北、西北地区都有分布。二者都极具观赏价值。

《全国中草药汇编》中记载，醉鱼草味微辛、苦，性温，带根全草及叶、花可以入药。具有祛风除湿、止咳化痰、散淤、杀虫的功效，可治疗支气管炎、咳嗽、哮喘、风湿性关节炎、跌打损伤等病症；根及全草全年都可采集，洗净晒干后即可入药；花、叶于夏秋醉鱼草花盛开时采集，晒干入药。捣烂或研粉外敷可治创伤出血、烧烫伤等。孕妇忌服。谨记药用的时候一定要遵从医嘱，不可自己尝试，以免引起中毒。

栽培

❶ 将当年收取的种子在常温水中浸泡一小时后均匀撒在花土表面。

❷ 在种子上面均匀铺一层薄薄的花土。

❸ 浇透水后放在向阳的或半向阳的地方，每天浇水保持土壤湿润，不久即可发芽。

新手提示：在种植前需在土壤中施入充足的底肥，以促使植株枝叶健壮、开花繁茂。

施肥

在植株生长的旺盛期，大约需每隔半个月施用以氮肥为主的复合肥一次，施完肥后应马上浇水，以免肥料损伤根系。

修剪

入冬前或早春时可对醉鱼草进行修剪、整形，以促使其萌发更多的新枝，一年修剪一次即可。

摆放建议

最适宜种植在庭院里观赏，也可以将盆栽摆放在客厅、卧室、书房、阳台等向阳的地方，切忌不要摆放在鱼缸旁边。

龙牙花

【花草名片】

◎**学名**：*Erythrina corallodendron*

◎**别名**：象牙红。

◎**科属**：豆科刺桐属，为多年生小乔木。

◎**原产地**：热带美洲。

◎**习性**：喜欢高温、多湿的环境，但怕积水，不耐寒冷，南方较寒冷年份易受到冻害。喜欢光照充足的环境，略能忍受荫蔽。生长健壮，易于存活，发芽力强，长势迅速，耐修剪。

◎**花期**：6月。

◎**花色**：深红色。

化毒攻略

龙牙花中毒大多是因误食或药用时服用的剂量太大造成的。所以必须特别留意，家庭中有儿童的更要格外防备，要将龙牙花的鳞茎及花朵收藏好，家居放置盆栽时应放在儿童和动物不宜接触的地方，严防小孩和动物误食。

毒性解码

该物种已被中国植物图谱数据库收录为有毒植物，其种子有箭毒碱，花含胆碱、色胺、下箴刺桐碱以及其他四种未知结构生物碱。

择土

适宜在排水良好、肥沃的酸性沙壤土上生长，在干旱、贫瘠的土壤上会生长不良。

新手提示：盆土宜选用塘泥2份、堆肥和砻糠灰各1份混合配制而成的土壤。

选盆

宜选规格稍大的盆。

浇水

❶ 在植株的生长期内不适宜浇太多的水，以见干见湿为原则，不宜涝。

❷ 夏季气温高，水分蒸发量大，可每天浇一次水，保持盆土湿润。

❸ 冬季可每2～3天浇一次水。入室前修剪抹头的植株，可每10～15天浇一次水。

温度

龙牙花的最佳适宜生长温度为20℃～28℃。

新手提示：越冬温度应保持15℃左右。

光照

龙牙花喜欢充足的阳光，每天要接受5小时以上的阳光光照。

新手提示：对新种植上盆的植株，要为其适度遮阴约半个月，以便于鳞茎萌生新的根系。

病虫防治

❶ 龙牙花冬季易感染枯萎病、炭疽病和根腐病，可用波尔多液喷洒叶片2～3次，或用50%退菌特可湿性粉剂1000倍液喷洒进行处理。

❷ 龙牙花若感染根瘤线虫害，可用80%二溴氯丙烷乳油稀释浇灌处理。

施肥

❶ 生长期每半月施一次肥。

❷ 抽出新梢后，每10天施一次饼肥水。

❸ 花期可增施1～2次磷钾肥。开花后，除正常施肥外，需再追施2次磷钾肥，以促进其枝条生长发育。

❹ 10月以后可逐渐停止施肥。

花言草语

龙牙花因其花序形状好像大象的牙齿，又呈现娇艳的深红色，因此有象牙红的雅号。在我国广东、广西、云南、四川、上海、江苏、浙江、福建等地均有广泛种植，已成为当地乡土树种。在北方也有作为盆栽观赏的龙牙花。龙牙花可单植于草地、建筑物旁、公园、绿地、风景区和庭院，也可作为盆栽点缀室内环境。

龙牙花花形奇特，艳丽夺目，除了可当家居盆栽观赏之外，还可以当生日时的祝贺鲜花，因为它通常象征火红年华、前程似锦。将龙牙花摆放在房屋的门口处，象征着喜迎嘉宾、祝君好运、笑口常开。

龙牙花的树皮味辛性温，入肝经，具有辛散止痛的功效，可以治肝气郁滞等病症。树皮还有收缩中枢神经的作用，可作为麻醉和镇静剂使用。谨记药用的时候一定要遵从医生的指示和要求，不可自己尝试，以免引起中毒。

栽培

❶ 龙牙花栽培适宜在4～5月进行，此时栽培的植株具有较高的成活率。

❷ 剪取长15～20厘米的生长枝条作为插穗。

❸ 在盆土里施入充足的底肥，将插穗插入培养土中，插入深度是插穗总长的1/2或2/3即可。

❹ 插后浇足水并令土壤保持潮湿状态，定期向插穗的顶芽、顶叶喷洒水雾。

❺ 将其置于半阴处，15～20天后即可生根，当插穗上长出红色小芽时，即表示已经生根。

❻ 每年春季换一次盆即可。

繁殖

繁殖方式有播种繁殖、扦插繁殖，以扦插繁殖为主。

修剪

老龄植株要适当进行截干，以利于调整株形。对过长的枝条，可在花后采取摘心的办法来控制枝的长势，也可将开过花的枝条从基部剪除，促使开花更为繁茂枝干的萌生。

摆放建议

龙牙花喜欢光照充足的环境，可以直接栽种在庭院观赏，也可以盆栽摆放在客厅、阳台等光线良好的地方，其幼株盆栽也可以摆放在窗台、案几上。

使君子

【花草名片】

◎学名：*Quisqualis indica*

◎别名：史君子、留球子、五棱子、索子果。

◎科属：使君子科使君子属，为多年生常绿木质藤本植物。

◎原产地：最初产自马来西亚、印度、缅甸、菲律宾，以及中国的四川、云南、福建、广东、广西、海南和台湾等地区。

◎习性：喜欢温暖、潮湿和光照充足的环境，不能抵御寒冷和霜冻，比较能忍受干旱。为直根性植物，不能忍受移栽。生长得强壮健康，具有非常强的萌生新芽和抵抗污染的能力。

◎花期：5～9月。

◎花色：最初是白色的，之后则会变成浅红色。

化毒攻略

使君子结实率不高，误食种仁的概率较小，通常是药用时服用剂量太大而中毒。尽管如此，栽植时也不可粗心，以免误食情况发生，同时药用时则要按照规定量服用。

选盆

选择排水性良好的泥盆为佳，盆的大小根据植株多少而定。

择土

适宜土质松散、有肥力、排水通畅的沙质土壤或黏重土。

栽培

❶ 于3～4月或9～10月栽培。

❷ 种子在温度为40℃～50℃的水里泡24小时，以便于萌芽。

❸ 把种子播种到培养土中，需留意让果实的尖端向上，播种后盖上厚约3厘米的土，浇足水并令土壤保持潮湿，较易萌芽，当小苗生长至10～20厘米高时就能上盆移栽。

毒性解码

使君子的种仁有毒，但毒性比较小，生吃或服用的剂量太大会出现头疼、头晕目眩、恶心、呕吐、下泻、出冷汗、四肢发冷等中毒症状，情况严重的则会出现抽搐、惊厥、呼吸困难、血压降低等症状。

温度

幼苗期生长适温是18℃～20℃。植株定型之后的生长适温则是20℃～30℃，不能忍受极度的寒冷。

光照

使君子喜欢充分的光照，因此最好是全日照或每天直射日照四小时以上，这样对开花最有利。

繁殖

使君子可采用播种法、扦插法、分株法及压条法进行繁殖。

修剪

春芽萌发之前将干枯枝、病弱枝、稠密枝等剪掉，以降低营养成分的损耗量。

浇水

❶ 生长期令土壤维持潮湿状态。

❷ 气候干燥时可加大浇水量。

❸ 冬天则要减少浇水量及次数。

施肥

每年春天对其补充少许长效肥，并在生长季节施用1～2次浓度较低的液肥。冬天则不要施肥。

摆放建议

使君子既适合在庭院内直接种植，也适合盆栽。盆栽一般用于装饰阳台、天台、客厅。

第五篇

8种药用花草及其花草茶

许多花草不但能装点我们的居所，改善我们的生存环境，还具有十分神奇的药用价值。这类花草被称为药用花草。

现代医学研究表明，药用花草之所以能够发挥不可思议的药理功效，是因为它们自身含有一些特殊的药物成分。那么，应当如何利用这些花草的药用功效来养颜美容、强身健体呢？古人有“上品饮茶，极品饮花”之说，可见，将药用花草冲泡成花草茶并适量饮用，不失为一种明智的选择。

花草茶原本就是一种天然的保健饮品，用药用花草冲泡的花草茶则因其自身所含的药物成分而具有更为明确的药用价值。同时，花草茶不含咖啡因，即便长期饮用也不会对人体造成损害。因此，花草茶已经成为现代人钟情的保健饮品之一。

在家中养几盆能够“喝”的花草，在观赏之余摘其花叶，泡上一杯芳香四溢的花草茶，可谓养身、养颜、养神、养心，一举多得。

金盏菊

【花草名片】

◎学名：*Calendula officinalis*

◎别名：金盏花、黄金盏、长生菊、醒酒花、常春花、金盏等。

◎科属：菊科金盏菊属，二年生草本植物。

◎原产地：原产欧洲南部及地中海沿岸，现世界各地都有栽培。

◎习性：喜阳，耐寒不耐热，能忍受-9℃的低温，总体来说适应性较强但不耐潮湿。能自播、生长快。对土壤要求不高，能耐贫瘠干旱土壤，但在疏松、肥沃、微酸的土壤里生长较好。耐阴凉环境，但在阳光充足的地方生长较好。

◎花期：4～6月。

◎花色：有黄、橙、橙红、白等色，且多为金黄色。

◎入茶部位：花（干制）。

【小偏方】

胃寒痛：金盏菊鲜根50～100克，水或酒、水煎服。

疝气：金盏菊鲜根100～200克，酒、水煎服。

肠风便血：金盏菊鲜花10朵，加冰糖，水煎服。

净化功能

金盏菊具有较强的抗菌功效，可净化空气，对二氧化硫、氰化物、硫化氢等有害气体都具有一定的抗性。

光照

金盏菊属于短日照植物，每天以接受4小时的日照为宜，日照过多或过少都会影响其开花。

美容功效

金盏花茶具有杀菌和收敛伤口的功效，能够有效改善皮肤毛孔粗大的问题，还能够调理敏感性肤质。对外伤患者而言，适量饮用一些金盏花茶能够防止疤痕的产生，并且能够修复已有疤痕。常年皮肤干燥的人，也可适量饮用金盏花茶，因为它能够促进皮肤的新陈代谢，对干燥肌肤具有滋润作用。

健康功效

金盏菊性味平淡，富含维生素A、维生素C等多种维生素。它的花和叶能够消炎、抗菌，具有凉血、止血的功效。女性常喝金盏花茶，能够促进人体血液循环，同时还能平复女性生理期间的烦躁心情。金盏花茶因味苦所以能促进胆汁分泌，有补益肝脏的功效，对用眼过度的学生和上班族来说具有明目的功效，而对于喜爱喝酒的男士来说还具有缓和酒精中毒的功效。

择土

土壤以肥沃、疏松、透气性、排水性俱佳的沙质土壤为宜。土壤pH值在6～7间最好。这种土壤种出的植株分枝多、开花大。

选盆

家庭栽种金盏菊可选用10～12厘米的小盆即可，以多孔盆为宜。

浇水

1. 金盏菊在生长期间不宜过多浇水，只要保持土壤的润湿即可。
2. 夏天雨季应将花盆放置在避雨处，以免盆内积水导致植株根部腐烂。

温度

最适宜金盏菊生长的温度为7℃～20℃。

病虫防治

金盏菊常生的病为枯萎病和霜霉病，这些都是由于室内通风差、湿度大、温度高引起的。一旦金盏菊出现这些病症时，可用65%代森锌可湿性粉剂500倍液进行处理，同时家中要经常开窗透气。此外，初夏气温升高时，金盏菊叶片常常会出现锈病，此病可用50%萎锈灵可湿性粉剂2000倍液喷洒处理。

修剪

注意及时剪去干枯萎蔫的叶片。

◆金盏花茶

养肝明目、养颜美容、解毒消炎。

主料：干燥的金盏菊花瓣。

可搭配材料：绿茶、薄荷、橙皮。

使用工具：可装500~800毫升水的玻璃壶。

冲泡方法：

❶ 将一匙干燥的金盏菊花瓣放入玻璃壶中，用热水冲泡一下然后取出。水温最好不要高于90℃，如果是刚煮开的水，可稍放凉后再倒入玻璃壶。因为花瓣娇弱，沸水冲泡容易使香味流失。

❷ 将用热水冲泡过的金盏菊花瓣再次放入玻璃壶中，向玻璃壶中倒入500~800毫升的热开水（此时，也可在玻璃壶中加入搭配材料中的任意一种）。浸泡3分钟后，茶水即可饮用。

❸ 金盏花茶稍带苦味，不喜欢苦味的人可加蜂蜜调饮。

栽培

❶ 金盏菊多用播种法繁殖，早春或秋天均可播种。秋播一般在9月中旬进行，温度在20℃左右为宜。春播一般在2~3月进行，需要在温暖的室内播种。春播金盏菊的生长发育不如秋播好。

❷ 将种子放在35℃~40℃的温水中浸泡3~4个小时，捞出后用清水冲洗一遍，控干后即可播种。

❸ 准备一些培植土放入任意盆中，浇透水，待水下渗后将种子埋入土中，一般来说在20℃~22℃的情况下，种子7~10天后即可发芽。待幼苗长出2~3片叶子时需移植一次。

❹ 一般来说，秋播金盏菊在第二年的5月开花，而春播的金盏菊通常在当年的6月开花。

新手提示：由于幼苗娇嫩，浇水时最好以手护住幼苗，以免幼苗被冲断、冲倒。

繁殖

金盏菊一般使用播种法繁殖。

施肥

金盏菊喜肥，因此在其生长期要保证充足的肥水供应，最好每半月施肥一次，磷肥、钾肥、氮肥可配合使用。

新手提示：日常吃鸡蛋时，可将鸡蛋壳置于金盏菊的花盆中，这样能给花补充一些肥料。

摆放建议

金盏菊占地面积较小，花朵多为金黄色，可放置在客厅、居室的窗台上或阳台一角，这样不但能使居室感觉更加明亮、舒适，而且还利于金盏菊透气。

柠檬香茅

【花草名片】

◎学名：*Cymbopogon citratus*

◎别名：柠檬草、香茅草。

◎科属：禾本科香茅属，多年生草本植物。

◎原产地：原产于亚洲热带地区，如印度、斯里兰卡。现在印度尼西亚、印度、中国、泰国、越南、巴西、巴拉圭、英国等地均有分布。

◎习性：喜温暖、潮湿的环境，喜光照，耐热不耐寒。适宜生长在排水良好的沙性土地上。

◎花期：12月～次年3月。

◎花色：灰色。

◎入茶部位：叶、茎（干制、新鲜皆可）。

花言草语

据说在古代亚洲的南部，柠檬香茅大量地散布在农田四周。因为在一次蝗虫过境后，农民发现被柠檬香茅环绕的蔬果并没有遭受虫害，于是此后，农民就在作物的四周种上柠檬香茅，以此来抵御虫害。

光照

柠檬香茅是阳性植物，只要阳光充足，就能生长旺盛。充足的日照，能使柠檬香草的芳香更浓，长得更加健壮，且不易生病。

新手提示：柠檬香茅刚种植的前几天不宜接受过强的阳光照射。

净化功能

柠檬香茅散发出的柠檬清香，不但能强力除臭、净化空气，而且还能驱除蚊虫和家中空调系统中潜伏的尘螨。

美容功效

适量的饮用柠檬香草茶能够净化肠胃，提高人体的消化机能，具有健胃消脂的功效，对于希望瘦身的人来说不失为一种绿色健康的饮食瘦身法。

健康功效

古代的医家常常用它来治疗腹泻、麻疹、喉咙痛、头痛等病症。用柠檬香茅泡的茶被称为柠檬香草茶。柠檬香茅中含有的柠檬醛具有消毒、杀菌和缓解神经疼痛、肌肉疼痛的功效，因此日常生活中适当地饮用柠檬香草茶，对促进肝、胰脏、肾、膀胱和消化系统毒素的排出有很好效果，对促进炎症的康复和缓解筋骨酸痛、腹绞痛也都有一定的效果。

选盆

宜选用透气性能好的木盆或泥盆，最好不要用塑料盆以免出现烂根现象。初种时可以选用比较矮小的花盆，待植株长大后再换盆。

病虫防治

几乎没有病虫害。

修剪

柠檬香茅需要经常修剪。修剪时除了要剪去枯黄叶片外，还要将过于茂盛的植株剪掉，以利通风。

新手提示：修剪下来的健康的柠檬香茅叶片可以用来泡茶、泡澡、做料理，也可以储存备用。

择土

柠檬香茅对土质的要求不高，在稍稍瘠薄的土壤也可以存活。一般来说，疏松、透气、排水力强的弱碱性土壤最适合柠檬香茅生长。

浇水

❶ 柠檬香茅成活后，最好2~3日浇一次水。日常浇水原则是“见干见湿”，即每次见土干时浇水，浇水要透。浇水时最好不要让水滴在叶片上。如果是用自来水浇花，则最好先将自来水放在太阳下晒两天后再使用。

❷ 柠檬香茅喜潮湿，在生长季节——夏天需要经常浇水。

温度

柠檬香茅喜温，在气温为25℃~30℃的环境中，生长最为旺盛。它耐寒力差，有轻霜时叶尖就会发生冻害，最低能耐7℃的低温，有时在温度为10℃~15℃的环境中就会萎缩或死亡，因此秋冬之季天气转凉时需要将其移入温暖的室内，待第二年气温回升时再搬出屋外。

施肥

柠檬香茅对肥料的要求不高。春季是它迅速生长的季节，可按月对其追施氮、磷、钾复合肥，注意氮肥不要过多，否则容易造成植株的徒长。

繁殖

柠檬香茅一般用分株法或扦插法繁殖，春夏季繁殖最为适宜。

摆放建议

健康的柠檬香茅株形柔美、颜色翠绿，可以摆放在阳台、窗台等光线比较充足的地方，也可以用来装饰客厅、书房。热带地区的家庭还可将它种植在庭院中。

栽培

❶ 柠檬香茅宜在4~8月种植。

❷ 取出健壮的柠檬香茅植株，找到分株点，然后拉开植株根部连接的土壤和交错的根。

❸ 剪去1/2高度的叶片，去掉根部的土，栽种在适当大小的盆器中。放在遮阴的地方养护几天，然后放在阳光下养护即可。

◆柠檬香草

抗菌消炎、养颜美容、健胃消脂。

主料： 柠檬香茅。

可搭配材料： 菩提子、玫瑰。（柠檬香茅+菩提子，具有降血脂、塑身的功效；柠檬香茅+玫瑰，具有清除宿便的功效）

使用工具： 可装500~800毫升水的玻璃壶。

冲泡方法：

❶ 将剪下的新鲜柠檬香茅叶或干的柠檬香茅叶洗净，放入玻璃壶内。（一般来说，15厘米长的新鲜草叶即可）

❷ 将开水倒入玻璃壶内，至九分满，加盖放置10分钟。茶呈现淡黄色即可饮用（此时，也可在玻璃壶中加入搭配材料中的任意一种）。

❸ 冲泡时间越久茶的味道越重，因此不习惯重口味的人可在草叶浸泡一段时间后将其取出。

贴心提示： 孕妇不宜饮用。喝剩下的柠檬香草茶，可以用来泡脚，对缓解足部酸痛、治疗香港脚有一定效果。

百里香

【花草名片】

◎**学名**：*Thymus vulgaris*

◎**别名**：地花椒、山椒、山胡椒、地椒、麝香草。

◎**科属**：唇形科百里香属，多年生草本植物。

◎**原产地**：地中海沿岸。

◎**习性**：喜冷、凉、干燥的环境，喜光照，不耐热，对土壤要求不高，在排水良好的石灰质土壤中生长良好。

◎**花期**：3～5月，10～11月。

◎**花色**：白色或粉红色。

◎**入茶部位**：花、茎、叶。

【小偏方】

牙痛：取百里香挥发油适量涂擦在痛处即可。

急性胃肠炎：取新鲜百里香20克，将其用开水浸泡10分钟后煎服。呕吐者加灶心土12克、生姜6克同煎。

胃脘寒痛：取百里香10克，泡水代茶饮，连服7日。

中暑呕恶：取新鲜百里香叶5克、新鲜藿香叶6克，泡水代茶饮用。

净化功能

百里香从幼苗到干枯的枝叶都具有浓郁的香气，这些香气具有一定的抗菌性，是家庭净化空气的好帮手。

光照

百里香喜光照，全日照、半日照均可。16小时光照、8小时黑暗，最适合百里香生长。

美容功效

百里香茶饮，具有美容保健的功效。百里香能够帮助伤口愈合，治疗湿疹及面疱肤质，对控制头皮屑和抑制落发也十分有效。百里香还有美化肌肤的功效，在消除雀斑、修复老化肌肤方面疗效显著。现在，有些香皂和漱口水在制作时也会加入百里香。

健康攻效

用百里香泡的茶，被人们称为百里香茶。对于上班族和学生来说，百里香茶能够有效提高记忆力和注意力，缓解身心疲惫。此外，百里香茶还能改善人体消化系统、呼吸系统功能，具有开胃消食、消炎止痰的作用，对人们消化不良、食欲不振、扁桃体炎、咽喉炎、支气管炎、气喘等病症都有一定的疗效。适量饮用百里香茶对促进人体血液循环、增强免疫力、减轻月经期间的不适症状也非常有效。不仅如此，百里香茶还能缓解因宿醉引起的头痛。

择土

百里香对土质要求不高，但它适合生长在排水性能良好的疏松土壤中，最好是沙砾、多孔质的土壤。家庭栽种百里香可以去花店购买培养土，不过用泥炭土加20%的珍珠岩做土壤也很好。

温度

❶ 百里香性喜冷凉，生长适温为20℃～25℃。因此，夏季高温时节应将百里香放置于阴凉通风处，以免高温环境造成百里香衰弱枯萎。

❷ 百里香能耐低温，可耐-10℃～-20℃的低温。

❸ 一般来说，秋天天气转凉后的日照充足之地比较适合百里香的生长，可将植株移到那里放置。

病虫防治

百里香基本无虫害发生，夏季需要注意因高湿天气导致的烂根现象。

修剪

❶ 夏季应对百里香进行及时修剪，剪去过于浓密的枝条，保证植株通风良好。

❷ 如果是为了剪取百里香枝叶干燥保存，那么可在它开花前修剪，因为开花结子后修剪，植株容易死亡。

◆百里香茶

醒脑提神、健胃消食、消炎止痰。

主料： 新鲜百里香3枝，或新鲜的百里香叶适量。

可搭配材料： 洋甘菊、柠檬、迷迭香、玫瑰。

使用工具： 可装500~800毫升水的玻璃壶。

冲泡方法：

❶ 将剪下的百里香枝叶冲洗干净，放入玻璃壶内。

❷ 向玻璃壶中倒入90℃的热开水，热水盖过香草即可。

❸ 轻轻摇动玻璃壶，用热水轻轻漂洗香草，然后将热水倒掉。

❹ 将玻璃壶加满90℃的热开水，静置数分钟。茶水变成淡黄色时即可饮用（此时，也可在玻璃壶中加入搭配材料中的任意一种）。

贴心提示： 百里香茶最好不要长期饮用，也不能高浓度饮用，敏感皮肤者、高血压患者、孕妇最好不要饮用。

栽培

❶ 用播种法种植百里香，百里香一般会在14~20天内发芽，第二年5~7月开花。百里香的一些品种，如斑叶百里香不能使用播种法种植，否则后代容易丧失斑叶的性状。

❷ 用扦插法种植百里香较为容易。选两三枝生长状况良好的枝条，在距离顶端约10厘米处剪断。注意，最好取顶芽当作插穗，带3~5节为佳，不要取到已木质化的枝条，这些枝条的发根能力较差。

繁殖

百里香可以用播种、扦插、压条、分株法繁殖。

施肥

❶ 种植百里香前最好在花盆内放少许基肥，由于百里香的生长速度慢，因此初期不需要太多的肥料。

❷ 夏季不宜施肥，否则容易导致植株死亡。

❸ 春秋季是百里香生长旺盛的季节，此时可将花宝稀释1000倍，每7~10天为植株施肥一次。

选盆

盆栽百里香时宜选用扁平盆器。

浇水

家庭盆栽百里香时，要根据实际情况灵活掌握浇水时间，一般来说，夏季浇水应勤些，冬季浇水可以少些。

摆放建议

百里香适合放置在居室、客厅等光照充足的地方，或者摆放在阳台、庭院中。建议将植株放在高处，因为百里香全株有小毒，所以尽量不要让儿童接触。

金丝桃

【花草名片】

◎学名：*Hypericum chinense*

◎别名：土连翘、金丝海棠、五心花。

◎科属：藤黄科金丝桃属，多年生草本植物。

◎原产地：欧洲地区。

◎习性：喜温暖湿润的环境，较耐寒，对土壤要求不严格，除了黏重土壤之外，在一般的土壤中都能较好地存活生长。野生金丝桃常生于湿润的溪边或者半阴的山坡下。

◎花期：4～6月，10～12月。

◎花色：金黄色。

◎入茶部位：叶、茎、花。

【小偏方】

风湿性腰痛：金丝桃根1两，鸡蛋2个，水煎2小时，吃蛋喝汤，一天2次分服。

疖肿：鲜金丝桃叶、食盐适量，一起捣烂，外敷于患处。

蝮蛇、银环蛇咬伤：鲜金丝桃根、食盐适量，一起捣烂，外敷伤处。一天换一次。

净化功能

金丝桃的英文名称是“圣约翰草”，它的叶子具有独特的幽香，放置在家中能够有效净化室内空气，祛除室内异味。

新手提示：直接碰触金丝桃可能会引起皮肤瘙痒、肿痛等，因此栽培或养护金丝桃时最好带上手套，碰触后立刻用肥皂洗手。

美容功效

许多治疗皮肤炎症、青春痘的美容产品中，都能看见金丝桃的“身影”，而一些晒前或晒后的保养品中也常常含有金丝桃油。适量饮用金丝桃茶能有效改善肤质，令肌肤变得细腻有光泽。

健康功效

金丝桃是欧洲最常用的草本制剂，其茎部含有多种活性成分，能提高大脑中维持正常心情及情绪稳定的神经递质的水平，因此它被称为天然“百忧解”，成为欧美国家治疗抑郁症的营养保健品。适量饮用金丝桃茶对消除焦虑、抑郁，改善失眠，缓解偏头痛、坐骨神经痛等具有一定效果。金丝桃在我国有“治伤草药”的美名，它的果实和根都能入药，具有解热、利湿、消肿、活血和镇痛的作用。

修剪

❶ 金丝桃最好每年修剪一次。

❷ 夏季叶片因高温而变红时，可对其进行适当修剪，这样待温度转暖时，金丝桃就会长出新芽。

❸ 花谢后最好修剪一次，剪去花头和过密枝条。

病虫防治

金丝桃常见虫害有衰蛾、刺蛾和蚜虫。衰蛾可用90%敌百虫1000倍液喷杀，效果较好；刺蛾可以通过摘除虫叶防治，或喷洒青虫菌每克含100亿孢子1000倍液喷杀；蚜虫可以通过修剪病枯枝叶防治，也可以用1:15的烟叶水（需泡制4小时）喷杀。

新手提示：发现叶片上有少量蚜虫时，可用毛笔蘸水洗刷叶片，或者将盆花倾斜放于自来水下冲洗，此法即能冲洗掉蚜虫，又能洗净叶片，提高叶片的呼吸作用和盆花的观赏价值。

择土

金丝桃对土质的要求不高，在稍稍贫瘠的土壤中也可以存活。

温度

金丝桃生长的适温为15℃～25℃。

选盆

初种金丝桃时宜选择口径较小的陶盆或泥盆，待植株生长到一定大小再换盆，也可选择吊盆种植。

光照

❶ 全日照或半日照均可，在半阴的环境中生长最好。

❷ 春秋两季金丝桃需要多见光。

浇水

❶ 金丝桃喜湿润的环境，因此生长期间可适当多浇些水以保持土壤的微微湿润，而干旱季节更要及时浇水。

❷ 夏季要适当地为金丝桃浇水以降温增湿，否则它容易出现叶尖枯黄的现象，严重时还会整株死亡。浇水时间以上午6～8点、下午4～6点为宜。

繁殖

除了自播外，金丝桃还可通过扦插、压条、分株等方式繁殖。

施肥

在金丝桃的生长期，如果每月能为其施2次粪肥或饼肥等液肥，它就会生长得枝繁叶茂。

摆放建议

金丝桃有小毒，家庭栽种时最好不要将其放在客厅或居室，建议放在阳台上。此外，如果家中有孩童的话，最好将盆花放在孩童够不到的高处。

栽培

❶ 金丝桃属于家庭较容易种植的花草，一般来说分株、扦插、播种法均可。如果希望将其大量种植在庭院中，可采用播种法和扦插法栽培。

❷ 盆栽金丝桃一般用园土加一把豆饼或复合肥作为基肥即可。

新手提示：播种金丝桃，由于种子较小，难免一处会播下许多粒。因此当幼苗长出四片叶子时就应当拔掉其中的一些小苗，否则植株不但“杂乱臃肿”，而且还不容易成活。

◆金丝桃茶

治疗抑郁、缓解压力、改善肤质。

主料：干燥的金丝桃叶或花。

可搭配材料：欧薄荷适量（金丝桃+欧薄荷，能够缓解梅雨季节的风湿疼痛）。

使用工具：可装500～800毫升水的玻璃壶。

冲泡方法：

❶ 将1/2匙干燥的金丝桃叶或花瓣、1/2匙的欧薄荷一同放入玻璃壶中，用90℃的热水浸泡约30秒后取出。

❷ 把用热水冲泡过的金丝桃叶或花瓣、1/2匙的欧薄荷再一起放入玻璃壶中，冲入500～800毫升的热开水。浸泡3分钟后茶水即可饮用。

❸ 金丝桃茶微苦，口感不佳，不习惯饮用者可在茶中适量加些蜂蜜或柠檬片。

贴心提示：金丝桃茶最好不要长期饮用，也不能高浓度饮用。

接骨木

【花草名片】

◎**学名**：*Sambucus willamsii*

◎**别名**：公道老、扦扦活、马尿骚、大接骨丹。

◎**科属**：忍冬科接骨木属，为多年生丛生灌木或小乔木。

◎**原产地**：最初产自我国东北、华北、西北、西南地区，在朝鲜和日本也有分布。

◎**习性**：喜欢阳光充足的环境，但是也耐荫蔽。耐寒，耐旱，忌水涝。

◎**花期**：4～5月。

◎**花色**：白色、淡黄色。

◎**入茶部位**：花（干制）。

健康功效

接骨木的花、根、果实都可以入药，可以治疗小到牙痛、大到传染性疾病的种种疾病。用接骨木泡茶时的茶汤漱口，可以有效防治牙周疾病和咽喉疾病，如口腔溃疡、牙龈发炎、口臭、咽喉肿痛等。用这种茶汤热敷，还可以治疗冻伤。此外，我国还流传着一些接骨木治疗常见病的偏方，如治肾炎水肿，可用接骨木3～5钱煎服；治创伤出血，可将接骨木研粉，外敷；改善产后血晕，可用接骨木碎块一把，加水1升进行煮制，当药汤剩一半时关火，将药汤分次服下。

美容功效

接骨木中含有天然植物美白成分和维生素C，这些精华成分可以渗入到皮肤的基底层，有效抑制酪氨酸酶的活性，分解黑色素，淡化各种原因造成的色斑。用接骨木花水熏蒸脸部还可以调整脸部肌肤的油脂分泌，起到改善青春痘的作用。除此之外，把接骨木花进行蒸馏，得到的水有化妆水的功效，可使皮肤细嫩白皙。

修剪

接骨木的根系非常发达，枝条的萌发能力也很强，即使将根系切断，根系还是会朝切断的方向蔓延生长，然后萌发出新的枝条。所以平常不妨对其枝条多进行修剪。

病虫防治

❶ 接骨木常见的病害有溃疡病、叶斑病和白粉病，可用65%代森锌可湿性粉剂1000倍液防治。

❷ 接骨木常见的虫害有透翅蛾、夜蛾、介壳虫和蚜虫危害，前三者可用50%杀螟松乳油1000倍液喷杀；蚜虫可用40%乐果乳油2000倍液或烟草古灰水喷洒进行防治。

择土

接骨木对土壤的要求不高，但最好种植在疏松、肥沃的土壤中。

温度

接骨木耐寒，它能够忍耐-5℃的低温。在南方的冬天，可以将接骨木放在背风向阳处，在低温来袭之前做好防寒措施；在北方的冬天，往往采用窖藏的方法安全越冬：10月中下旬，将接骨木连根挖出放在地窖中，保持-3℃～-5℃的窖温。将植株的根部一一对齐，然后用沙覆盖住，并堆成长条状，在根部浇水。等到第二年的时候再移出地窖进行种植。

选盆

栽种接骨木最好选择排水和透气性能都比较好的素烧盆，不宜选用塑料盆。盆的口径最好偏大一些。

光照

接骨木虽然能耐荫蔽，但更适合在阳光充足的地方生长。若光照不足，枝条就会柔弱无力，又细又长，花也会开得比较稀疏，影响观赏。

浇水

❶ 接骨木的根须多，根系繁茂，所以对水的需求量比较大。若植株在生长旺盛期，要多浇水，保持盆土湿润。

❷ 接骨木忌水涝，所以平时要做好排水工作，尤其是在雨季，要及时倒掉盆中的积水，防止烂根。

❸ 入冬前要浇一次冻水，这样可以保证植株来年开出更多的花。

繁殖

接骨木常用扦插和分株法进行繁殖。扦插繁殖要在春季进行。硬枝与软枝扦插均可，但应选择生长发育良好、无病虫害的健壮枝条，剪取的插条要具有3个以上的芽节。扦插时，要将最上面1个芽节露出土面，插后覆土压实浇水。分株繁殖在春季与秋季均可进行，但以春季为宜。将植株根际的萌蘖苗与母株分离时，注意要使萌蘖苗尽量带有部分根系，然后另行栽植即可。

施肥

❶ 植株上盆后，待植株长到15厘米高时要适量追肥。

❷ 植株的生长旺盛期，要每隔7～10天追施一次氮肥。

❸ 6月花谢后还要进行追肥，此时肥料最好选用人畜的粪尿。

❹ 8月上旬可喷施0.3%磷酸二氢钾溶液，这样可以让枝干更加健壮，为度过严冬做好准备。

栽培

❶ 选择一根根系完整、健壮，无病害、无虫害的新苗。

❷ 在盆底垫上几块碎瓦片，以便于排水。在盆中填一层培养土，并将植株放在盆中，扶正，让根系充分舒展开。

❸ 从四周填入培养土，一边填土一边将土壤压实。

❹ 浇透水。

摆放建议

接骨木适合摆放在庭院中，而不能陈设在室内，因为接骨木所释放出来的芳香气味中含有一种脂类物质，久闻后不仅会刺激人体的肠胃，引起食欲不振、恶心等症状，还会使孕妇感到心烦意乱，恶心呕吐，头晕目眩。

◆接骨花茶

发汗解表、改善风湿和痛风症状、通利小便。

主料： 接骨花。

可搭配材料： 红茶、玫瑰果、薰衣草、玫瑰花、金盏花、绿薄荷、香蜂草、桔皮、柠檬皮、菩提等。（接骨花+生姜+欧薄荷+欧蓍草，可以用来缓解感冒初期的不适症状；接骨花+玫瑰果，可以让接骨花茶中带一丝酸味，同时还有缓和花粉症等过敏症的作用；接骨花+红茶，可以让接骨花茶变得甘甜可口）

使用工具： 可装500～800毫升水的玻璃壶。

冲泡方法：

❶ 将干的接骨花洗净，放入玻璃壶内。

❷ 将开水倒入玻璃壶内至九分满，加盖放置10～15分钟即可。每日1～2次，温热时饮用。

❸ 如果觉得茶的味道过淡，可在其中加入一些砂糖或蜂蜜。

贴心提示： 孕妇不宜饮用。

紫锥花

【花草名片】

◎学名：*Echinacea purpurea*

◎别名：松果菊、紫锥菊、紫松果菊。

◎科属：菊科紫松果菊属，为多年生草本植物。

◎原产地：最初产自北美洲，19世纪末盛行于欧洲，如今在我国广泛栽培。

◎习性：喜欢阳光充足、温暖的环境，稍耐寒，具有一定的耐旱能力，忌高温多湿、忌涝。

◎花期：6～7月。

◎花色：紫红色、玫瑰红、粉红、桔黄、白色等。

◎入茶部位：根（干制）。

净化功能

从紫锥花中可以提取出一种芳香性的精油物质——榄香脂，榄香脂可以借助本身的香味，分解存在于空气中的异味，起到净化室内空气的作用。

择土

紫锥花对土壤的要求不高，但以肥沃、深厚、富含有机质的土壤为佳。

选盆

栽种紫锥花宜选用排水良好的泥盆，紫砂盆和瓷盆也可，但最好不要用塑料盆。最好是选用多孔盆。

健康攻效

紫锥花是北美洲原住民用来治疗蚊虫叮咬的植物，所以享有“印第安的药草”的美誉。紫椎花中含有很多天然成分，比如精油、多糖类、葡糖、铜、铁、单宁酸、蛋白质、脂肪酸以及维生素A、维生素C和维生素E。这些成分能增加人体内T细胞的数量，从而起到增强免疫力的作用。除了治疗蚊虫叮咬，消除皮肤感染外，紫椎花还可以有效预防上呼吸道感染、感冒发烧等疾病。同时，紫锥花还具有一定的抗菌功效，可以缓解腹泻的症状或膀胱炎。

温度

紫锥花喜欢温暖的环境，其最佳的生长温度在20℃～30℃之间。在我国北方绝大多数地区，冬季要将植株移到室内，或进行一些防寒保护。南方地区栽种的紫锥花可以露地越冬，但要保证室外温度不低于0℃。

美容功效

紫锥花中含有一种具有紧致功效的精华素，这种精华素有修护、舒缓及强化皮肤的作用，能活化眼部的细胞，加快眼睛周围血液的循环，改善眼周皮肤色素暗沉的现象，最终达到消除眼袋、缓解眼睛浮肿的功效。紫锥花的提取物中还有一种保湿因子，能柔滑眼部肌肤，使眼睛像婴儿一样明亮且大而有神。除此之外，用紫锥花泡过的茶洁净脸部，可以达到和化妆水一样的功效，尤其是对于青春痘有较好的消炎、杀菌的作用。

光照

紫锥花喜欢阳光充足的环境，若光照不足，植株容易徒长，花朵也不再鲜艳。一般来说，紫锥花每天要接受6小时以上的日光直射。

病虫防治

❶ 紫锥花很少出现病虫害，但还是要做好防治工作。紫锥花常见的病害褐斑病、黑锈病或霜霉病，可用65%代森锌可湿性粉剂600倍液喷洒防治。

❷ 如果紫锥花在生长期间出现蚜虫和红蜘蛛危害，可用40%氧化乐果乳油1500倍液喷杀。

修剪

❶ 植株上盆后长高到6厘米左右时，要摘心一次，这样可以让植株长出更多的分支，日后结出的花朵也会比较多。

❷ 如果不需要留种的话，花凋谢后要及时剪掉残花，这样可以延长花期。

❸ 花期后要及时剪掉树上的老枝、枯枝和病害枝。

繁殖

紫锥花一般采用播种繁殖、分株繁殖和扦插繁殖的方法，但以播种繁殖为主。

◆紫锥花茶

增强免疫力、缓解伤风感冒症状、改善膀胱炎和过敏体质。

主料：紫锥花根或紫锥花根粉。

可搭配材料：紫锥花泡出来的茶几乎没有味道，在冲泡时不妨加一些带有浓烈香气的香草，这样可以让茶更添一层独特的风味。紫锥花+接骨花，可以让紫锥花茶中带有淡淡的甜味，同时还可起到抗炎症的作用；紫锥花+玫瑰果，可以让紫锥花茶顿时变酸，同时还可以补充人体所必需的维生素C。

使用工具：可装500～800毫升水的玻璃壶。

冲泡方法：

紫锥花茶有两种冲泡方法：

❶ 将干紫锥花根洗净，放入玻璃壶内。将开水倒入玻璃壶内至九分满，加盖放置30分钟即可饮用。

❷ 直接从中药店购买紫锥花根粉，然后舀出2茶匙放在杯中，加入沸水浸泡20分钟或者加入冷水后放入微波炉中加热15分钟即可饮用。

贴心提示：

❶ 紫锥花茶不能多喝，否则会头晕、恶心。

❷ 紫锥花不宜长期服用，因为长期饮用会导致无效。一般来说以6～8周为宜。

❸ 患有免疫性疾病、系统性疾病、肾脏病等疾病的人，如艾滋病、结核病、红斑狼疮患者最好不要饮用。孕妇禁止服用。

栽培

❶ 栽种紫锥花既可以直接从花店购买盆苗栽植，也可以用分株法移植。

❷ 如果用分株法进行栽植，南方在春秋两季皆可分株，北方最好在春季进行。

❸ 将种植了3~4年的老株挖出来，用手掰下侧芽，确保每个侧芽上都有2~3个小芽。

❹ 在盆底垫上几块碎瓦片，利于排水。

❺ 施一些腐熟的基肥，或者加入一些骨粉和芝麻渣，然后铺上一层培养土。

❻ 将侧芽放入盆中，一般每个盆可栽种3~5个侧芽，然后从四周填充培养土，轻轻压实。

❼ 浇透水。

新手提示：盆栽紫锥花时，可以将不同颜色的紫锥花苗种植在一个花盆中，这样可以极大地增强观赏效果。

摆放建议

紫锥花株型小巧玲珑，花朵绚丽多姿，适合放在阳台、窗台、客厅、书桌上，也可以用来布置庭院。同时，紫锥花还可以作为切花，插在玻璃瓶中，别有一番清新优雅的格调。

浇水

❶ 紫锥花忌湿、忌涝，所以平时不能浇太多水。

❷ 若栽种在南方，特别要做好梅雨季节的浇水管理。梅雨季节往往下雨天多，空气湿度大，所以相较于平常要少浇水。同时还要避免盆中产生积水，一旦有积水要及时排出，以免烂根。

❸ 植株上盆后只用保持土壤在微潮的状态即可。

❹ 当植株出现花蕾后，可以适当增加浇水量，这样有利于花朵更快地生长。

❺ 快要入冬时，如果气温低至5℃左右，要浇一次透水，从而使植株能抵御进入冬天后的严寒。

施肥

❶ 在植株的生长旺盛期，要每15天追施稀薄液体肥料一次，促进植株的生长。

❷ 植株出现花蕾时，每7天施肥一次。

新手提示：每次施肥后要向植株喷洒清水，防止肥料残留在植株上，既造成药害，又影响观赏。

德国洋甘菊

【花草名片】

◎学名：*Matricaria chamomilia*

◎别名：黄金菊、春黄菊。

◎科属：菊科母菊属，为一年生草本植物。

◎原产地：原产于英国，栽种于德国、法国和摩洛哥。

◎习性：喜光照，不耐热，喜微干燥的肥沃土壤，不耐潮湿。

◎花期：4～6月。

◎花色：黄蕊白花瓣。

◎入茶部位：花。

净化功能

洋甘菊具有苹果的香气，花名源自希腊文，意为“大地上的苹果”，将植株放置在家中能有效清除家中异味，给房屋内带来清香。

选盆

初种洋甘菊时可以选择直径为8厘米的小泥盆、陶盆或塑料盆，待其长大一些时，再换大盆。大盆宜深些。

温度

洋甘菊幼苗期不宜放置在高温环境中，放置在13℃～16℃的环境中最好，否则容易引发病虫害。其他时间，洋甘菊的生长适温为15℃～25℃，以20℃最适合。

健康功效

洋甘菊被埃及人所推崇，他们将洋甘菊献给太阳，由于洋甘菊具有镇静作用，因此他们祭祀时也用其来处理神经疼痛等问题。洋甘菊味道微苦，具有醒脑提神、增强记忆力、治疗失眠、降低血压、降低胆固醇、明目、清退肝火的功效。在洋甘菊的所有品种中，德国洋甘菊较适宜用来泡茶。睡觉前调制一杯洋甘菊花茶饮用，能够舒缓一天的压力、促进睡眠。

美容功效

洋甘菊茶能够对抗肌肤老化、润泽肌肤，茶汤可以作为头发的滋养品，提升头发光泽。用冲泡过的洋甘菊冷茶包敷眼睛周围，能够去除黑眼圈。当前，加入洋甘菊成分的保养品，因保湿、润泽、收敛毛孔的功效显著，为消费者所喜爱。此外，从洋甘菊中提炼出的洋甘菊精油还常常被用来抑制皮肤发炎、促进伤口愈合，或者修复皮肤裂伤。

择土

洋甘菊喜欢稍微干燥的土地，在排水性能较好的深厚、疏松的沙质土壤中较易存活。

修剪

洋甘菊生长得过于茂盛时要修剪掉一些枝叶，以免因通风不畅，导致整株死亡。

繁殖

洋甘菊使用播种、分株法繁殖均可。

浇水

❶ 洋甘菊虽然较耐干旱，但是在其发芽期和生长期要浇足够的水。

❷ 待土壤表面稍干时，就要为其浇水，浇到盆底流出水为止。

❸ 夏天每天为洋甘菊浇2次水，浇水时间最好选择在早晨或傍晚土壤温度下降后。

❹ 洋甘菊不耐炎热和干燥，因此在夏天培植洋甘菊的土壤不能干涸。

栽培

❶ 每年中秋节过后到隔年的2月，都是适宜播种洋甘菊的季节。

❷ 播种前先将土壤浇湿。洋甘菊种子细小，覆土需浅。7～10天后种子可发芽，幼苗长出5～6片真叶时需定植。

❸ 定植时在盆底放些基肥，可用腐叶土与石灰混拌作为基肥。为了避免肥料直接接触到幼苗根部，肥料上要覆盖新土，覆土后的土壤高度以达盆器的1/2为宜。

❹ 用浇花器将土壤浇透，待土壤完全干透后再进行下一次浇水。

新手提示：当幼苗过多显得拥挤时，最好拔除一些。幼苗拥有足够的生长空间，才能长得更好。

施肥

❶ 生长期每月施肥一次，肥料要控制用量，否则洋甘菊的花期会推迟。

❷ 其他时间每隔2～3个月施肥一次即可。

病虫防治

❶ 洋甘菊的常生病害为叶斑病和茎腐病，可用65%代森锌可湿性粉剂600倍液喷洒叶片，能有效防治。

❷ 洋甘菊常生虫害为盲蝽和潜叶蝇，可用25%西维因可湿性粉剂500倍液喷杀。

光照

洋甘菊要求日照充足、通风条件良好的环境。秋、冬、春三季每天接受约4个小时的光照即可。

摆放建议

家庭盆栽可放置于阳台、窗台等处，也可放置于建筑物前，洋甘菊清新的颜色和优美的风姿，可为居室或建筑物增添不少情趣。

◆洋甘菊茶

醒脑提神、促进睡眠、美白润肤。

◎醒脑提神茶

主料： 新鲜或干燥的洋甘菊花10朵左右。

搭配材料： 迷迭香、薄荷叶各2~3枝，每支长5~6厘米。

使用工具： 可装500~800毫升水的玻璃壶。

冲泡方法：

❶ 将以上花草用清水冲洗干净，放入准备好的玻璃壶中。

❷ 向玻璃壶中倒入500~800毫升的热开水，浸泡5~8分钟后，茶水即可饮用。

茶语： 洋甘菊、薄荷、迷迭香都具有醒脑提神的功效，一起饮用不但香味更佳，还具有消除口臭的功效。

◎好眠茶

主料： 干燥的洋甘菊花瓣2大匙。

搭配材料： 干燥的薰衣草一大匙。

使用工具： 可装500~800毫升水的玻璃壶。

冲泡方法：

❶ 将上述花草放入滤茶袋，再放入准备好的玻璃壶内。

❷ 向玻璃壶中倒入500~800毫升的热开水，静置3~5分钟。

❸ 依个人口味加入蜂蜜或方糖调味即可。

茶语： 洋甘菊和薰衣草都具有安神效果，一起冲泡饮用，不但可帮助睡眠、缓解失眠现象，而且还能促进体内毒素的排出，美白润肤。

◎美白润肤茶

主料： 新鲜的洋甘菊花瓣2克。

搭配材料： 干燥或新鲜的紫罗兰花瓣适量。

使用工具： 可装500~800毫升水的玻璃壶。

冲泡方法：

❶ 将洋甘菊和紫罗兰洗净放入玻璃壶中。

❷ 向玻璃壶注入500毫升开水。

❸ 静置3~5分钟后，茶水即可饮用。

茶语： 洋甘菊具有润泽肌肤的功效，紫罗兰则具有促进新陈代谢、美白皮肤的作用，一起冲泡饮用，不但具有美颜效果，而且对防治上呼吸道感冒、咳嗽，降低血压等具有很好效果。

◎春天杀菌茶

主料： 新鲜的洋甘菊花12~15朵。

搭配材料： 新鲜或干燥的百里香1枝，约10厘米长；新鲜或干燥的柠檬香茅1枝，约30厘米长。

使用工具： 可装500~800毫升水的玻璃壶。

冲泡方法：

❶ 将上述花草洗净，用柠檬香茅将百里香捆成束。

❷ 将柠檬香茅和百里香束放入玻璃壶中，加入沸水。

朝鲜蓟

【花草名片】

◎学名：*Cynara scolymus*

◎别名：菊蓟、菜蓟、法国百合、荷花百合。

◎科属：菊科菜蓟属，为多年生草本植物。

◎原产地：最初产自地中海沿岸地区，在法国栽培广泛。19世纪传入到我国上海。目前我国的上海、浙江、湖南、云南等省有少量栽培。

◎习性：喜欢湿润的气候，在有轻霜的环境下仍然能够生长，不适合在又干又热的环境中生长。

◎花期：6~8月。

◎花色：红紫色。

◎入茶部位：花、叶、茎（干）。

净化功能

朝鲜蓟能够散发出香味，有效吸收空气中的有毒气体，起到净化室内空气的作用。

施肥

朝鲜蓟比较喜肥，除了在上盆时施足基肥外，每年还要进行多次追肥，肥料宜将氮、磷、钾肥与微量元素肥配合施用。一般来说，一年以上的植株在3月中旬花蕾膨大期要施一次肥，在5月花苞采收期，每采收一次就施一次肥。

美容功效

朝鲜蓟中的洋蓟酸可以帮助分解掉体内的脂肪，朝鲜蓟中大量的纤维素和菊糖，能够刺激肠道的蠕动，促进肠壁的吸收，能更快地将堆积在肠道中的物质运送至大肠直至肛门，从而缓解便秘症状。此外，朝鲜蓟精华能够阻拦皮肤白皙无痕的最大劲敌——黑色素，因此目前有很多美白祛斑的化妆品和保养品中都添加了一定量的朝鲜蓟。

健康功效

朝鲜蓟叶的提取物可以保肝利胆、通利小便并且降低胆固醇，对生活中常见的胆囊炎、胆石症、急慢性肝炎、动脉硬化、高胆固醇血症、糖尿病、贫血等病症有良好的治疗效果。

修剪

1. 要随时清除植株底部的老叶。
2. 如果花枝过多，就要疏枝疏蕾。

浇水

朝鲜蓟不耐干旱，也不耐涝。一般来说，从植株抽花茎开始到花蕾采收的期间要10天左右浇一次水。夏天大雨过后要及时排水防止烂根。

选盆

栽种朝鲜蓟宜选用透气性能和排水功能良好的瓷盆或泥盆，最好不要用塑料盆。花盆最好选用多孔盆。

择土

朝鲜蓟宜在肥沃疏松、排水良好、持水力强的壤土或黏壤土中生长。

光照

朝鲜蓟的正常生长有赖于充足的阳光，尤其是在抽花茎的时候，只有日照充足，花茎才会粗壮，叶片才能宽大肥厚，花蕾也才能繁多。如果光照不足，植株的长势也不会理想，还难以安全越冬。

病虫防治

❶ 朝鲜蓟常见的病害有根腐病和茎腐病，可分别用甲基托布津、农用链霉素、百菌清、井岗霉素等药剂防治。具体用药剂量及施用浓度可参照产品说明书进行。

❷ 朝鲜蓟常见的虫害有蚜虫和小地老虎。蚜虫可用10%吡虫啉可湿性粉剂1500倍液或50%抗蚜威可湿性粉剂2000倍液喷杀；小地老虎的幼虫可用50%辛硫磷乳油1000倍液或90%敌百虫800倍液灌根防治。

繁殖

朝鲜蓟可用播种法或分株法进行繁殖。

栽培

❶ 在盆底放几块碎瓦片，以利于排水。

❷ 在盆底施足基肥，然后铺上一层培养土，以防根系接触到基肥，伤根伤苗。

❸ 将朝鲜蓟放在盆中，一边填土一边浇水。

❹ 如果要在春季进行栽植的话，可以选在3月下旬上盆；如果要在秋季进行栽植的话，可以在10月下旬～11月上旬之间上盆。

温度

朝鲜蓟最佳的生长温度是13℃～17℃，最佳的发芽温度是25℃～30℃，若温度高于34℃，植株就会出现生长不良的状况；若温度低于3℃～4℃，植株就会停止生长。朝鲜蓟耐低温和轻霜，能耐-2℃的暂时低温，但若气温低于-7℃，植株就会被冻死。

摆放建议

朝鲜蓟叶片宽大嫩绿，用来点缀居室，可让人心旷神怡。可以将朝鲜蓟摆放在阳台、窗台等光线比较充足的地方，也可种植在庭院中观赏。

附录　养护花草必知的四大关键词

土壤

花草的品种不一样，对土壤的要求自然也不一样。在种养花草的时候，我们一定要依照花草的不同生长习性，来选用对它们的生长发育最为适宜的土壤。

7种栽种花草常用的土壤

品种不一样的花草与相同品种花草的不同生长时期，其对土壤的要求都不一样。普通花草经常使用的土壤主要包括下列7种类型：

❶ **素面沙土：** 大多是从河滩等地方取来的。素面沙土的质地非常洁净，只含有少量的黏沙，酸碱度呈中性，且具有很好的透气性及排水性，缺点是无肥力，而且很难保水。基于上述特点，这类土壤很适合播种育苗、扦插育苗和直接栽植仙人掌与多浆植物。

❷ **田园土：** 也简称为园土，通常是菜园、果园、竹园等的表层熟化的土壤，酸碱度为中性、偏酸性或偏碱性。这类土壤中有一些腐殖质，较有肥力，可是干燥后易板结，透水性较差，通常不单独使用，多用于栽植适应性比较强的花草或培养土的调配。

❸ **腐殖土：** 也称作厩肥土，是由家禽家畜的粪尿、饲料残渣及污水等堆积沤成的，孔隙较多、土质疏松，酸碱度为酸性或微酸性，含有丰富的腐殖质及多种有机质，还含有氮、磷、钾等，有较强的保水性和较大的肥力，可是排水性不好。这类土壤适用于栽植、培养各种喜欢酸性土壤的花草，也是调配培养土的主要材料。

❹ **腐叶土：** 通常是由树叶、菜叶和枯草等经过堆积、发酵及腐熟形成的。这类土壤为酸性或微酸性，富含腐殖质，孔隙较多、土质疏松，有较强的保水性和较好的透气性及排水性，能单独用于栽植兰花、君子兰和仙客来等喜欢酸性土壤的花草。

❺ **山泥：** 俗称兰花土，是由山间树木落叶经过数年的堆积、腐败而成的，可分为黑山泥、黄山泥两种，均为酸性，然而黑山泥含有大量的腐殖质，黄山泥却只含有很少的腐殖质。山泥的质地疏松，有较强的保水性及保肥性，也有较好的透气性及排水性，通常用来栽植兰花，也能用其调配培养土来栽植杜鹃、茶花等。

❻ **泥炭土：** 也叫作草炭土，是由芦苇等水生植物，通过泥炭藓的作用炭化成的。北方通常用褐色的草炭来调制营养土。这类土壤的酸碱度为酸性或中性，含有一些腐殖质，质地细软松透，有很好的排水性及透气性，适合栽植生长较慢的常绿花木。

❼ **针叶土：** 是由山区森林里的松科、柏科针叶树残落的枝叶及苔藓类植物经过数年的堆积、腐败而成的。这类土壤为灰褐色，含有大量的腐殖质，肥力较大，有良好的透气性及排水性，酸碱度为强酸性，适宜栽植茶花、杜鹃及栀子花等喜欢酸性土壤的花卉。

花盆

花盆的选择和花草的生长有着紧密的联系。通常来讲，我们应当依照花草的株型、植株的大小、根系的长短及多少等来选择适宜的花盆。

优质花盆

❶ **泥盆：**也称作素烧盆、瓦盆，是用黏土烧制成的，是栽植花草时经常使用的一种花盆，分为红色与灰黑色两种。这种花盆较便宜，有极好的透气性及排水性，可缓和肥料的效力，而且吸热、散热都很迅速，对土壤里营养成分的分解很有利，能令花草生根多、长得旺，适合植物生长。它的弊端是质地较粗、颜色单一，不够美观，而且易碎，不方便搬挪。

❷ **陶瓷盆：**可分为两种，一种叫作素陶盆，是由陶泥烧制成的；另一种则是在素陶盆的上面加一层彩色的釉制成的。前者有一些透气性；后者与前者相比质地更为坚实，价位也稍高，经常被用于栽植耐湿的花草，比如马蹄莲、旱伞草等。然而后一种花盆的排水性及透气性都不好，令人难以得知盆土里的干湿状况，尤其是当花草处于冬季的休眠期内，时常会由于浇水太多而导致其烂根死掉。

❸ **紫砂盆：**透气性及排水性不如泥盆，可是稍好于陶瓷盆，价位也比较高。紫砂盆有很多品种，形态万千，有圆形、椭圆形、盘形、方形、矩形、多边形、舟形及签筒形等。它的颜色众多，有海棠红、葵黄、朱紫、水碧、墨绿、青灰及漆黑等多种，有些还加进去一些金粉或银粉。盆体上还可刻书法、字画，制作出云纹、玉雕、青铜器等样式的立体图画。这种花盆大方淡雅，有着古朴之美，而且略有透气性，可是比较重，容易破损。

❹ **塑料盆：**这种花盆造型美观，质量较轻、质料薄软，不容易破损，而且盆的颜色和品种都很多，适合栽植观赏植物。尤其是塑料吊盆，能吊挂起来使用，很适合栽植吊兰、垂盆草及天冬草等。这种盆的不足之处是不透气、不渗水，浇完水后土壤较难干燥，比较适合栽植耐水湿的花草。

❺ **水盆：**是指盆的底部没有排水孔，盆里能储存水的盆。这种盆有陶质的、瓷质的，也有石质的，盆面比较宽，样式繁多，深盆、浅盆都有，精巧细致，甚是好看。

❻ **兰盆：**此类花盆是专门用做培育气生兰和附生蕨类植物的。它的盆壁上有形状各异的孔洞，以利于空气的流通。

❼ **木桶：**它由于质量比大型花缸轻，方便搬挪，而且不容易破碎，所以常用于布置会场和花展。木桶具有良好的排水性和透气性，可是易腐朽，因而家庭栽植花草时较少使用。

水分

水是植物生长过程中不可或缺的条件，也是绿色植物进行光合作用的原料。通常情况下，花草的含水量需维持在70%～85%才能进行正常的生命活动，假如没有水，花草所有的代谢活动都不能进行。

怎样判断盆花是否缺水

在种养花草的过程中，为花草浇水是一件时常需要做的事情，因此了解盆花是否缺少水分是非常必要的，主要有下面几种方法来判断：

❶ **敲击法：**就是以木棒或手指的关节轻敲花盆上中部的盆壁，如果声音较清晰悦耳，就说明盆土已经干燥，需马上浇水；如果声音低且沉闷，那么就说明盆土还较为湿润，可以暂时不用浇水。

❷ **目测法：**就是通过眼睛来察看盆土表面的颜色有没有变化，如果颜色变淡或为灰白色，就说明盆土已经干燥，应当给其浇水；如果颜色深或为褐色，那么就说明盆土仍比较潮湿，可以暂时不必浇水。

❸ **指测法：**就是把手指轻插进盆土2厘米左右深的地方感觉一下，如果觉得较为干燥或土质粗糙且坚硬，就说明盆土已经干燥，应马上浇水；如果稍觉得有点湿润、细腻、疏松，那么就说明盆土还较为潮湿，短时间内可以不用浇水。

❹ **捏捻法：**就是以手指略捻一下花盆内的土，如果土壤呈现粉末状，就说明盆土已经干燥，需马上浇水；如果土壤呈现片状或团粒状，那么就说明盆土还较湿润，短时间内可以不必浇水。

❺ **掂重法：**就是用手掂量一下花盆，如果比正常情况下轻许多，就说明盆土干了，需马上浇水。

❻ **观察花卉法：**如果花草缺少水分，植株看上去就会了无生机，新生的枝叶会蔫垂，叶色比平常暗淡，或出现黄叶；如果恰处于花期，可能还会出现花朵凋落、萎蔫的情况。若花卉出现上面的情况，就说明盆花已缺少水分，需马上浇水。

上述几种方法只可判断出盆土干湿的大致状况，如果要精准得知盆土的干湿程度，可以买一支土壤湿度计。测试的时候，把湿度计插进盆土里，便能见到刻度上呈现出“干燥”或“湿润”等字样，这样就可以很清楚地知道什么时候应该给花卉浇水了。

浇花用什么样的水好

❶ 根据所含盐类的多少，可以把水分成硬水与软水。硬水含有比较多的盐类，若用其浇灌花草，常常会令花草的叶片表面出现褐斑，影响美观，因此浇花适宜用软水。

❷ 在软水里，用雨水来浇灌花草最好。这是由于雨水是一种近于中性的水，不含有矿物质，且含有很多空气，非常适合用于浇花。如果条件允许，可以在雨季用雨水来浇花，这样有利于促进花草的同化作用，能延长花草的生长年限、增强花草的观赏性。特别是喜爱酸性土壤的花草，更适合用雨水浇灌。所以，在雨季应当多储备一些雨水用来浇花。

❸ 在我国东北地区可以用雪水来浇花，效果也较好。可是应当留心的是，冰雪融化后应该放置到水温与室温接近的时候才能使用。

❹ 若无雨水或雪水，可以用河水或池塘中的水来浇花；如果没有河水或池水，也可以使用自来水，但必须先用桶或缸把自来水敞口存放一两天，待水里的氯气挥发后再浇花，这样做有利于花卉的生长。

❺ 不能用含有肥皂或洗衣粉的洗衣水来浇花，也不可使用有油渍的洗碗水。

❻ 仙人掌类等喜欢微碱性土壤的花草，不适合使用微酸性的剩茶水等来浇灌。

❼ 浇花水的水温也很重要。不管是夏天还是冬天，如果浇花水的温度和气温的温差大于5℃，就极易伤到花卉的根系。因此，应先把浇花用的水放在桶里或缸里晾晒一天，待水温与气温接近时再用为宜。

家中无人给花草浇水怎么办

若在种养花草期间碰上出差或外出旅行，家里没有人给其浇水时，该怎么办？夏天可以把盆花搬到室内，且浇够水；冬天可以把盆花搬到背阴且没有风的地方，以降低水分的蒸发量，还可以把盆花上的花及花芽（不管正开放还是没有开放）剪掉，以降低盆花营养的消耗量，同时在出行前浇足水。

此外，如果外出的时间比较久，我们可以用套盆法。这种方法常用于泥盆，如果花盆较小，可以把花盆置于大花盆里管理，在两个盆壁之间放进一些湿沙土，使水分经由沙土及小花盆的盆壁接连渗进盆里，以供给盆花水分。

也可先把盆花都放在塑料袋里，然后浇足水，再在塑料袋里放置两杯水，最后扎紧塑料袋的封口，便能15～20天不用浇水。然而需要注意的是，应该把大塑料袋放在有阳光的地方，同时忌阳光直射，以免袋里温度过高，造成花卉的茎叶烂掉。

肥料

花草在生长发育的过程中，最好能有数量适宜的肥料供应。适量的肥料相当于"营养添加剂"，可以改善花草的生长条件，促进其枝叶繁茂、花多色艳，使花草的品质与观赏性大大增强。

家庭养花常用什么肥

家庭种养花草时经常使用的肥料一般可以分成有机肥与无机肥两个大的类别。

❶ **有机肥：** 分为动物性有机肥与植物性有机肥。

动物性有机肥包含人类的粪尿，禽畜类的羽毛、蹄角及骨粉，鱼、肉、蛋类的抛弃不用部分等。

植物性有机肥包含豆饼和其他饼肥、芝麻酱的渣滓、中草药的残渣、酒糟、树木的叶子、各种野草、草木灰及绿肥等。

有机肥的长处是营养成分比较齐全，肥的效力持续时间较长，可以改善土壤结构，增强土壤的保水性、保肥性及透气性；其欠缺之处是肥的效力发挥比较缓慢，为迟效性肥料，且无法直接被根系摄取，一定要完全发酵腐熟之后才可以使用。在发酵期间，有机肥会产生很多热能，会损伤到植物的根系；与此同时，它还会放出氨气等有害气体，其恶臭的气味容易引来蝇蛆，使环境受到污染。如果沤制时没有充分腐熟，其中的各种细菌、病毒和寄生虫等都容易危害人体的健康。有机肥里的氮、磷、钾的含量和比例不能确定是否可以满足花草的生长所需，也不可用于无土培育的所有观赏花草。

❷ **无机肥：** 准确地说应当叫作化学肥，是指使用化学合成的方法制成的或由天然矿石经过加工而成的含有丰富的矿物质营养元素的肥料，通俗的叫法是化肥。

无机肥分为氮肥、磷肥及钾肥。氮肥包括尿素、碳酸铵、氨水、氯化铵、碳酸氢铵及硝酸钙等，能促使花草的枝叶生长旺盛；磷肥包括过磷酸钙、钙镁磷等，经常被用来做基肥添加剂，其肥效较为缓慢，而磷酸二氢钾和磷酸铵则是浓度较高的速效肥，而且含有氮及钾肥，能用来做追肥，可促使花艳果大；钾肥包括氯化钾、硫酸钾、硝酸钾、磷酸二氢钾等，其肥效都比较迅速，能用来做追肥，可令花木的枝干和根系生长得健康、茁壮。

无机肥营养成分含量较高、肥效比较迅速、干净卫生、便于施用等。但其肥分单一、肥性较猛、肥效持续时间短，除磷肥外，通常把无机肥用做追肥，或将无机肥和有机肥结合起来施用。

花肥的施用原则

❶ 家庭种养花草施肥的时候，在时期上和用量上都要合适，还需把握好季节与时间。通常来讲，在花卉的生长期内可以施用肥料，特别是叶色变淡变黄、植株纤弱的时候施肥最好；在苗期可以施用全素肥料，在花果期主要施用磷肥；而当花草处在休眠期时，则应该停止施用肥料。

❷ 冬天温度较低，植物生长减缓，大部分花草的生长受到阻碍，通常不必施肥；春秋两季恰是花草生长旺盛的时期，根系、茎、叶的生长，花芽的分化，幼果的充实，都需很多肥料，应该适度增施追肥；夏天温度较高，水分蒸发迅速，且是花草生长的鼎盛期，施用的追肥浓度宜小，可多追施几次。

❸ 户外栽植的植物光合作用较强，对营养的需求量较大，故需要较多的肥料，而生长在荫蔽处的植物所需要的肥料则相对较少；生长迅速、长势较强的植株需要的肥料较多，而长势较弱的植株需要的肥料较少。此外，应当根据各种花草要求的浓度，准确地调配肥料。

❹ 要薄肥勤施。如果施肥过多或过浓，就会产生肥害，令花草的枝叶变枯发黄，严重时还会导致全株死亡。尤其是呈粉状的化学肥料，注水稀释的倍数应当正好合适，防止造成肥害。

❺ 通常在傍晚施肥，正午前后不要施肥，避免由于正午土温较高而伤害根系。

❻ 把握“四多、四少、四不”原则，就是：植株黄且弱多施，萌芽之前多施，孕蕾多施，开花后多施；植株健壮少施，出芽时少施，开花时少施，雨季少施；植株徒长不施，新植不施，酷暑不施，休眠时不施。

怎样判断花草营养不良

缺钾：主要体现在老叶上。当双子叶植物缺少钾的时候，叶片上就会呈现出色彩相杂的缺绿区，之后沿叶片边缘及叶尖形成坏死区，叶片卷皱，最终变黑、焦枯。

缺钙：表现为顶芽受到损伤，致使根尖坏死、鲜嫩的叶片褪绿、叶片边缘卷皱焦枯，还会导致不能结果实或结果实很少。

缺铁：症状是新生叶首先发黄，之后扩展至全株，且植株根茎的生长也遭到抑制。

缺硫：表现为植株叶片的颜色变浅，叶脉首先褪绿，叶片变得又细又长，植株低矮、弱小，开花延后，根部变长。

缺镁：症状和缺铁类似，但先由老叶的叶脉间发黄，逐渐扩展至新叶，新叶叶肉发黄，但叶脉依然为绿色，花朵变白。

缺硼：表现为鲜嫩的叶片褪绿，叶片肥大宽厚且皱缩，根系生长不良，顶芽及幼根生长点死亡，而且花朵和果实均过早凋落。

缺锰：症状是叶片褪绿，出现坏死斑。但应先排除细菌性斑点病、褐斑病等情况。